THE
TIME
PROMPT
PHENOMENON

11:11

時間ピッタリ現象

記号、ゾロ目数字、シンクロニシティの謎

マリー・D・ジョーンズ
Marie D.Jones

ラリー・フラクスマン
Larry Flaxman

Nogi［訳］

ヒカルランド

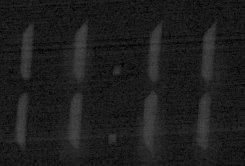

なぜ11：11は混沌とした我々の世界に調和をもたらす「希望の数字」として送られてくると多くの人は考えるのでしょうか。

もしかして私たちはどこかから入力された「記号（コード）」で動作している存在なのかもしれません。

カバーデザイン　重原隆
校正　麦秋アートセンター
本文仮名書体　文麗仮名（キャップス）

目次

第1:1章

意識を目覚めさせる記号

11:11を頻繁に見かける人　17
11:11理論、ここには大事な宇宙的意味がある？　19
なぜ、「11:11」なのか？　他の数字と次元が違うのか？　21
11:11という数字の波動は高次元の力の源へ繋がるのか？　23
11:11はツインフレーム（魂の片割れ）からのメッセージなのか？　27
11:11はDNA二重らせん構造を示し、新しい宇宙への「移行」をも示す？　29
11:11はエンジェル・ナンバーなのか？　31
ソララの「11:11の扉」は黄金時代への壮大な移行を物語る　35
ジョージ・バーナードと『ウランティアの書』では「11:11」は中間者　37

潜在意識は「11：11」の謎を知っている？　39
原型　40
11：11は悪魔界への入り口？　45

第2:2章

数字と脳

数感覚（ナンバー・センス）　51
「7桁の数字」が人が一度に覚えられる数字の桁数　54
「RAS（網様体賦活系）」人間GPSと呼ばれる脳の一部　57
数字は「なぜ」「どのように」進化したのか　65
古代エジプト人の数え方　68
シュメール人の数え方　69
マヤ人の数え方　70
古代中国人の数え方　71

アステカ人の数え方　73
古代ギリシャ、ローマ人の数え方　74
現代人の数え方　75
N進法　77
0（ゼロ）　79
∞（無限）　81

第3:3章

神聖数列と宇宙記号

神聖幾何学の意図がわかれば宇宙の謎すべてが解ける　91
ピタゴラスの悟り「宇宙のすべては数の法則に従う」　92
プラトンの「アカデメイア学園」　94
ミステリウム・マニュム（大いなる神秘）を継承する者たち　95
黄金比（自然界や科学界のあらゆるところに存在する数字）　96

第4:4章

シンボルと記号

ダ・ヴィンチの残したもの（ウィトルウィウス的人体図） 97
フィボナッチ数（自然界に隠された数列） 101
その他の数列（天の計画を示すもの） 105
ケプラー「宇宙が神の幾何学に基づいて創られた」 106
神聖数（クアドリウィウム／世界は数字でできている） 107
哲学者シュワラーが辿り着いた「音楽と数字と二つの世界」 109
計量学（地球は数字、素数による音楽的産物？） 118
プラトンの立体 121
神聖建築 124
レイライン 133
レイラインはただの偶然か？ 137

シンボル　147
宗教　148
数字　148
トライアド　149
宇宙論　152
自然崇拝、多神教　154
エジプトの信仰　155
キリスト教　156
中国での信仰　159
その他の「三位一体」　162
セフィロト　164
カバラ　166
おとぎ話　170
5　177

第5:5章

ミステリー・ナンバー

ミステリー・ナンバーとは 185
13 186
7 193
23 206
666 210

第6:6章

名前、階数、シリアル番号

数秘術の起源はピタゴラス 221

第7:7章

出生名　227
運勢や性格占い　229
嘘かまことか　231
ゲマトリア　233
まめ知識　240

意味のある偶然　シンクロニシティ

ポリスのアルバムタイトルは「シンクロニシティ」　245
パレイドリアとアポフェニア　251
「時間ピッタリ現象」の物理学観点からの考察　259
確証バイアス　261
宇宙的いたずら　262
時間ピッタリ現象　263

量子もつれ　265
共鳴　268
対称性　269
客観的知能　272

第8:8章

宇宙を支配する六つの数

宇宙を数字で表す「情報理論」　281
「たった六つの数」理論　282
宇宙の理由　289
N（ニュー）　293
宇宙の向こう側　298
宇宙がコンピューターだとしたら　301
Π（パイ）　309

第9:9章

数字を巡る危険性

宇宙はたった六つの数字で記述できる！ 317
パスカルの三角形 318
ベンフォードの法則 326
法律、規則、および状況 329
偶然性 334
バイアスと信念 335

第10:10章

神は数字なのか

人間を統べる究極の力の存在 343
宇宙定数 347
ルービックキューブ 351
その他の可能性 353
目的論 354
自然に宿る高次元の性質 358
333 359
777 360
幾何学ハーモニー 360
DNA 362
錬金術的遺伝暗号（ヘルメティック・コード） 369

大結合数　374

第11:11章　数字の秘密

数字の神秘が可能性の扉を開く！　379

巻末付録　数字に関するトリビアや不思議なお話の紹介　386

0から50までの数字はすべて特性がある　386
数字トリビア特集　399
リンカーン大統領とケネディ大統領の数奇な運命　401
算数障害　408
今すぐ自慢できる、どうでもいい数字トリビア　411
オッズ（公算）とは？　413

参考文献一覧　415
本書の著者について　419

第1:1章

意識を
目覚めさせる記号

「昨日車を走らせていて、ふと走行距離を見たら1万1111・1になってたの！　不思議でしょう？　それで、その晩ふと目が覚めて時計を見たら午前2：22だったのよ！　さすがに奇妙すぎて、目には見えない天使様が何かやっているんじゃないかと思ったわ！」

「1111を何度も見始めるようになったのは数年前からですね。111、222、333などもよく見かけます。夜中1：11ちょうどに目が覚めることもよくあります。他にも、郵便箱に書いてあったり、車のナンバープレートや住所の番地、友人のメールアドレス、電話番号、それとスーパーマーケットでは頻繁に見ますね」

「昨晩は少しウトウトしていて、目を覚まして時計を見たら11：11で！　次の日の朝、お婆ちゃんが訪ねてきて、家に入りたいと言うのです。ずっとこの家に入りたいなんて言わなかった人だったから、すごく不思議で。それで家の中に入ってテレビを点《つ》けたら……表示された時間が11：11だったんです！　こういうのって素敵ですよね。だってこれを見たら、その日は良い日になるんだもの！」

11：11を頻繁に見かける人

11：11、11−11、1111など。表示方法は様々ですが、このように1が四つ並んでいるのを見るという現象は、「時間ピッタリ（タイム・プロンプト）現象」[1]の中では一番よく耳にする例です。これはアメリカだけでなく世界中で起きている現象で、1970年代ではよく「11：11の謎」が一部で話題になっていましたね。

その頃のニューエイジ系の人たちは「うお座の時代」から「水瓶座の時代」に移行して人類にとっての黄金時代がもうすぐやってくると信じていて、そうした人々にとって11：11は光の目覚めのシンボルとして、特に多くの信仰を集めていた番号でした。

11：11の本当の意味を巡っては数え切れないほど多くの意見がありますが、一つ確かなのは11：11を頻繁に見かける人は何かを「呼びかけられている」と必ずと言っていいほど感じるということでしょう。目覚めを促しているのか、それとも単に注意してほしいことがあるのか、精神と肉体の準備を呼び掛けられているのか、捉え方も人によって様々です。

ですが、準備といっても何を準備すればいいのでしょうか？

これはあくまで、数字ですよね。「数字は宇宙の言語だ」と主張する科学者は多いです。テクノロジーの時代である昨今、あらゆる機械はバイナリーコード[2]で命令されて動作しているわけですが、もしかして人間へも異なる界層からこのような数記号が送られてきているのかも？

人間の意識については、今日でも完全には解明されていません。意識は一体の人体の中で完結しているのか、それとももっと大きな「全体精神」という枠組みの一部なのか、はたまた精神は肉体とは実は別個に存在しているのか？

もしかして私たちはどこからか入力された「記号（コード）」で動作している存在なのかもしれません。高次元の存在から届くその数字は、私たちの奥深くにある集団的無意識の原型として表れます。言い換えれば、個人の脳では理屈が理解できなくとも、私たちは心の奥底でその意味に気づいているということです。

11：11について、まず考慮しないといけない特性があります。TimeeandDate.comという日時関係の専門ウェブサイトによれば、11という番号は数学的にも非常に特別な性質を持っているとのことです。一つ面白い性質をご覧いただきましょう。なんでもいいので1の羅列数を用意して、同じ数字で掛けてみてください。出てきた数字が必ず回文配列[3]になります。

11×11＝121
111111×111111＝12345654321
111111111×111111111＝12345678987654321

面白いでしょう。ですが、だからと言ってなぜ1111などの数字の並びには高次の知識が隠されているということになるのでしょうか？

11：11理論、ここには大事な宇宙的意味がある？

11：11などの時間ピッタリ現象について説明している理論は無数にあります。天使の言語だとか、DNAの記号だとか、人間の意識に関することだとか、祖先の霊からの伝言で私たちが何かに気づくことができるようにしているのだとも言われています。毎日のように11：11を見る人もたくさんいるのだから、人によってその解釈も様々でしょう。

その中でも特に広まった理論がいくつかあります。いずれの理論においても、この数字は「扉が開いた」という意味であり、また「あなたの導き手の指示に従って扉を抜けなさい」という意味があるのだそうです。突然「導き手」と言われても何のことやらわかりませんよね。それについては数字を見かけた状況や場所によって解釈の仕方が異なってくるようです。

アランナ・ケトラーという人物の『集団的進化』ウェブサイト[4]では、「この番号を見たら思考を止めて何か願い事をしてください」と伝えています。「11：11を見たら願い事をする」というのはとても普及している反応のようです。恐らくインターネットの力によって急速に広まったのでしょうが、なんで願い事なのか、起源を辿《たど》ろうとしても見つけることはもはや不可能になってしまっています。とりあえず、「ゾロ目の番号を見たら、とりあえずお願い事をしとけばいい」というミーム[5]というかイメージが強すぎる現状と言えるでしょう（最近はハリウッド映画産業もそれに気づいて、たまに11：11を映画に組み入れているみたいですね）。

ただ、「11：11現象」は大抵の場合で霊的進化が早まるとか意識が急上昇中だとかの、ポジティブな意味合いが付加されているようです。ゾロ目の番号を見たら自身の感覚と思考を開いて注意深く辺りを観察すれば、何か面白いシンクロニシティ[6]が起きると一般的に言われています。しかし、見た番号が3：33や12：12の場合はどうなのでしょうか。どの番号であっても一旦立ち止まって意識を高めればいいのだったら、わざとその時間まで待っていればいいのでしょうか。残念ながら、そういうわけではなく「１１１１に偶然出くわした場合」が大事なようです。そんなとき、よくあるアドバイスは次のようなものです。「1111はあなたの魂、本源、高我（ハイヤーセルフ）、神、全宇宙から送られてくる信号です。あなたが今まさに、ここにいる必要があったという証なのです」

今まで数字のことなど意識すらしていなかった人にとっては、なんて不思議な考え方だと思われるのではないでしょうか。他の数字よりもポジティブな意味のある数字があって、各数字には心に響くような言葉が込められているということですから。1が四つ並んでいるだけの番号にこれだけの意味を見出す人がこんなに多くいるなんて。ですが、このように思えるようでないと1111をスピリチュアル的にもメンタル的にも理解できないのでしょう。

なぜ、「11：11」なのか？　他の数字と次元が違うのか？

11：11はまあシンプルで覚えやすく、形も左右対称で見栄えも良い、使いたくなる数字ですよね。実は、「1」という番号はよく神やソース（宇宙の根源）、神が創造した万物のことを表す数字であると考える人もいるのです。「数秘術」と言って、これに精通している人は「11」という数字にも霊性、悟り、理想、直観などの重要な意味があると説明してくれるでしょう。

つまり、11：11には12：12や5：55などの他のゾロ目の数字や、120021などの回文構造の数字よりも特別な意味が含まれていると考える人もいるということです。人によっては、お子さんの誕生日の番号よりも住所の番地よりも銀行口座の暗証番号よりも、11：11は大事な意味があると考えているのです。まさに「他の数字とは住む次元が違うのだ」と言わんばかりの特別な数字というわけですね。そんなことは知っているという方や、数学や科学が好きで11：11の神秘を科学で解き明かしたいとお考えの読者様のために、次の章からは理性的な解釈にも焦点を置いていきたいと思います。本章では11：11のスピリチュアル的な意味合いについてお話ししてまいりましょう。

一日に何度も同じ番号の羅列や時間ピッタリを見かけることは、例えばスピリットの導きが何かを伝えようとしているとか、天使が道を示しているとか、あなたと同じ魂を分かち合ったツインフレームがもうすぐ現れる兆候だとか、意識の目覚めが近いので準備をするようにと伝えてきているのだとか、スピリチュアル界隈ではいろいろなことが言われています。それらはいずれも主観的な意見や感想であって、言わずもがな科学で証明されているわけではありません。ですから、意味は解釈する人の独自の信条や感じたときの状況によってくるわけで、しかもそこに宗教的価値観や世界観も混じることだってあるのだから話がさらにややこしくなってしまいます。ＳＮＳなどのインターネット上の意見の多くと同じで、11：11の解釈についても主観的説明がほとんどと言えるのです。

ある宗教を信じている人にとっては「1」という数字が「絶対者」や「唯一の神」を表す数字に見えて、逆に信じていない人にとっては「指導者」を表す番号に思える人もいれば、「自分」を表す数字だと答える人もいるわけです。他人との関係がうまくいかないで落ち込んでいる人が見たら、「1は、ぼっちの数字」だと思うのかもしれません。逆に、「みんなで一つ」という意味の数字だと捉える人もいるのかもしれませんね。インド・ヨーロッパ祖語[7]においては、1は「一つとして数えられるもの」を表す記号に過ぎませんでした。今でも、数学における「1」は0と2の間にくる番号以外の何物でもありません。

といっても、複雑な比率や方程式に使われる1は非常に重要な役割を持っている、それだけ大事な基盤としての数字とも考えられています。1がない世界を想像してみてください。1がなければ大きさや重さを測ることができません。コンピューターも動きませんし、大勢の他人と自分自身を区別できなくなります。

11：11という数字の波動は高次元の力の源へ繋がるのか？

数学的にも重要な「1」や「11」という数字に、精神と肉体が同調する感覚を覚えるという人も多くいます。11：11は人によって感じ方が違ってきますが、その数字をシンボルとして、高次元の力の源と繫《つな》がると感じる人はたくさんいるのです。その力の源たる存在のことを、「神」と呼ぶ人もいます。その数字の真意については知らなくとも、11：11が人間という生命や意識の基礎部分を成すような何か重要な数字であることはわかるという人もいるくらいです。1という数字が科学的にも重要な数字であることは誰でもわかることですが、それとはまた別に、1という数字から放たれている「波動」と同調していると感じるのでしょう。物理学を超えていますね。

なぜ11：11は混沌とした我々の世界に調和をもたらす「希望の数字」として送られてくると多くの人は考えるのでしょうか。時計などでゾロ目の数字を見るとき、ふと自分の人生について考え直したりしませんでしょうか。「自分の人生は仕事と遊びのバランスがちゃんと取れていないなぁ」とか。他にも「感情と思考」のバランス、「男らしさと女らしさ」のバランス、「正と負」のバランスなど。そういったことを思い直す瞬間があるのなら、11：11は確かに有益なものと言えるかもしれませんね。「そんなの科学的じゃない」という声が聞こえてきそうですが、本人が「効果がある」と感じているのなら仕方がないでしょう。そこは自信を持っても良いのではないでしょうか！

『What's Your Sign?』[8]というウェブサイトで「11の秘密」について語られてる記事を見つけましたので引用すると、「11という番号の霊的意味に気づく人は、安心、分別、調和、正義、親切、平等などの振動周波数に極めて敏感」ということです。11：11を頻繁に目撃する人ほど、思慮深く、勘が鋭い魂を持っているのだそうです。たまに全くと言っていいほど11：11などのゾロ目の数字を見ないという人もいますが、もしかしたら11：11をよく見る人は普通とは言えない魂を持っているのかもしれませんね。それか普通の魂には11：11を見ても反応するスイッチが付いていないのかもしれません。または、それ以外の波動を持つ何かによってスイッチが入るのかもしれません。

『Power of Positivity』というウェブサイトで「よく見かけますか？　11：11を」[9]という記事を見つけました。ここではスピリチュアル・ガイドや天使などの象徴としての11：11について語られています。また、11：11を繰り返し見続けるという現象の、「繰り返し」の部分が大事であると、高次元の自己（ハイヤーセルフ）は知っているのだと言っています。

「私たちのスピリチュアル・ガイド、天使、または高次の自己は、様々な方法を通して私たちに語りかけてきます。ラジオで同じ歌が繰り返し再生されたりするときは、その歌に特別な意味が込められているかもしれません。他にも、祈りを捧げたらそれに答えてくれたり、本を開くと同じページばかり開いたり、時計を見ると、11：11などのようなゾロ目番号を見たりすることもあります」

このような現象が起きれば起きるほど、人はＳＮＳで自らの体験を共有していくことで広まっていきます。「私もそれ経験したことある！」と、この話題はどんどん広まっていきました。そして、より多くの目に触れることで「集団意識」に大きな変化となって、多くの人々がその数字を目にするようになるという説明です。この記事では２０１２年12月21日11：11ａ．ｍ．が「時代の変わり目」であったとして言及されています。その時間は偶然にも冬至開始のまさにその瞬間の時間でした。ここを境に暗黒時代から黄金時代へと足を踏み入れることになったのだと書かれています。そのとき、アセンデッド・マスター[10]たちが地球に戻ってきて人類が癒されて成長していくのを支援してくれるようになったとも言われています（これは古代の宇宙人たちが地球に戻ってくるという意味なのかもしれません）。

このように、11：11を見るということは「自分は間違っていない」という意味があると考える人がいるということです。道を踏み外さないように集中力を保ち、導きを聴き続けることを思い出させてくれる特別な数字ということです。11：11を見るようになってからシンクロニシティが激増したというのもよく聞きますね。11：11は「その道に留まって、よく視て。気づいて、自分の使命を達成できるように」というメッセージが込められているということです。「自分も霊的に成長して、次元上昇をしたい」とお考えの方にとっては、11：11は見逃したくない大きな機会の窓であるということですね。

11：11はツインフレーム（魂の片割れ）からのメッセージなのか？

本当の霊的な成長は「ツインフレーム」と呼ばれる存在と出会うことによってやっと始まるという考えがあります。『エレファント・ジャーナル』というウェブサイトで「11：11の現象とその意味、ツインフレームとの繋がりについて[11]」というタイトルの記事を見つけましたのでご紹介しましょう。こちらの記事では、「ゾロ目数字を見るということは魂が成長する機会が今という意味だ」ということが語られています。このような数字を見たら「遠慮なく自分の人生を良くしていこう」と言われているのだという解釈ですね。さらに、このような現象は私たちが人間として生まれてくる前に別たれた魂の片割れ「ツインフレーム」からのメッセージだとも言われています。

「『私たちが人間として地球上に生まれる以前に同じ魂として生きていた』これが大まかなツインフレームという概念の説明になります。地球上に来たのは別れた魂の片方だけです。だから人間はこの『もう一つの魂の片割れ』に出会うことを夢見ているのだそうです。しかし、ツインフレームと出会う前にまず、霊的に十分な成長ができている必要があると言われています」

「お互いに対する平和的かつ高次元の安らぎ、信頼感、理解を持つことができるようになっていなければなりません。ツインフレームとの出会いは、『家に帰った』ような感覚になるでしょう」

11：11時間ピッタリ現象は、ツインフレームとの出会いに関係があったというのは驚きの解釈です。この場合、11：11が言いたいのは「波動を上げてツインフレームとの出会いに備えよ」ということです。

11：11を見るとき、ご自身のツインフレームが近くにいるのかもしれないと意識してみるのも良いかもしれません。皆さんに気づいてほしくて11：11を見せているのかもしれないのですから。やはり、「今という瞬間」に意識を集中するべきなのでしょうね。過去や未来に対して持っている心配などは捨ててしまい、今に集中すること。そうでないと大事な機会を逃してしまうかもしれません。

11：11はＤＮＡ二重らせん構造を示し、新しい宇宙への「移行」をも示す？

本章でも「数秘術」についてもう少しだけ掘り下げて語ってまいります。数秘術とは数字占いの一種で、誕生日や名前を使って運勢を判断したりすることです。数字や文字にはそれ特有の振動数があると考えられており、込められたその意味合いを読み解く、という技術です。そこから導き出される「マスター・ナンバー」を使えばもっと自分自身についてわかるようになり、将来のことについても詳細な情報を得ることができると言われています。

ところで、ＤＮＡなどに刻まれている遺伝情報も、実は単なる数字の羅列ではなく何かすごい情報を持っているはずだとお考えになったことはありませんでしょうか？　もしその暗号を解読できたら自分自身のことを何でも知ることができて、自分がここにいる理由などもすべて明らかになるのでは？　はい、その可能性は十分にあります。

11：11はここととは別の次元、別の現実、意識の世界の高い段階にある自分自身に繋がっている「扉」だと言っている書籍はいくつも存在しています。11：11は特別な数字だと、心で知っている人だけがそれに気づくことができるのです。その数字には、一体の個人としてではなく全体としての生命体という「超人類」になるための、遺伝的革命論が内に秘められているのかもしれません。DNAは二重らせん構造をしていますが、「11」という数字はそのDNAの構造を表しているのだという考えがあります。そのDNAが完全に「起動」したら、意識が全く新しい高次元の波動の世界でも活動し始めるということです。つまり、11：11は天の領域への「移行」を表す番号ということですね。一人一人の内側で移行が発生していくことで、社会全体にとっての移行も始まります。その全体的な移行とは、惑星上の闇が光に変わっていくという意味の移行であり、人類全体の意識革命という意味での移行なのです。新たにやってくる世界のことを黄金時代と呼び、そこでは目覚めた人類の偉大な霊性と、平和で思いやりに溢《あふ》れた美しい社会があると予言されています。

このように11：11という数字は人類を黄金時代へと進めてくれるありがたい数字と主張する人もいるということです。ところで、なぜ人類全員ではなく一部の人しか11：11を頻繁に見ないのでしょう？　その数字を見るためには、ある程度目覚めている人でなければならないのかもしれません。ちゃんと「今を生きているか」どうかが試されているのかも。とは言うものの、この世界において一体どれだけの割合の人が、今を生きられるほど忙しくもなくずっと集中していられる状態にあるというのでしょう。私たちは皆、毎日を忙しく過ごしています。毎日細かな雑務に気を取られてしまっています。過去が心配ならば未来も心配。毎日パソコンやスマホを触って脳みそを働かせっぱなしで、周りで「本当は何が起きているのか」気にも留めていません。「今を生きる」なら、まずはスマホなどを見ないようにしてから、とにかく集中しないとですね。

霊的な目覚めというのは、物質的な世界に囚《とら》われたままの人には起きません。そう決まっているのですから。物欲に囚われてしまっている人は、そもそも霊的なこととは無縁になるように選んで日々を過ごしています。11：11を頻繁に見かける人というのは、もしかして周囲の人々を巻き込んでこの惑星とその住人たちを次の段階へと進化させるように、導かれているのかもしれません。周りの人々も、そういった人からの導きを必要としているのかもしれません。もしくは、一旦立ち止まって「使命を思い出す」ために送られてきた信号がその数字なのかもしれません。私たちが考えていること、やっていること、それらは「自分の本来の目的」に沿うものなのか。それを精査するためにも、11：11は私たちの前に現れるのかもしれません。

11：11はエンジェル・ナンバーなのか？

11：11は天使の仕業だと考える人も大勢いて、人気の考え方です。「天使やスピリチュアル・ガイドは、人間たちに智慧《ちえ》を授けるための手段として11：11を使っているのだ」という説です。あるとき、なんらかの数字の羅列を一、二回ほど見たとしましょう。その後、同じ数字が行く先々で現れるので、どうにも気になってしまうという。このような不思議な出来事が起きると、どうしても「この数字は何か」を考えざるを得なくなります。それまでやっていた作業を中断して、「今この瞬間」に立ち返って、この数字の謎を解き明かそうとします。天使はいつでも私たちに話しかけてきます。話しかけるといっても、言葉ではなく記号を使って潜在意識に働きかけてくるというやり方です。なぜ顕在意識ではなく潜在意識なのかというと、例えばシンボルなどの記号を起きているほうの意識に送ってしまうと、思考力でそれを分析しようとしたり偏った解釈をしてしまうからです。あるいは「ただの気のせい」だとか「偶然だ」と思って真意を読み取ろうとしないのです。

『Ask Angels』[12]というウェブサイトでは次のような説明がされています。

「11：11には見る人の現在の状況によって異なるメッセージが含まれています。その人の人生で何が起きているのか、目覚めの旅はどこまで進んだのかによってメッセージは変わります。初めのうちは11：11は単なる目覚まし時計のような役割をとります。天使はあなたに11：11という目覚ましコールを送ってきて〝起きなさい。物理次元を超えたところで、すごいことが起きていますよ〟と伝えてくるのです」

時間ピッタリ現象が起きるときに、ちょうど考えていたことに意識を集中するべきでしょう。そして、意識を現在という瞬間に立ち返らせるのです。そうすればその考えが本当にやりたいことに繋がっているのかを確認することができるでしょう。

皆様は、自分の本当にやりたいことについて考える時間をちゃんと作っていますか？　私たちの生活はほとんど、やりたくもないことについて考えないといけない時間で占められていますね。好きでもないことや、必要でもないことが、気がつけばいつも頭の中を巡っています。その原因は考えるからです。実は考えれば考えるほど、そうした考えが浮かんできてしまうのです。心配事は探せば探すほど次から次へと見つかるものです。どんどん増えて重くなっていきます。そんなとき、11：11を見たとしましょう。なんだか落ち着いてきて、ゆっくりと天使たちに純真だった頃を思い出させてもらえるでしょう。「なんてことを考えていたんだろう」、「どうやって元に戻れるのか」、「もっと高度な考えをしたい」、「みんなにとっての最善な方法は」

天使はそのとき、皆様を手伝ってくれるでしょう。

11：11も「111」のエンジェル・ナンバーと同じだと言われています。他にも、次に挙げるようなエンジェル・ナンバーがあると言われています。

222―新しい着想が根を伸ばし始めています。水やりをきちんとして世話をしてあげましょう。たとえまだ目に見える明らかな成長がなくとも。

333―昇天された大師様がた（アセンデッド・マスター）がお近くで導いてくれています。あなたの呼びかけに、愛で応えてくれています。イエス、マリア、モーゼなどの大師様もおられます。

444―愛の天使たちに囲まれています。心配しないで！

555―大きな人生の転換期です。いつか動きだすから、しっかり摑《つか》まっていて！

666―物質的なことに気を取られてバランスを失っているようです。もう一度調和を取り戻すために、集中しましょう。

777―よくやっていますね。天使も応援していますよ。

888―一つの周期が終わろうとしています。新たな周期が始まる前に、蒔いた種が開花するときに備えましょう。

999―人生における一大転機の終わりがやってくる。

000―あなたは神＝ソースと同一です。

ただし、天使からのメッセージは必ずしもゾロ目だけで伝えられるということはありません。数字を見るときは、あれこれ細かく思考するよりも直観的に意味を見つけ出そうとする姿勢が大事です。直観は内なる自分自身の「高次の知識」に繋がっています。

ソララの「11：11の扉」は黄金時代への壮大な移行を物語る

11：11の意味について、人気がある教えの多くはソララという名の作家が提唱した概念から来ています。彼女は、ここではない別の次元の存在たちと次元間コミュニケーションができるようで、そこから11：11の扉のことや、その扉の先にある「一元性の殿堂」についても学んだそうです。彼女の著作では11：11というアセンションへの扉についての教えが描かれています。彼女によれば、11：11の扉の活性化は1992年1月11日から始まったということで、3番目の扉は1997年に開き、2011年にその扉は閉じるということです。2011年を過ぎた現在では、個人的な変容と二元性からの脱却に焦点が当てられています。11：11の扉が完全に閉じた後はありとあらゆる物事が新しくなり、この世界を超えた世界へと進んでいくということです。

もちろん、そのような出来事はまだ目に見える形では起きていませんが、彼女の説の支持者たちは新世界の訪れや変化を信じてずっと待ち望んでいます。それと、望む人々の数が一定数を超えるとき、実際の目に見える世界にも変化が起きるとも信じているようです。

彼ら「ライトワーカー」を名乗る人々にとっては、11：11は象徴的な数字です。彼らにとっては、黄金時代への壮大な移行を表す数字なのです（黄金時代は水瓶座の時代と呼ばれる時代と同一のものとして扱われることも多いです）。果たして、私たちはもう黄金時代にいるのでしょうか。それとも、もう間もなく始まるのでしょうか。

ジョージ・バーナードと『ウランティアの書』では「11：11」は中間者

他にも11：11といえばジョージ・バーナードの「11：11 プログレス・グループ」が有名です。「中間者 Midwayers」という天界の住人の働きかけによってプログレス・グループは創られたという逸話があり、ライトワーカーの界隈では名の知れた人物です。この中間者という存在は1955年に『ウランティアの書（原題：The Urantia Book）』で語られたのがきっかけで人々に認知されるようになったようです。『ウランティアの書』は2055ページもある大長編で、惑星地球についての真実が天界の存在から自動書記によって与えられたというメッセージをまとめた本です。中間者とは高次元の天使的な存在であり、人類が困難な道を正しく進んでいけるように導く愛の精霊ともいうべき存在です。

バーナードはこの『ウランティアの書』を基礎にした話を展開していきます。『ウランティアの書』はこれまで数百万部も売り上げ、14か国語に翻訳もされました。イエス・キリストの人生についても「天界の記憶庫」に残っている本物の記録から詳細が語られているということです。

現代では消失してしまったイエスの本当の教えについても本の第4部で語られています。

11：11は時に「天使」と呼ばれる天界の住人と人間の交流点だとも言われています。天使は人間を助けてくれる善良な存在であり、例えば交通事故などが起きる寸前で人間を間一髪のところで助けてくれたりします。それもあって「守護天使」などとも呼ばれます。『ウランティアの書』によるとこのような存在は人間と天使との中間にいる存在、つまり「中間者」だと言っています。デジタル時計が発明された際、中間者は人類とコンタクトするために11：11を使おうと考えたのだそうです。面白いですね！ 11：11ばかり見るときは、中間者たちのことを考えてみても良いかもしれません。

バーナードはこの『ウランティアの書』で語られる中間者と密接な繋がりを持っているそうで、人類へと伝えられたメッセージを人々に伝授して回る活動に人生を捧げています。その教えの中でも特に、11：11の意味については熱を入れているようです。プログレス・グループへと伝えられたメッセージは世界中の人々に読まれています。変化の時代で何か一役を担いたいと感じている人々に向けた励ましのメッセージは「11：11」という形で伝えられることになりました。この天界からのメッセージを、プログレス・グループは自己解釈して自分自身の役割を知っていくのです。

潜在意識は「11：11」の謎を知っている？

しかし、11：11が天使からのメッセージだというのなら、なぜこんな遠回しな伝え方をするのでしょう？　私たちの話す言葉で伝えてくれれば良いのにと思われたことはありませんでしょうか。こんな曖昧《あいまい》な表現をしていたらもしかして間違った解釈をする人だって出てくるはずでしょう。それはもしかして、そのメッセージは人間の表面的な人格に対してではなく、潜在意識[13]に対して送られているからなのかもしれません。我々の行動パターン、思考パターンの90%以上は潜在意識に由来すると言われているほど、潜在意識は表面的性格にも影響を及ぼしているのです。潜在意識は言葉などには反応を示しません。それよりもシンボルや模様などの象徴を使ったメッセージにもっと反応を示します。なぜなら、それが潜在意識にとっての母語だからです。それが「11：11」のような一見ただの数字の羅列にしか見えないシンボルだとしても、象徴的なイメージは精神の奥底へと語りかける機能を持っています。だから後になって、シンボルは表層的意識のほうにも現れてきて、思考でそのイメージの神秘について解明しようとしたがるわけです。つまりは潜在意識は11：11の謎を知っているのに、表層意識は知らないということです。そう設計されていると言うべきでしょうか。潜在意識というのは人格の基礎を形成している大事な基盤でもあります。ゆえにここに影響があるとその人の人格が大きく変わることになるのです。

象徴や記号というのは人によって全く異なる意味合いがあります。受け取った人の文化的、社会的信条や歴史背景によって、意味が大きく変化するのです。しかし、11：11については大多数の人にとって「気をつけて」とか「目覚めて」などの意味になるということが共通しています。それだけ大きな深い意味が11：11には隠されているのでしょう。そして、個人としての観点を超えた「集団的無意識」の内側に目を向けることで見つけ出せるはず。

原型

しかし、世界中の人々の意識の奥深くに息づいているほどの深い意味合いが、本当にこの数字にあるのでしょうか？「自然数[14]の数列は、同一単位が単に一つながりになっているだけではなく、数学のすべてと宇宙の未知をすべて内包している」こちらは大心理学者カール・ユングの言葉です。ユングの「原型」や「集合的無意識」についてはご存知の方も多いと思われますが、学校で学んでからしばらくぶりという方のために、ユングがどういう人物だったかをざっと思い出してみましょう。

カール・グスタフ・ユングは1875年に生まれ、心理療法や精神医学の礎を築いた偉人です。あのジークムント・フロイトの弟子として活動していた時期もありました。「性」や「夢」、「潜在意識」に関することでお互いの理論が噛《か》み合わなくなってしまったことから、二人は袂を分かつことになりました。その後もユングは人間の意識は表層意識に加え、潜在意識、それから「集合的無意識」で成り立っているという壮大な理論を作り上げました。

さて、意識については皆様もよくご存知のはずですね。見たり、経験したり、考えたりする普段の皆様の心のことです。五感を通して伝えられた情報を処理するという役目がある意識の一部分です。潜在意識はそれより深いところにある部分のことです。水に浮かぶ氷山の一角の水面下には、比べ物にならないほど大きい部分が隠れています。その隠れた部分が潜在意識ということです。潜在意識では私たちの思考パターンや行動パターンを作るための素材がたくさん眠っています。つい昔からやってしまう変な癖なども、潜在意識を作り変えることで嘘みたいに簡単に捨て去ることだってできます。逆に言えば、潜在意識上で古い習慣を捨て去らない限り延々と同じパターンをやり続けてしまうということです。

そのさらに深く、最深部にあるのが「集団的無意識」です。この世界に生きるすべての生物の根底であり、全員にシンクロされている親意識領域です。言ってみればそこは万物の「原型

（アーキタイプ）」が保存される巨大意識貯蔵庫です。原型とは、年齢や信条や背景に関係なく宇宙に共通して見られる特性を持つ象徴を作り出している「源」たる存在のことです。

この原型こそが集団的無意識が使用する「言語」だと言われています。同じような特性を持つすべてのものは、実は同じ元型を持っている存在であるということです。原型とは概念やアイデアなどの元となる青写真であるので、時代背景に関わらずどんな人間にとっても共通した意味のあるものとして伝わります。まだ文字の読み書きを知らなかった頃の人類も、このような共通の意味合いを持つ象徴や象形文字を使用することで互いの意思疎通を図っていたのです。時代が変わっていくにつれ、その象徴の意味合いも国ごと宗教ごと伝統ごとに変わっていきました。しかし、一番深いところにある全人類にとって共通の本質的な意味は失われることなく存在し続けています。それはこれからも変わることなく存在し続けるでしょう。

例えば、「英雄」、「悪役」、「指導者」、「教師」、「救世主」、「悪魔」などの原型があります。これらは国や文化に関わらず認識できます。もちろん、数字も原型です。鳥、蝶、ロケットなどの生物や物体の原型と同じく、数字も原型なのです。

学生時代のユングは数学が嫌いだったと言われていますが、原型について研究するうちに数字への嫌悪感は消え、感銘を受けるようになっていきました。彼の病室を訪れる患者の中には同じように数字が苦手な人もいましたが、夢に現れるパターンには数字に関するものも多く現れたことで変わってきたといいます。ユングは数字こそが「秩序」に関する最初の原型だと考え始めました。確かに原始時代の人間たちも整数を使って物を数えたりして順序よく秩序だって説明できるようにしていたはずですし、人間にとって数字は超重要だというのはわかります。

また、ユングは1や2などの小さな自然数はいずれも人間の精神の各段階に対応していると推測していました。1という数字は自他の区別が存在しない段階、2は性質が逆の二極性を、3は解決に向けた動きと三位一体を表し、4は安定性と全体性を表しているのだといいます。このようにユングは各自然数が持つ特性を描き出していきました。それらの多くは数秘術で定義しているものとも近似性が見られました。人間の精神には進化や発展についての共通する道筋があるため、その原型としての数字も万人に共通する性質を持っているということです。

11：11については、この数字から秩序を感じるからなんとなく好きという人も多いのかもしれませんね。原型は潜在意識に対して想像以上の影響力を持っています。無意識のうちに行っている行動も、実は潜在意識に由来しているものです。数字というのはこれ以上簡単にできないほど無駄を削ぎ落としてきたものということで、ユングは数字こそが混沌から秩序を創り出す鍵だと考えました。大きな観点で言えば、数学の発展は人類の精神の発展であるとも考えたのです。

古代ギリシャの数学者ピタゴラスは、「万物は数なり」という言葉を残しました。それはある意味正しいのでしょうが、彼はどこまで知っていたのでしょう。本当に彼は数字の奥義にまで到達していたのでしょうか？　後の世で、ユングなどがピタゴラスの遺志を引き継ぐ形で、「数字の中でも原型と呼べるものは小さな整数のみ」と考えるようになりました。数字は無限に大きくできますが、そんなに大きい数字は測量時くらいにしか使われませんし、大きいからといって特に意味があるわけでもないと考えられたのです。したがって、魔法が隠されているのは小さな整数にだけということです。大きな数字も結局は小さな数字の集合体ですし、やはり小さな数字にこそ根源的な意味が隠れているということです。数学にはその原型を解明するための鍵があります。

ユングの偉業は、外的な世界である物質界と内的な世界である精神界を繋げたことだと言えます。物理学と数学の繋がりを追求していくだけでは駄目で、心理について研究だけでも駄目です。物質と精神を統一することで初めてこの世界について真理が見えてくると言えましょう。数学的な原理でも、「複雑」というのは「単純」がたくさん寄せ集まってできていると考えられています。だからユングも単純で根源的な「原型」の中にこそすべての謎を解く普遍的な原理が隠されていると考えました。人間の心理や人格といった複雑な構造も、結局はそれらシンプルな原型が集まって作り上げられているということです。

11：11は悪魔界への入り口？

ほとんどの人は11：11を見ても肯定的意味として捉えるか、元気づけられると感じます。しかし、こうしたゾロ目の数字は闇の世界に繋がっていると主張する声も少なからず存在しています。シンシア・エスター氏[15]などは、「11：11はサタンの世界への入り口である」と主張しています。彼女のウェブサイトでは11：11の危険性が語られ、ライトワーカー、ニューエイジ、中間者、天使などの形而上学的概念はすべて大衆操作の一環であるという警告がされています。

彼女によると、11：11は神と悪魔の戦いを一部表しており、したがって何も知らない人が11：11を見ると不意に悪魔の世界に引き込まれてしまう可能性があるということです。これまで紹介してきたポジティブで楽し気なアセンション的な考えとは全く異なる考えですね。ウェブサイトでは聖書からの引用が多数されており、神を信じない者はもれなく罰を受けると主張されています。また、ワンネスという概念についても異端的な考え方であるとして非難しており、人々は「一人の神」だけを信じるべきであると主張しています。堕天使が11：11を使って人々を悪に染めようとしているとか、そもそもスピリチュアルなことや高次元の世界の話などはすべて悪魔が人間を騙《だま》そうとしてやっているのだと主張する声は彼女の他にもあります。

このように結局はゾロ目の数字を見た人によって解釈は異なってきます。ポジティブに解釈する人もいればネガティブに受け取る人だっています。ただ、大多数の人々にとっては11：11はポジティブであり、高次元の光の世界に向けた個人的または集団的変容に繋がっていると解釈されています。というわけで、公平性を保ちたく一応紹介させていただきました次第です！

［注釈］

1　何かするよう促してくるかのように時間がゾロ目ピッタリになること

2　コンピューターに処理を依頼するために2進数で表した記号

3　前後どちらから読んでも同じ数字になること

4　https://www.collective-evolution.com/author/alanna/

5　文化の中で人から人へと伝達され拡がっていくアイデア、行動、様式、慣習などのこと

6　意味のある偶然の一致。虫の知らせ、または共時性とも言われる

7　ユーラシアの先史時代のインド・ヨーロッパ語族の諸言語に共通の祖先として理論的に構築された仮説

上の言語。印欧祖語とも
8 https://www.whats-your-sign.com/
9 https://www.powerofpositivity.com/
10 次元上昇を遂げて天界に住まうとされる存在
11 https://www.elephantjournal.com
12 https://www.ask-angels.com/
13 精神分析などで、活動はしているが自覚されない意識のこと
14 個数、もしくは順番を表す一群の数のこと
15 https://sacredpursuit.org/

第2:2章

数字と脳

「数学者でなくとも数字と戯《たわむ》れることはできる」

――数学者　ジョン・フォーブス・ナッシュ・ジュニア

『レインマン』という映画を観たことはございますか。ダスティン・ホフマンが演じるレイという男性はサヴァン症候群で、数字や数学については人並外れた才能を発揮します。彼の脳はそれらの情報を凄まじい速度で処理することができます。彼が見ていた世界は、私たちにとっては百年かけても見えない世界なのかもしれませんね。例えば、レストランにいるときに床に落ちて散らばった爪楊枝の数が、見た瞬間にわかるという能力を持っています。普通なら数を予測したり、床に伏して爪楊枝の数を一本一本数えたりしないとわかりませんよね。

数感覚（ナンバー・センス）

レイの場合は極端な例と言えますが、実は私たちの脳にも彼と同じくらい速く数を見極めることができる感覚が備わっているのです。それは両耳の真上のあたり、そこには小さな神経細胞（ニューロン）帯があって、それが数の判断に関する超感覚的知覚を司《つかさど》っている部分であると言われています。科学者からは「数感覚」または「数量感覚」と呼ばれているこの感覚。それは私たちが普段使っている五感と同じように、数を感じるための「感覚」なのです。米公共ラジオ局[16]のサイトに掲載されたミカエルーン・ドクラフ氏著の『科学者たちは脳の一部に数に関する第六感を司る部分を発見した』という記事があります。脳の一部分にあるこの神経細胞は、目視した物体の数を一瞬で判断できるというのです。オランダのユトレヒト大学のベン・ハーヴェイ率いる科学者集団は、機能磁気共鳴（ｆＭＲＩ）というニューロイメージング手法[17]を用いて、1から8までの画面に映し出される数字を見た人たちの脳の活動を画像化することを試みました。

約8万という数の神経細胞（といっても総サイズ的には切手くらい）が観察された実験でしたが、その中で興味深い事象が発見されました。被験者が小さい整数を見たとき、脳のある部

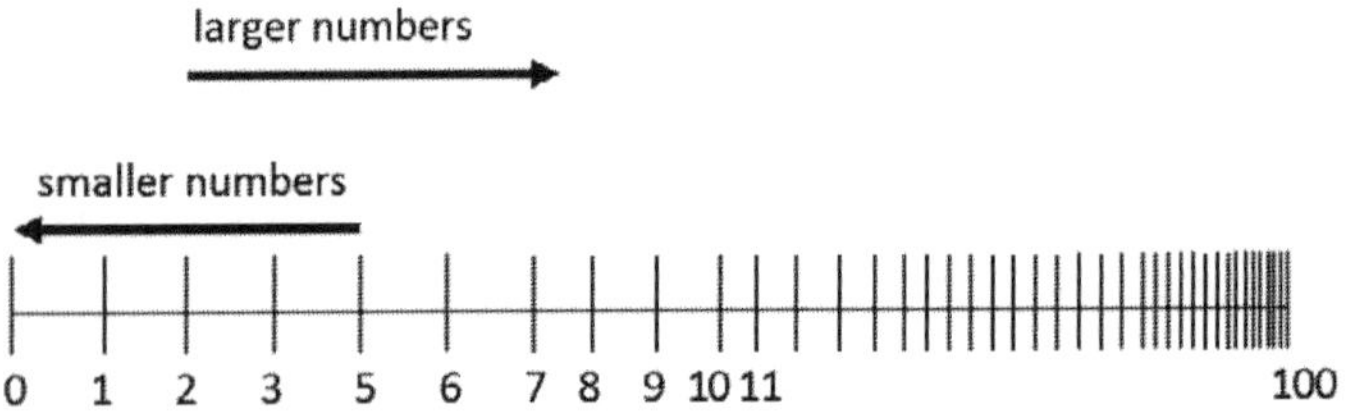

分が他の部分よりも強い反応を示したのです。大きな数字を見たときはその部分ではなく別の部分が反応していました。大きな数字と小さな数字とでは使われている脳の部分が異なるのです。まるで脳の中に二つの計算機が入っていて、数字の桁数によって担当が分かれているような。例えば5本の爪楊枝を見たらすぐに何本か断定することができますが、もし爪楊枝の数が500本だったら即座に数を断定できないでしょう。

さらに、サイエンティフィック・アメリカン誌に掲載された記事によると、我々の脳には「心的数直線」という数量概念を司る部分があると言われています。数字を「どこまでが小さな数、どこからが大きな数」と判断している概念のことですね。

神経科学者たちは、「大きい数」を見分けている脳の一部分の場所を特定しようとしました。その脳の一部分とは、数字を小さい数から大きな数に向かって順番に並べていく数理的考えを担当している部分のようです。その後、オランダの科学者たちがサイエンス誌に「脳の上頭頂小葉[18]にある一部分が、大きい数を見たときに反応を示している」ことを発見したという論文を発表しました。画面に映し出される点の数を数えるときに反応している脳の位置を判定しようと試みたのです。我々の脳の該当区域の端っこ部分、脳の中央部の近くでは、小さな数が見分けられていることもわかりました。大きな数字が見分けられているのはそれとは反対側の端の部分でした。画面に映し出された点の数が少ないか多いかを判定していた脳の一部分がついに発見されたのです。

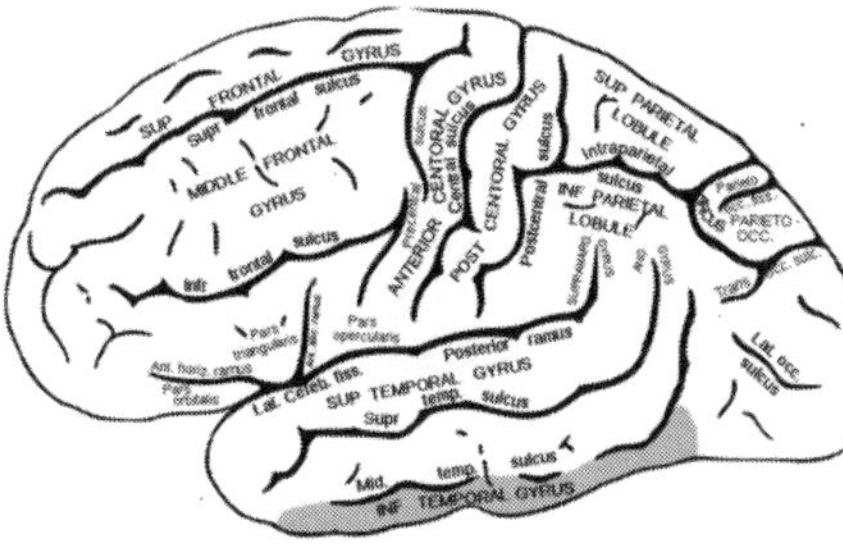

頭頂葉は絶対値よりも相対値（量）のほうにより高い反応を示していました。つまり、経験から数量を断定する処理を行う脳の部位が存在しているということです。また、視覚から入ってくる情報から数量を断定する処理の際に脳の言語中枢も関係してくることがわかりました。カリフォルニア大学サンディエゴ校で神経科学博士課程の学生エミリエ・リアスは次のように説明しています。「数学の天才でも落第生でも、本棚にだいたい20冊くらいの本が置いてあるとか公園に3匹の犬がいるかなどは瞬時に判断できますね。こういった数量断定はほぼ無意識のうちに行われます」数学の天才だけの能力ではなく、幼児でも動物でも持っている能力です。瞬時に数を見分ける能力は、聴覚、視覚、触覚などと同じくらい当たり前に使

用されている能力だったのですね。

スタンフォード大学で神経科学を研究するジョセフ・パルヴィッツィ教授は、てんかんを患った7名の患者の脳神経細胞の活動に関する研究の最中、「数量」の処理を司っている脳の一部分を発見しました。「下側頭回」と呼ばれるその部位は、両耳の外耳道近くまで伸びており、左右の脳を繋げています。

1００～2００万もの細胞で構成されている神経ネットワークとも言うべき部分であり、実数を求めるための計算時や大きな数について考えるときに反応していることがわかりました。面白いのは、この部分が言語やシンボルを見たときにも反応を示すという点です！　つまりこの部分があるおかげで、数字と言葉をまとめて理解することができているのです。この部位がなければ脳がオーバーヒートしていたでしょうね。

「7桁の数字」が人が一度に覚えられる数字の桁数

人が一度に覚えられる数字の桁数は「7桁」であると言われています。例えばアメリカの電話番号も7桁の数字ですね。1950年代、心理学者は7桁の数字が短期記憶の容量限界であ

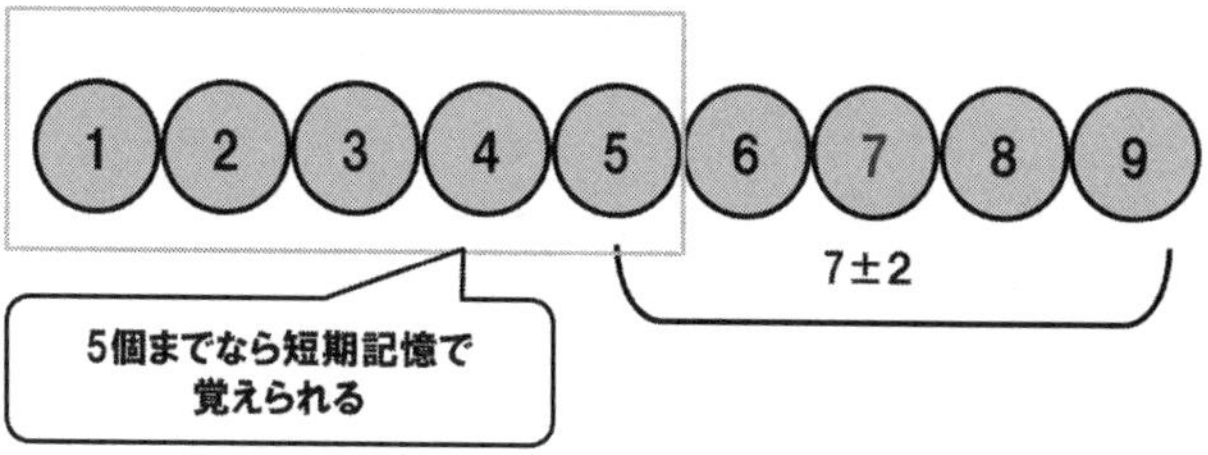

ると特定しました。これは「マジカルナンバー7±2」と呼ばれ、ワーキングメモリの容量と言われています。

科学雑誌フィジカル・レビュー・レターに掲載されたカリフォルニア大サンディエゴ校の神経科学者ミックハイル・ラビノヴィッチと、ドイツのゲッティンゲンにあるマックス・プランク力学&自己組織化研究所のクリスチャン・ビック氏による共同論文では、数字の羅列を見たときの人間の脳神経がどのように反応するかが詳細に語られています。それに加え、言葉の羅列を見たときや自動車の運転の指示などを受けたときの脳神経の反応も観察されました。

言葉や数字などが一度に情報として入ってくるとき、それらを理解できるように処理している神経細胞が存在しています。これがなければ、目や耳から入ってくる言葉や数字などの情報を脳が処理できず、情報はごちゃ混ぜの支離滅裂なものになってしまうでしょう。その中でも、約7桁の数字や言葉が脳にとってちょうど覚えていやすい多さであるということです。それ以上の数だとやはり記憶に留めておくのが難しくなってきます。物語の中で7人以上になると話を覚えにくいですよね。

7以上の情報は整理整頓して留めておくことも難しくなります。例えば、スーパーマーケットで8個以上の商品を買いたいとして、それらをメモなしで覚え続けていることは難しいでしょう。やはり7つほどがちょうどいい数なのです。

それ以上の数を処理できる人がいないわけではありませんが、普通に覚えていられる学校での出来事の数や映画の名台詞の数は、やはりラッキー7という数になるはずです。好きな歌の歌詞をなぜか間違えてしまうことなども、このことと関連しているのかもしれませんね。

昔流行った室内ゲームに「伝言ゲーム」というものがありますね。一列に並んだ人たちが、順番に情報を伝えていき、列の最後の人が聞いた情報を覚えている限り言ってみるというゲームです。大体の場合、列の最初の人が言ったこととはかけ離れた答えを言ってしまうものですが、これは連続して聞いた情報が脳の容量を超えてしまったことが原因です。

サヴァン症候群の人たちなら普通の人よりも数的記憶力があるのだからもっと覚えられるでしょうけど、本当は誰でもそんな能力を持っているのです。ただ「これが限界」だと思い込んでいるだけで。脳は数字を見たときに知能でそれをパターン化して処理しようとします。といってもすべての数字ではなく小さな数字のみですが。

ゾロ目の数字、時間ピッタリ現象、数字に関するシンクロニシティなどを経験する人については、「それは脳の機能です」と言われても納得できないかもしれません。なぜならその数字に隠された意味を見つけ出そうとしているのは、脳ではなく心だからです。脳だけでは処理できない何かがあると感じているからです。こうした現象については、内的と外的な意味を組み合わせることで、宇宙的言語としての数字の意味を見つけ出す必要があります。脳は数字を外観的に特定する役割があり、心は数字を内面から理解します。

「RAS（網様体賦活系）」人間GPSと呼ばれる脳の一部

外海と内界の両方の情報を結び付けて理解する。では、11：11を見たときに、情報の精神的意味と物理的意味を繋ぎ合わせる役目がある部分が脳内に存在しているのでしょうか？　そう、実はあるのです。それがRAS（網様体賦活系）と呼ばれる部分です。人間GPSとも呼ばれている脳の一部分です。

ＲＡＳは網様構造をした神経組織で、脳幹部に集中しています。ＲＡＳの神経細胞は脳内の二つの部分を繋いでいます。その二つの部分とは、「上行性」と「下行性」網様体賦活系です。上行性のほうは大脳皮質、視床、視床下部と繋がっています。下行性のほうは小脳と繋がり、五感に関わるすべての神経に繋がっています。

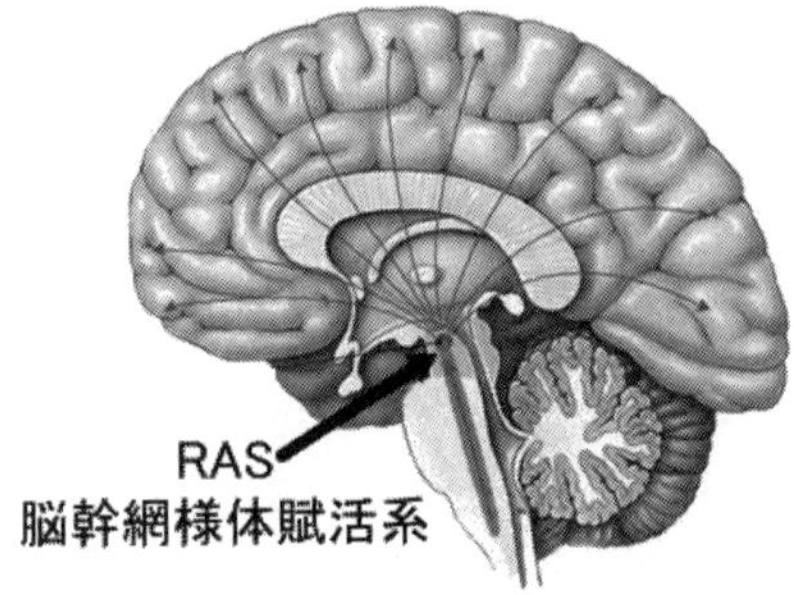

ＲＡＳは睡眠と起床、食事、セックス、歩行、除外、呼吸、心臓の鼓動、さらに行動パターンや動機にも関連している重要部位です。このような小さな神経細胞の集まりがこれほど多くのことに関連しており、実は私たちが認識している現実もここから創り出されていると言われています。

ＲＡＳは外界から四六時中常に入ってくる何億という情報の粒子をふるいにかけて、重要なもののみを脳で処理をさせる「フィルター」の役割を果たしています。私たちが弊害なく日常生活を生きていられるのは、ＲＡＳ様のおかげということですね。４億の情報の欠片が脳に入り込もうとしても、脳が処理しやすいように量をたった40にまで減らしてくれるということです。自動的に除外された情報たちは脳にとって「現段階では」重要ではない情報と見なされたということです。

11：11を一度だけ見ただけなら別に気にも留めなかったことでしょう。その後また見かけて、間を置かずにまた3回目の11：11を見たとしたら、途端に重要度がぐんと上がります。ここでRASが11：11に標準を合わせてくるわけです。このへんはGPSと同じですね。その人の中で11：11に対する警戒度が上がって、それが重要な情報に格上げされたからです。五感がすべてこの手の数字を意識するように刺激されます。「この数字を頻繁に見る」という偶然性に対して強い反応を示すようになります。このとき、11：11に関すること以外の3999960の情報の欠片は無視されます。この状態ですと、どこを見ても11：11だらけになるのです。

「これ、自分しか持ってないだろう」と思っていた車や服などが、他の人と被っていたという経験はございませんか？　例えば、買ったばかりの服を持って店の外に出たら、同じ服を着た人とすれ違うなど。その服を買うまでは重要ではなかった情報が買った瞬間に重要になって、RASがその服に関する情報だけを絞って見せてくるからです。皆さんが見る夢でも、RASは活躍しています。なぜなら、RASは潜在意識を理解できるからです。向精神薬はRASに強い影響を与えるので、薬品を投与された人が原型のような幻覚を見ることもあるのです。通常時ではそういったイメージを見ても特に何も感じないでしょうが、なにしろ原型は集団的無意識にとっては超重要ですから、顕在意識のほうにまで浮き上がってくるわけです。

このように、RASは11：11という原型の重要度が上がった人の脳に、繰り返し見せるように働きかけてくるのです。しかも11：11が個人的、または集団的な意味合いを持つと知った暁《あかつき》にはその評価は滝登りをした鯉のように跳ね上がり、「もう大事ではない」と思うまでは一生見続けることになるでしょう。もしくは、11：11の本当の意味を知ったときにこれ以上見かけなくなるのかもしれません。「引き寄せの法則」でも教えられていることですが、気にかけていることや注目している物事は拡張していき、自分たちの現実を創り出しているということです。RASは心が集中している事柄に合わせて自分の行動パターンを作り出しているということで、引き寄せの法則の語り手もよく引き合いに出しています。自分は貧乏だと思い込んだり、我を忘れて怒ったりすると、本当にもっと貧乏になったり怒りっぽくなったりします。逆にどんなときでも幸せになることに目を向けていれば、より多くの幸せが舞い込んできます。単純に聞こえますが何気に奥が深いことを言っていますね。とにかく、知覚するすべてのことは脳が自分にとって大事だと判断したことだということです。

次回、11：11を見たら、このように自分に問いかけてみるのもいいかもしれません。「なぜ他の数字ではなく、この数字が重要なのか？」その答えは潜在意識の中や、もっと奥底にある集団的無意識の中にあるのかもしれません。ですが、その情報を大事にしているのは自分自身です。だからそれを作り変えられるのも結局は自分自身なのです。潜在意識の奥底の情報の海に潜っていきましょう。私たちの行動や信条を作っているのはＲＡＳなのかもしれませんが、最後それをどう扱うかは自分自身の意思にかかってくるのです。

科学的に時間ピッタリ現象を説明しようと思えばできなくはないどころか、実はいくらでもできます。ですが、だからといって「数字にはそれ以上の意味なんてない」とは言い切れません。逆に言えば、これはこういうものだと信じ込んでしまっているあらゆる物事の意味だって、間違っていないという保証はありません。一つ確かなのは、多くの人々がこういった経験をしていることです。つまり、それが単なる脳の神経細胞の情報交換の際に起きるありふれた出来事ではないということです。実際、11：11のおかげで意識が飛躍的に高まることや、多くのシンクロニシティに関わっていること、人生における運命的な出来事にも関係していると気づかされる人は大勢います。

「４５４５」の数字をいつも見かける人がいるとしましょう。その人はもしかして昔、４５４５の番号がついている住宅を探していたことがあったのかもしれません。だからその人の中で

４５４５が特に大きな意味を持った数字になったのです。いまだによく４５４５を見るのは、その人のＲＡＳがまだその数字に注意しているからでしょう。それくらい重要な数字だったということですね。一度通路が造られたら、流れを変えるのにも時間と労力がかかります。今度は４５４５を見ないための努力が必要ということです！

想像してみてください。書いている小説の、完璧な終わり方を思いついた瞬間に視界に飛び込んできたのが４５４５だったら？　自作の歌詞に完璧にフィットするメロディーが降りてきたときに、４５４５を見たら？　その数字は脳に染み込んで離れなくなるでしょう。車に轢《ひ》かれそうになったときに４５４５を見た場合は？　恐らく生存本能に染み付くことになるでしょう。そのような体験の後は一生のうち何度も４５４５を見ることになり、そのたびに「人生を変えたあの出来事」を思い出すことになるでしょう。こうした記憶は雪だるま式に大きくなっていき、４５４５を見たときに起きる「アハ体験」や「目覚めの一撃」の威力がさらに増していきます。そして４５４５はその人にとってのパワーナンバーと化すのです！

脳と心（意識）の核心に迫る話だと思いませんでしょうか。必要なときに必要な情報が現れるように脳と心は連携しているのです。その共通言語は潜在意識、あるいは集団的無意識に響くものもあるのでしょう……ただし現れた瞬間には、表層意識で理解できません。

　科学者は脳を調べれば調べるほど、その偉大さに気づいていきます。そして、意識は脳の活動とどのように関係しているのか？　私たちの現実はどのように創られているのか？　科学的研究はそのうち超常現象の領域に足を踏み入れることになるのでしょう。なぜなら、この世界には物理的な五感を通して感じる以上のことが、確かに存在しているからです。科学と精神を繋げる第六感への扉の鍵は、数字に隠されているのかもしれません。

コラム

「100ドル札の秘密」

こちらはアメリカの100ドル札の裏面です。独立記念館が描かれています。両脇の小さな建物にある窓（入り口ではなく）の数を数えると、両方とも11個あります。脳に神秘的番号である11：11を植え付けるための陰謀があるのでしょうか？　秘密結社の隠れメッセージ？　それとも単なる偶然でしょうか？

いずれにせよ、11という数字が最も神秘的な数字であり、多くの人々を魅了していることに違いはありません。

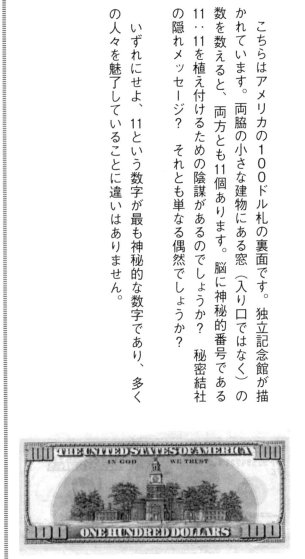

数字は「なぜ」「どのように」進化したのか

人類の歴史が始まった頃からずっと、人間は物の長さを測ったり数を数えたりができる必要がありました。初めはただ所有権を主張するために必要だったので数がありました。そのために数字は誕生し、気がつけばずっと使用され続けています。そのうち経済学など数字を使った学問も生まれて、数字の必要性はより高まっていきました。

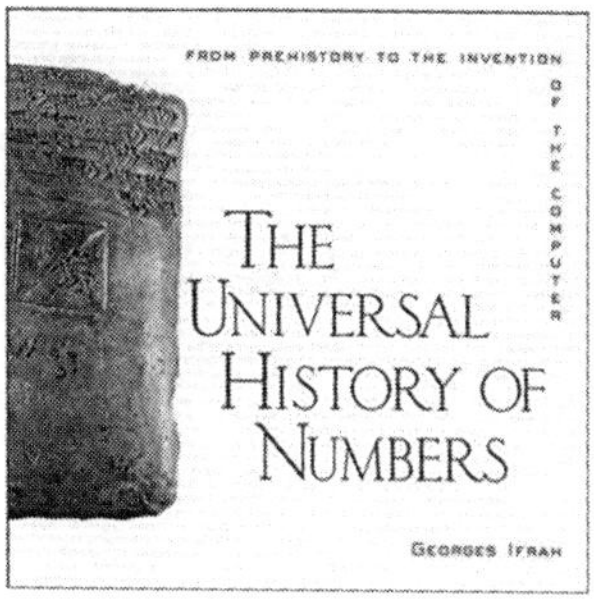

数字が初めて物を数えるときに使われたとされているのは紀元前40000年から30000年の間とされています。『世界の数の歴史（原題：The Universal History of Numbers）』を著したジョルジュ・イフラによると、動物の骨や石などで「画線法[19]」が行われていたのが、そのくらいの時期なのだそうです。

先史時代の人間たちは、数を使って夜空の星の位置などを知ろうとしていました。それから昼と夜を区切っている時刻なども数を使って求めていました。鳥などの動物の群れの数を伝える手段としてや、自分の子供の数を数えるときにも使われていました。一見、原始的な数え方に見えなくもない画線法ですが、近代まではアメリカ先住民の労働者たちの間でも使われていました。

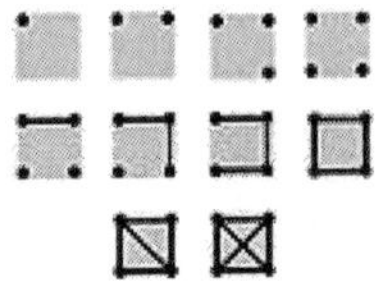

画線法は一つの線の塊を使って数を表現する方法ですが、これは頭の中でいちいち数を数えなくてもいい便利な方法として普及、発展していきました。使われる道具はその時代によって異なり、骨や石の他にも動物の羊などが使われたことがありました。

イフラ氏によると、記録に残っている最初の「数え方」体系が現れたのは紀元前４０００年頃の古代オリエントのエラム地方のようです。このとき人の手で加工された石が初めて数を数えるために使用されていたことがわかっています。それら人工の石の欠片はそれぞれ価値が異なっており、それぞれの石特有の価値が考慮されて数字が数えられていました。例えば、小さめの石版であれば10、大きめのものは１００を表しているなど。

人類学者、歴史家、数学者の間で議論になりやすいのが「なぜ、どうやって文明はそれぞれ数の数え方を開発していくことになったのか」という疑問についてです。つまり、何もないと

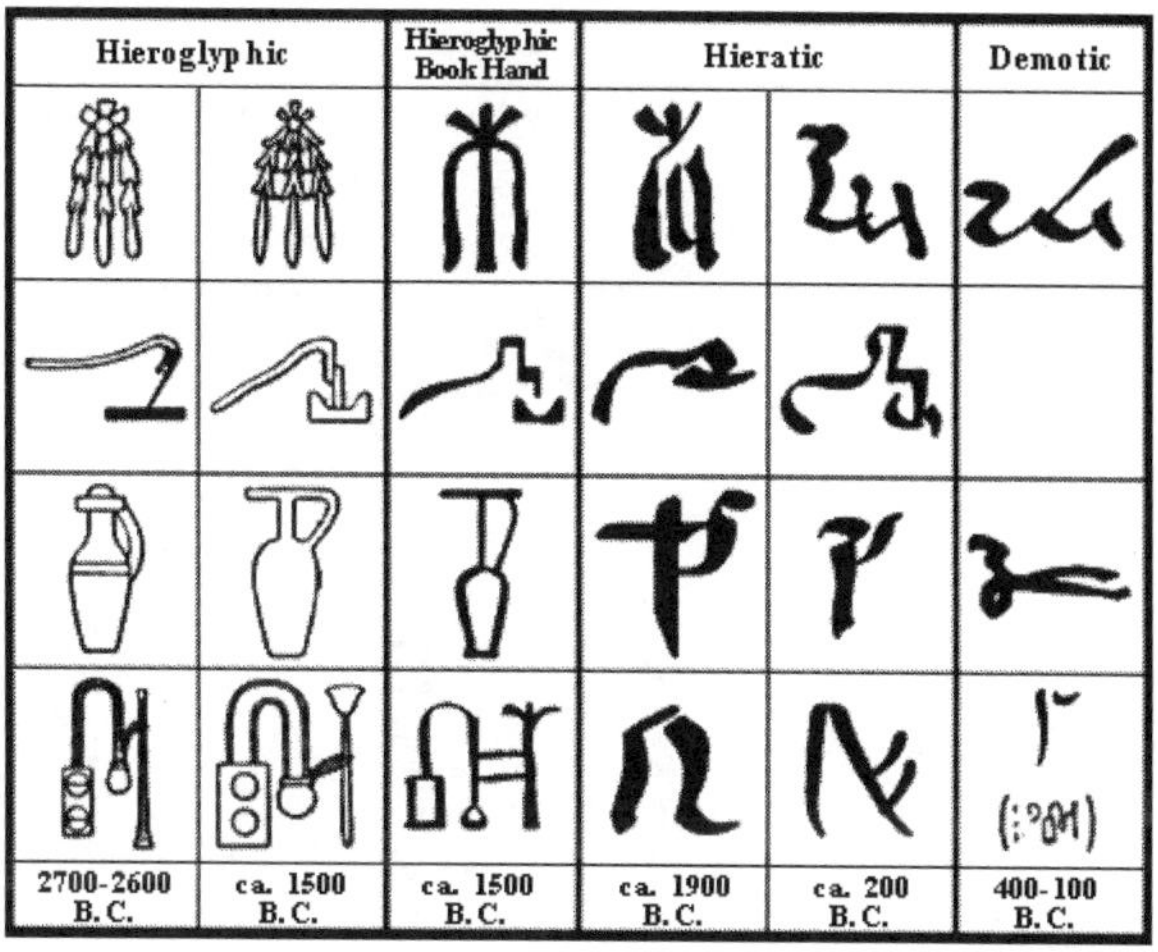

ころからどうやって数の数え方を知っている人が歴史上に突然現れるのか、それとも先進的な文明から「数の技術」が他の文明に受け継がれていったのか、本当のところはどうなんだという議題です。ほとんどの人は、数はインド人もしくはアラブ人が編み出したと考えています。専門家たちは基数[20]から序数[21]が生まれたと考えています。1、2、3という数がまずあって、第1番、第2番……という順序ができていったということです。それか順番については、最初は手の指を使って数えていたかもしれませんね。もしかして足の指まで使って数えていたかも！

「数字の進化は文明の進化」と言えるほど密接に関わっています。文化、言語、高度な知識の発展には数学の発展が欠かせません。最古の文明では数を表すためにその数に対応した絵図を使っていました。そのため大きな数字を表すときには、同じ絵が繰り

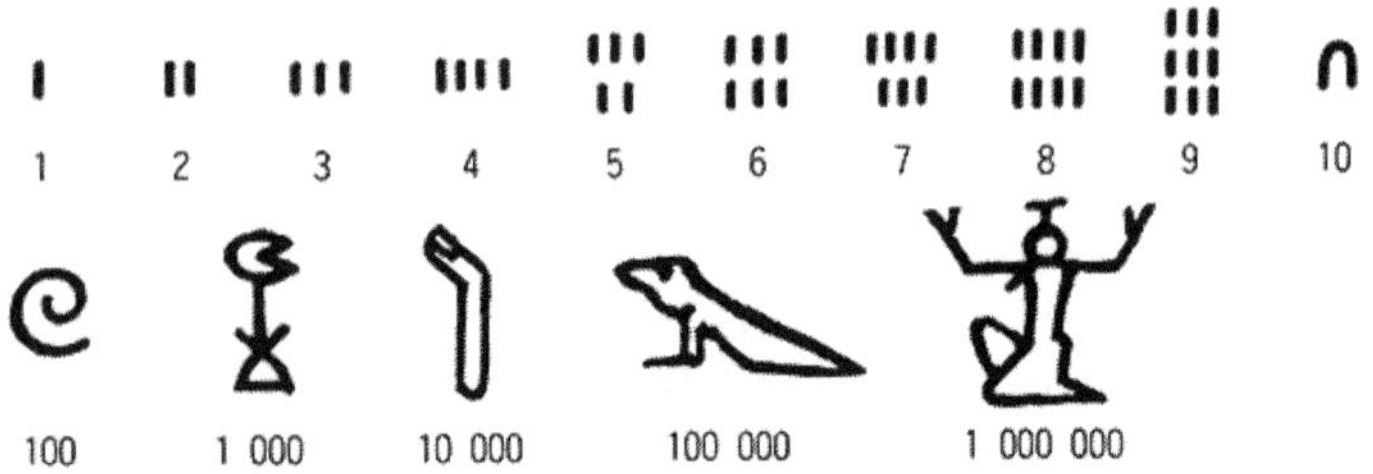

返し使われていたのを見ることができます。古代エジプト文明などがそうですね。しかも当時は数字を表すにもさらに3種類の文字が使われていました。ヒエログリフ（神聖文字）、ヒエラティック（神官文字）、デモティック（民衆文字）がそうです。なんだか大変そうなことをしていたものですね。

古代エジプト人の数え方

ヒエログリフは皆さんも一度は聞いたことがあるはずです。神やファラオを讃えるものとして石板に刻まれているものがほとんどで、神官のみが使用できる「神聖文字」として数以外を表すこと以外にも使用されていました。パピルスへ手書きするときはヒエラティックが使われました。ヒエラティックの簡略文字であるデモティックは、その後標準的な文字として使われるようになりました。エジプト数字は右から左へ並べて書かれ、1から9までは線の集まりで描かれます。それより大きな数字は象徴が使われます。

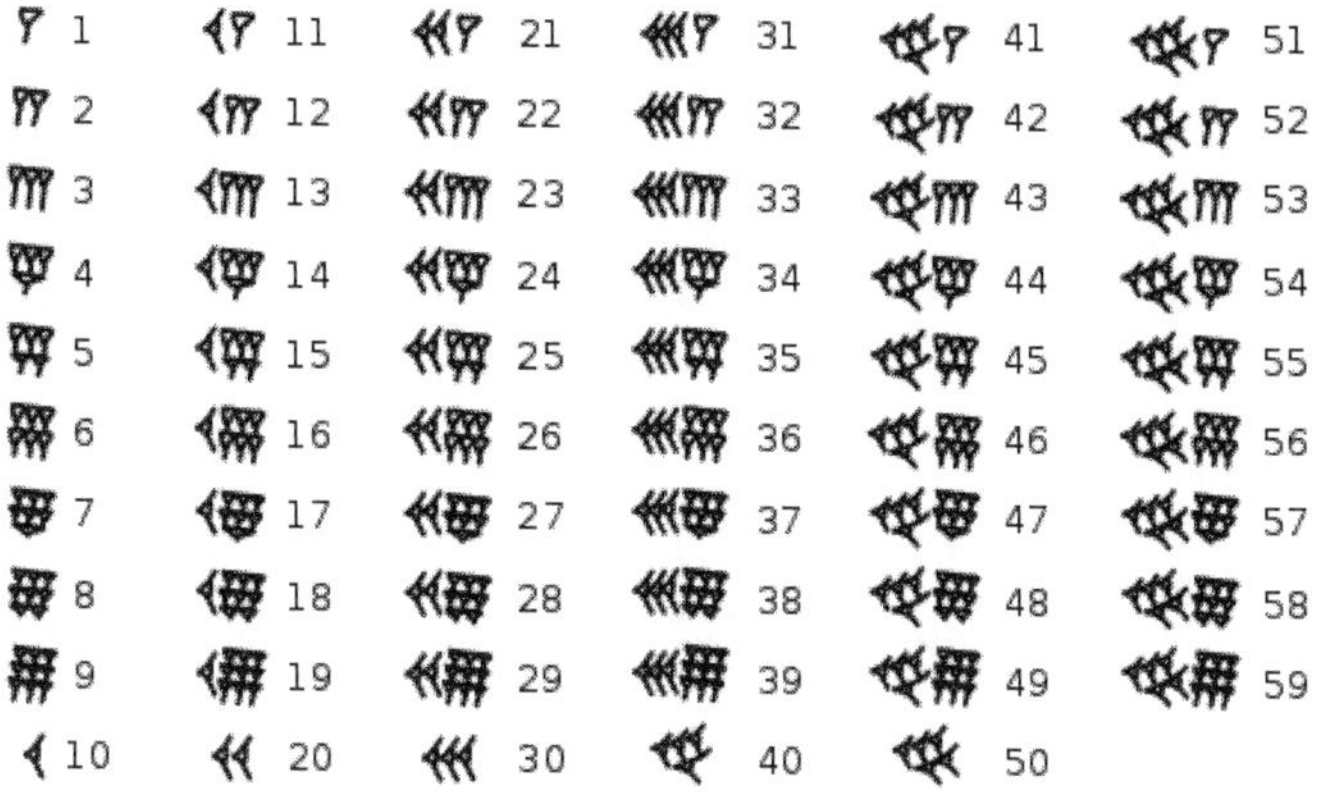

例えば、１００は渦巻き模様の象徴が使われ、１００万だと腕を高く掲げた人間の姿の象徴で表されます（確かに１００万なんて大きな数には両手を上げたくなりますね！）。

シュメール人の数え方

古代シュメール文明やバビロン人たちは数字のグループ分けをするための記数法を編み出しました。シュメール人たちは1と10の二つの数字だけを使って60進法の数え方をしていました。初期のバビロン人は10と60にそれぞれ象徴を使っていました。それぞれの数字は三角形と縦線の組み合わせで描かれ、計算もそれで行われていました。稀に「ゼロ」の概念を持つ記号が使われていたことも興味深いことです。

マヤ人の数え方

マヤ文明などでは数の表記に点と横棒が使用されていました。現代人が10進法を使用していることに対し、マヤ人もアステカ人も20進法を採用していました。そして、点と横線の他にも、「ゼロ」を表すために貝殻の象徴が使われていました。

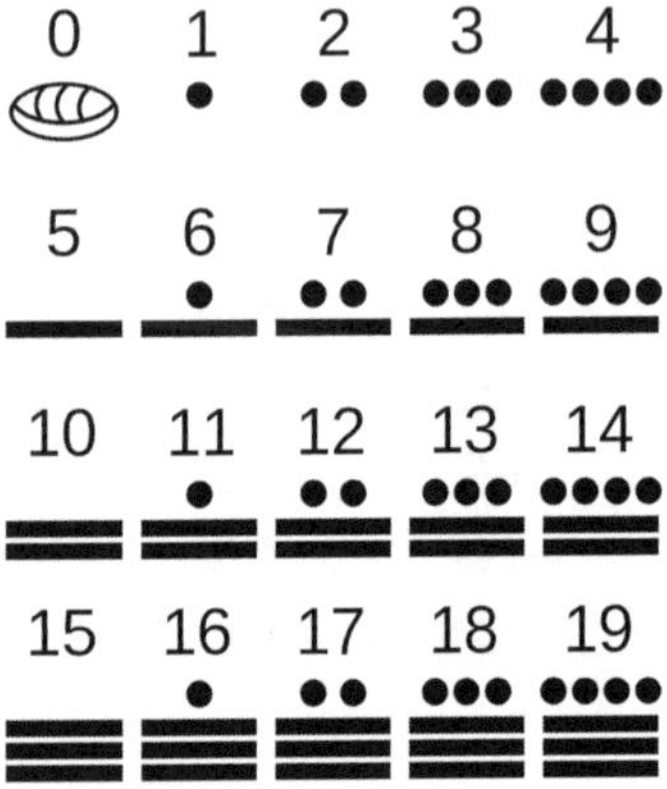

古代中国人の数え方

古代中国人たちは、現代の中国でも使われているような漢数字を使用していました。それらは木の枝（算木）を使って数を表す記号を作るというものです。ゼロについては、四角の記号を使って表されていました。大きな数字は組み合わせ文字（モノグラム）を使っていました。このような算木を使用した数学は、紀元前5000年頃の仰韶《ぎょうしょう》文化から存在していると言われています。

河南省や山西省の地中から発掘された陶器の破片には、縦線の組み合わせの記号が彫られているのが見られます。これらの記号こそが中国史上最古の数字と考えられています。それ以後の「商」の時代の中国では「甲骨文字」という亀の甲羅や動物の骨に刻んだ字によって、鳥の数などが表現されていたようです。これが長い年月を経て、現在の漢数字となったのです。

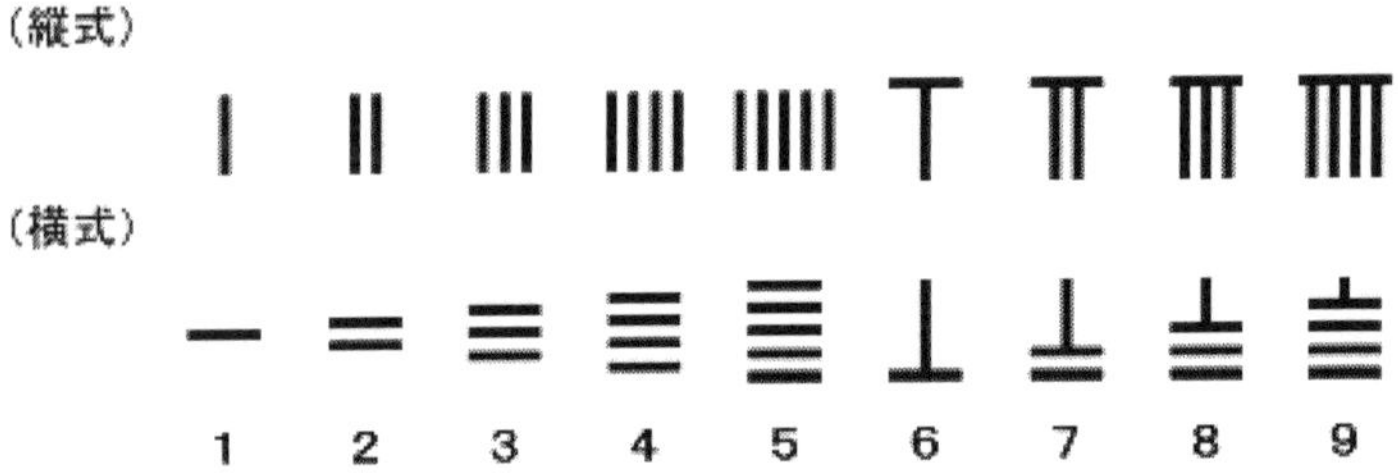
(縦式)
(横式)
1 2 3 4 5 6 7 8 9

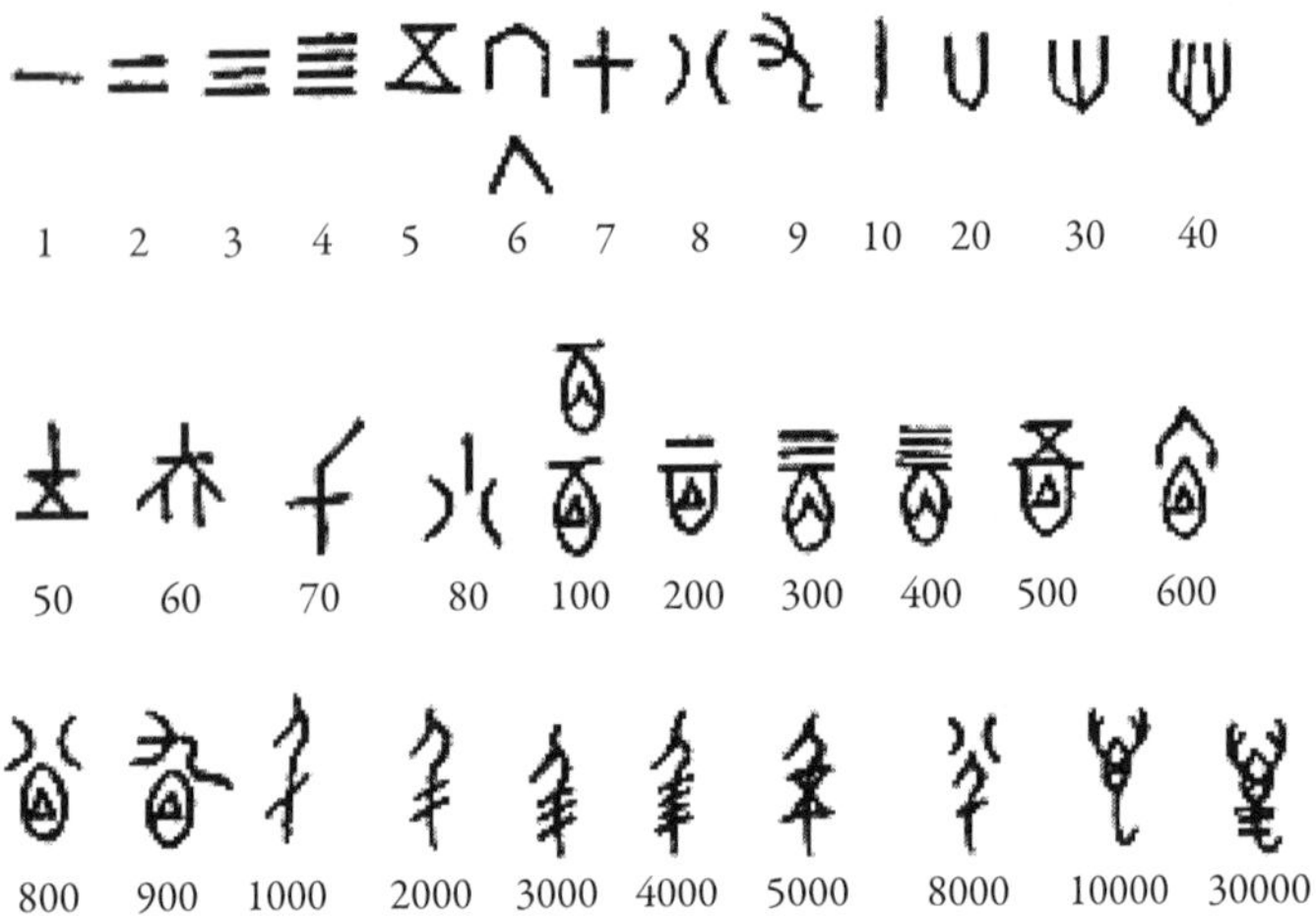
1 2 3 4 5 6 7 8 9 10 20 30 40
50 60 70 80 100 200 300 400 500 600
800 900 1000 2000 3000 4000 5000 8000 10000 30000

アステカ人の数え方

メキシコ国立自治大学の数学者マリア・デル・カルメン・ジョルジュによる最新の研究によると、アステカ人たちは矢印や手、骨、腕、それから心臓などの記号を組み合わせることで長さを測るための数字を表現していたことがわかりました。地理学者バーバラ・ウィリアムスの協力の下、アステカ族が遺した土地測量本である『コーデックス・ベルガラ』を研究した彼女は、それらの絵と本に描かれた数字に明確な関連性を見出しました。驚くことに、当時使われていた測量術の6割ほどが現在使われている手法と一致していること、それに農業の知識を導入することで坂道や段々坂などを組み入れるなど、今から何千年も昔の文明とは思えないほど高度な技術が使われていたことがわかりました。

これではっきりしたこととして、原始的な数字の数え方だと思われていた数え方でも現代と変わらないほど正確な測量ができていたということです。

א	ב	ג	ד	ה	ו	ז	ח	ט	י
1	2	3	4	5	6	7	8	9	10
כ ך	ל	מ ם	נ ן	ס	ע	פ ף	צ ץ	ק	ר
20	30	40	50	60	70	80	90	100	200
ש	ת								
300	400								

古代ローマ人も、ギリシャ人も、ヘブライ人も、数字を文字から生み出しました。よって各数字には対応するアルファベット（数文字）があります。ヘブライ語のアルファベットは22字があり、それを使って1から４００までの数字を表記する「ヘブライ数字」というものがあります。それ以上の数字ですと、例えば「５００」を表すには４００＋１００（תק）というように表記します。

古代ギリシャ、ローマ人の数え方

古代ギリシャ人もローマ人も、それと同じくアルファベット数字を使用していました。ギリシャ人に関しては二通りの記数法があり、一つは「アッティカ式」という文字ごとに数字を当てはめて表記するという記数法で、紀元前1世紀頃に使用されていました。もう一つの「イオニア式」では１０００などの大きな数字の表記の先頭にコンマ（、）を用いて表現の幅を広げ

Αα	1	Ιι	10	Ρρ	100
Ββ	2	Κκ	20	Σσ	200
Γγ	3	Λλ	30	Ττ	300
Δδ	4	Μμ	40	Υυ	400
Εε	5	Νν	50	Φφ	500
Fς	6	Ξξ	60	Χχ	600
Ζζ	7	Οο	70	Ψψ	700
Ηη	8	Ππ	80	Ωω	800
Θθ	9	Ϙϙ	90	ϡ	900

ていました。こうした記数法は「アイソセフィ（直訳すると等しい小石）」と呼ばれています。昔、小石を使って簡単な計算をしていたことの名残と思われます。この原理は後々、ヘブライ人の「ゲマトリア」に引き継がれ、フリーメーソンの数字の神秘術に今も使われているようです。

古代ローマ時代では、ベースとなる数字に「5」を据えて、1、5、10、50、100、500、1000にそれぞれ「I、V、X、L、C、D、M」を対応させ、それらを組み合わせて記数していました。

現代人の数え方

現代ではインド・アラビア数字が一般的に使用されていますね。これは「位取り記数法」といってヒンドゥー・アラビア数字の子孫の一つで、その起源は9世紀にまで遡《さかのぼ》ります。桁ごとの数字が10に達すると「桁上げ」をして1の桁と10の桁とで区切るという記数法です。

$$
\begin{aligned}
10^4 &= 10000 \\
&\downarrow \times \frac{1}{10} \\
10^3 &= 1000 \\
&\downarrow \times \frac{1}{10} \\
10^2 &= 100 \\
&\downarrow \times \frac{1}{10} \\
10^1 &= 10 \\
&\downarrow \times \frac{1}{10} \\
10^0 &= 1
\end{aligned}
$$

私たちが普段使用しているこの記数法は、「ブラーフミー数字」として紀元前2世紀から6世紀頃の古代インドに起源を持ちます。

アラビア数字と呼ばれることが多い現代の数の数え方ですが実はインドが起源であって、なぜアラビアと呼ばれているかというとアラブ人がこの記数法を中世ヨーロッパに持ち込んだからだと言われています。しかし0から9までで桁を区切るという数え方はもともとは西アジアで生まれたとする歴史家も少なくありません。それが10世紀頃にアラブ人の天文学者や数学者によってヨーロッパに持ち込まれ、普及していったという説です。ちなみに西アラブ世界に初めて「ゼロ」の概念が持ち込まれたのは、残っている文献からしてだいたい870年頃だと言われています。対して、古代インドの1世紀頃の銅板などに残された文書ではすでにゼロが使われていたのです。

いずれにせよ、この素晴らしい大発明のおかげでインド（アラビア）数字は今日、世界中の人々に使われています。アル＝フワーリズミーやアル＝キンディーなどの優れたアラブ人数学者は、この記数法を中東や西側世界に広めた偉大な足跡を残しました。『インドの数に関して』という825年から830年頃に書かれた著作は、10世紀の中東の数学者たちが分数などを発展させることに大いに役立ちました。

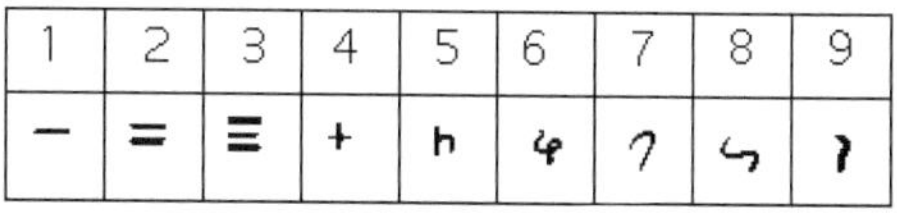

N進法

何かを測るときには「N進法」が使われています。コンピューターの情報処理だけでなく、山を駆ける野牛が何頭いるか数えるときにも必要となります。

コンピューターが表す情報はすべてバイナリ、つまり2進法の情報です。点灯するか、しないか。高いか、低いか。1か0かですべての情報が処理されています。スイッチのONとOFFによく喩《たと》えられます。多くの古代文明で5進法が使われていたのに対し（恐らく手指の数が5本だから？）、カリフォルニア北部にいたアメリカ先住民族のユキ族などは、それより進んだ8進法を開発しました。

それよりもさらに進んだのが、現在世界中で使われている10進法です。その起源も、恐らく両手の指の合計数が10であることに関係しているのではと言われています。じゃあ、それより進んだものは20進法なのでしょうか？　両手と両足の指の数は合計20本ですものね。実際そうだったようで、先コロンブス期[22]のマヤ文明などではすでに20進法が使われていました。

他にも、12進法なども使われることがあります。「ダース（12）」がよく使われるアメリカなどで人気があります。ヤード・ポンド法も、1フィートは12インチですし、時間も昼と夜はそれぞれ12時間ずつですから、やはり12進法が便利に使われます。普通サイズもピザ箱もだいたい12インチですね。

60進法も時間を計る数え方に採用されています。1分は60秒で1時間は60分ですから、60進法です。メソポタミア文明でこの60進法は生まれました。一説には10進法と12進法が組み合わさった結果生まれた数え方なのだとか。中国の伝統的な暦法である「中国暦」でも60進法が使われています。10進法の顓頊暦《せんぎょく》と12進法の暦が織り交ぜられ、60の周期である六十干支となるのです。10進法の暦には天干または十干と呼ばれる10の象徴（甲・乙・丙・丁・戊・己・庚・辛・壬・癸）が、12進法の暦には地支または十二支と呼ばれる12の象徴（子・丑・寅・卯・辰・巳・午・未・申・酉・戌・亥）が各月にあてがわれます。

このように、用途によって様々なN進法が発達していきました。10進法は足し算、引き算、掛け算、割り算などを行うのにちょうどいい位の数を扱えると思いませんでしょうか。ですが普通以上に数字の魔力に魅了された人々にとっては、「10進法は物足りない」と思うのかもしれません。

0（ゼロ）

「0」という数字は人類の歴史の中で、各地にほぼ同時期に現われたと言われています。

ゼロという言葉はイタリア語の「ゼフィロ」に由来し、ゼフィロはアラビア語の「アフィラ」に由来します。アフィラの意味は、「空っぽ」とか「無」です。これはもともと、サンスクリット語で「空」を意味する「ユニャ」に由来を持ちます。紀元前２０００年頃のバビロン人たちは0を使っていましたが、同時期の古代インド学者のピンガラもゼロの概念にサンスクリット語の「ニャ」をあてがっていました。

古代ギリシャ人たちもゼロの存在について盛んに議論を交わしました。哲学者や宗教学者なども加わり、「無」という概念についても話されました。「なにゆえ無が存在すると言えるのだろうか？」永遠の問いであるかのように聞こえますが、すでにゼロの座としての数字を用意していた文明もありました。こうしてインド数字はアラビア数字としてヨーロッパに紹介され、今では世界中で「無とは何か」などの疑問を何一つ抱くことなく「ゼロ」は日常的に使われています。

古代ローマ人たちも５２３年頃にゼロを使っていたことがわかっています。他にも、６２８年に書かれた『ブラーマ・スプタ・シッダーンタ（宇宙の始まり）』という古代インドの本にもゼロについて語られています。それが古代中国や中東のイスラム世界にも広まっていったのでしょう。しかし、１２２９年のローマカトリック教会は、「ゼロは割り切れない数字を無限に創り出す神を冒瀆《ぼうとく》する数字」だとして、民間人のゼロの使用を禁止したのです。アバカス計算器具やゼロを西側世界に残そうとした中世の修道士たちがいなければ、今頃ゼロの概念はなかったでしょう。イタリア人の銀行家などは自分たちの通帳に「無」を意味する数字を入れたくないとして猛反発していたようですから。一方で商人たちや密輸人たちはゼロを意味する暗号を秘密で使っていたようです。

∞（無限）

ゼロとは対極で、「終わりがない」という概念が「無限」です。人類史の中で最初に無限について言及されたとされる文書は、バラモン教の聖典の一つであるアジャル・ヴェーダの『イーシャー・ウパニシャッド』です。「どんな数字を足そうが引こうが、無限は無限のままである」ということを説《と》いた人類史上初の本です。古代インドの数学書『スーリヤ・プラナプティ[23]』では、すべての数字は「可算」か「不可算」か「無限」かの三つのカテゴリーのどれかに分類されると定義されています。さらに無限には、1方向の無限なのか、2方向に向かって無限なのか、平面の無限、あらゆる方向の無限、永遠に無限という5種類の無限に分けて考えられており、当時としても非常に複雑な構造を持つ数字であると見なされていました。この数概念は後に関心があったジャイナ教へと引き継がれました。

無限大記号として使われる「∞」の記号はラテン語で「リボン」を意味する「lemniscus」が語源と言われることが多いですが、チベットの岩壁に彫られたウロボロスの象徴である「世界蛇」こそが無限大記号の起源であると主張する人類学者や歴史家もいます。

「∞」の記号を史上初めて使ったと言われているのは英国の数学者ジョン・ウォリス（1616年～1703年）です。数学者として数多くの業績を残し、小惑星「31982Johnwallis」は彼の名を冠しています。

「無」から「全」までを表す数字には、次のようなものがあります。

●自然数

0、1、2、3、4など私たちが普段使用している整数のことです。私たちにとって不自然でない、普通の数字のことです。自然数を表すときはNを使います。

●負数

0以下のマイナス整数のことです。Zを使って表します。

●実数

測定や解析に使用する数字です。細かい座標を表すために、通常は小数点以下までが書かれます。

●有理数

二つの整数を使って分数で表せる数字のことです。ただし分母は0ではありません。すべての有理数はまた、実数でもあります。難しくなってきましたね。

●無理数

有理数とは逆に、分子と分母の両方が整数で表せない数のことです。円周率（π）も無理数であり、後の章でもお話ししていきます。

●複素数
負の数の平方根を持ち、Cで表す数のことです。1世紀の数学者で発明家のアレクサンドリアのヘロンが考案しました。実数と虚数を同時に使うと複素数が発生します。
●計算可能数
漸化式といって、コンピューターで計算ができる数字のことです。コンピューターの演算法によって望みの数字をはじき出すことができます。普段の生活には意識しないことですね。
●回文数
逆から数字を並べても同じ数になる数のことです。例えば23432など。趣味の数学の分野ではよく研究の対象になることもあります。
●準超実数
実数の中で測ることができないほど小さい数字である無限小を求めたり、逆に無限大の数字を求めようとする数のことです。なぜそんなことをする必要があるのか？「数学者のみぞ知る」です。

●虚数
架空の数字を表すときにIを使って表される数字のことです。「2乗した値がゼロを超えない実数になる複素数」として定義されるようです。なんだかもう、よくわからないですよね。

●素数
1より大きい自然数で、正の約数が1と自分自身のみである数字のことです。紀元前約300年頃に書かれたユークリッドの『原論』には素数が無数に存在することが説明されています。2、3、5、7、11、13、17、19、23、29、31、37、41、43、47、53、59、61、67、71、73、79、83、89、97は素数です。100以上の数字ですと101、103、107、109、113と続いていきます。

●古伝数
人間の精神や神話の中にしか登場しない数字のことです。神話数とも言い、その存在については認められてはいるものの詳しい起源や理由などが判明していないものをそう呼びます。アメリカのシンクタンクであるハドソン研究所に勤めるマックス・シンガーが1971年に名称をつけたのがきっかけです。例えば人間は自身の脳の10～12％の機能しか使っていないと言われていますが、これも一つの神話数です。誰もが脳の本来の機能のほんの一部しか使用していないことを知っていますが、具体的なことは判明していませんね。それから、食べるときは20回以上噛みなさいとお婆ちゃんに言われたことがある、とかも古伝数ですね。

●不確定数

途方もない大きな数を出して、ある意味冗談っぽいくらい大げさで壮大な雰囲気を醸《かも》し出す数字のことです。兆、京、垓……無量大数など。無限とは言わないまでも、ものすごく大きな数字と言いたいときに使用します。

数学者たちは目的ごとに上記のような数を使用することで、現実を解き明かそうとしてきました。簡単な割り算から、代数、微積分、幾何学、三角法などを駆使して。そんなに数学が苦手な著者の私などを混乱させたいのでしょうか？　もしかして、本当にただ話を難しくしているだけなのかもしれません。ですがその一方で、今の私たちが自分の周りの世界について結構詳しく知っているのは、数学者たちの編み出した数字のおかげでもあるのですね。

［注釈］

16　https://www.npr.org/

17　生きている脳内の各部の生理学的機能を様々な方法で測定し、それを画像化する技術

18　大脳の外側面にある脳回の一つで、頭頂葉の後方に位置する
19　描いた線の本数で数を表現する方法で、例えば日本だと「正」の漢字が「5」を表す
20　大きさやサイズを測るための整数
21　順序・順番を表すための数字
22　後期旧石器時代に人類がアメリカ大陸に渡った時代から近世にヨーロッパ人が植民地化を競うようになる時代まで
23　Surya Prajnapti

第3:3章

神聖数列と宇宙記号

「数は実に奇妙な生き物です。
原子をさらに細かく分割し、様々な秘密を解き明かしてくれ、
ヒトや機械の構造を分析し、その複雑さと美を
余すことなく描き出すことができるのだから」

——ザ・ボディショップ創立者　アニータ・ロディック

「美術は魂に語りかける」

——哲学者　アラン・ド・ボトン

神聖幾何学の意図がわかれば宇宙の謎すべてが解ける

太古の昔から、人間は数列や様式、記号を使用してきました。現代においても神秘や魔術を語るときに欠かせないものとなって残っています。多くの音楽や宇宙論、芸術、建築学の中にも記号や数列が組み込まれています。一見しただけでは単なる偶然に思える現象も、よく調べてみるとそれはただの偶然やランダム性として片付けるにはあまりに共通性が多すぎるのです。神聖幾何学の世界に触れるとそれがとても顕著であると思えてくるでしょう。

神聖な建築や芸術など神聖幾何学がいろいろなところで使用されています。幾何学や数学的な黄金率、ハーモニクス（高調波）などは音楽や光、宇宙自然の中に隠れています。まるで天からの授かりものであるかのように。

そんな神聖幾何学を使用した建築物には、大昔に建てられた神殿、教会、モスク、古代の巨石や遺跡などがあります。建物の中にある祭壇や礼拝堂などの神聖な場所には、必ずと言って良いほど神聖幾何学が使われています。聖なる森や、村の公園の草原地帯、神聖な泉にも見られます。宗教画や図解書にも象徴的に姿を現すことがあります。

「神聖」幾何学というからには、その意図として神聖なものがあるということですね。神聖な意図とモノとを繋げる役目を持っているのが神聖幾何学です。この意図を理解することができれば、この宇宙のどんな謎でも解き明かすことができるはず。

数学者のハインリヒ・ヘルツ曰く、

「完璧な数学の公式などを眺めていると、この世界には我々がまだ出会ったことがない、我々よりも賢い知的生命体がいると信じざるを得なくなる。彼らに会うことができれば、これら公式に隠されたさらなる秘密を知ることができるだろう」

建築学や芸術、数学の神秘を研究する人たちは、本当は天から降りてきた偉大な智慧を研究しているのかもしれませんね。

ピタゴラスの悟り「宇宙のすべては数の法則に従う」

「数信仰者」と言えるほど数字に熱中していた人物といえば古代ギリシャの賢人ピタゴラスでしょう。紀元前572年から紀元前490年の間に生きていたというこの人物は「ピタゴラス教団」と呼ばれる秘密結社の設立者でした。教団に属する者は皆、「数と哲学こそが自らの伴侶だ」という掟の下で共同生活を送っていたのです。「数学の父」と呼ばれたピタゴラスは、そう呼ばれるだけあって数学界に多大な功績を残しました。しかしながら、彼が発明したとされるいくつかの数学定理の中には、彼以外の何者かによって発明されたものも存在していると主張する学者もいます！

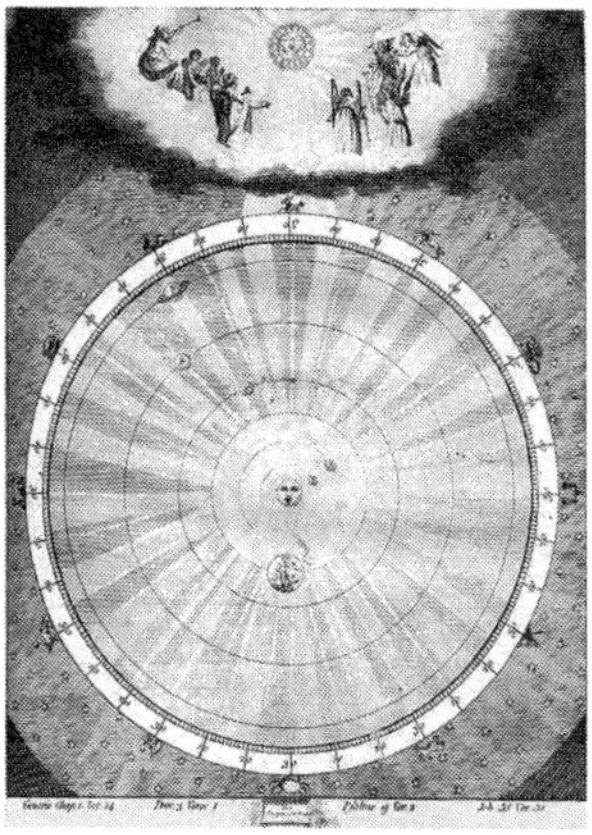

ピタゴラス教団の者たちは皆、厳しい戒律を守って暮らしていました。肉食を禁じ、物を個人的に所有することは許されず、財産を団員皆で共有することが条件とされていました。一般教団員は「アコースマチコイ」[24]と呼ばれ、ピタゴラス側近の熟練者は「マテマチコイ」[25]と呼ばれていました。ピタゴラスの下で宇宙の神秘を学んでいましたが、最後はメンバー同士の方向性の違いで組織は分裂してしまいました。ピタゴラスの妻テアノはその後も数学の分野で功績を残したとされています。

ピタゴラスは数の他にも音程や音律などの音楽理論にも没頭して研究していました。彼が発明したとされる音楽理論の一つに「宇宙（天球）の音楽」があります。これは各惑星がある数学的な公式や楽音に対応しており、「天球のハーモニー」を形成しているという説です。

彼は魂の存在と、死後の世界、そして生まれ変わりを信じていました。その思想が他の哲学者たちに残した影響力は大きなものとなりました。研究を重ねる毎日で、彼はふと「宇宙のすべては数の法則に従う」ということを悟りました。数学を奥深くまで研究していると人はいつか必ずその「数の奥義」に辿り着くということなのでしょう。

プラトンの「アカデメイア学園」

多くの人々に影響を与えた偉大な哲学者といえば、古代ギリシャのプラトン（紀元前428年〜紀元前348年）がいます。あのソクラテスの弟子であり、これまた偉大なアリストテレスの師匠です。西欧文化の哲学の基礎を作り出した傑物の一人であると言えるでしょう。彼は実際に、アテナイに西洋世界初の高等教育機関である「アカデメイア学園」を設立しました。彼は彼自身の研究の中にも音楽に関するものや幾何学に関するものがあり、友人でピタゴラス教団の科学者であったアルキタスからも影響を受けていたことがわかります。

ミステリウム・マニュム（大いなる神秘）を継承する者たち

古代のピタゴラス教団の教えは、もっと後の世に出てきた秘密結社である薔薇十字団やテンプル騎士団やフリーメーソンでも密かに伝えられていると真面目に話している学者もいます。「ミステリウム・マニュム」という大いなる神秘を継承する者たちは、膨大な量の神聖幾何学と数学に精通している者のようです。そうしなければ、本当の秘密である錬金術や神秘論を理解できないためです。そのような秘密主義的な性格のためか、しばしば身もふたもない噂話やでっち上げ話も非常に多いです。

「ミステリウム・マニュム」は「偉大なる創造」とも呼ばれ、宇宙の根源的エネルギーから四元素が生じているという概念を示しています。この概念は量子物理学における「零点場」や予言者、心霊診断家のエドガー・ケイシーが語ったアカシック・レコードの概念とも一致しています。実のところ、神聖幾何学に表れる様式や模様などはすべて高次元の「全能の

絶対者」、すなわち創造主によって描かれたものと考えられているのです。

黄金比（自然界や科学界のあらゆるところに存在する数字）

身の回りにある自然の中に、神の智慧がふんだんに隠されていることには今さら驚かれる方も少ないでしょう。生き物の体の構造にもそれらは現れています！　有名なのが「黄金比」や「フィボナッチらせん」ですね。当たり前に思っている生き物の形状の中にも、この魔法の数が隠れているのです。人間の体や、海岸で拾った貝殻にも……。

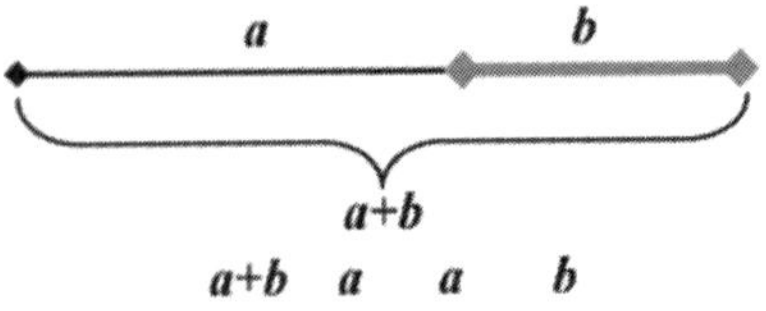

黄金比は別名、神の比率と言われています。数字で書き表すならば、約１・６１８０３３９８８７４９です。これの一体どこが、神の数字なのか？　答えは神のみぞ知る、と言いたいところですが、とにかくこの数字は自然界や科学界のありとあらゆるところに存在しているのです。人間の手で作り出された美術の中にも「最も美しい比率」としてそれは現れます。極大の世界にある比率であり、極小の世界にも同じく存在する比率であるとされています。

ギリシア文字のφ（ファイ）で表されます。ギザの大ピラミッドも黄金比で建てられています。五芒星（ペンタグラム）もそうです。五芒星はプラトンやピタゴラス教団にとっての神聖な模様でした。古代ギリシャ都市の城砦アクロポリスも黄金比に基づいた建築です。レオナルド・ダ・ヴィンチのあの有名な「ウィトルウィウス的人体図」にも、黄金比が使われています。

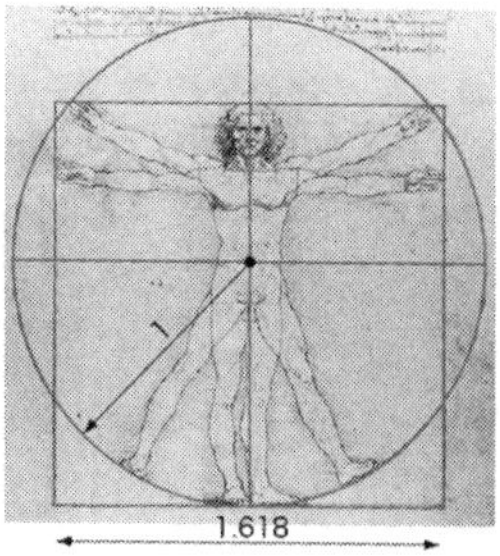

ダ・ヴィンチの残したもの（ウィトルウィウス的人体図）

ウィトルウィウス的人体図は古代ローマ時代の建築家ウィトルウィウスの「建築論」を基にダ・ヴィンチが描いた絵であり、ダ・ヴィンチの科学的、芸術的センスが黄金比を伴って表れています。ダ・ヴィンチはこのような哲学的な絵を手記にたくさん残しており、この絵は１４８７年頃に描かれた絵のようです。

コラム 「ウィトルウィウス的人体図に使われた数的単位」

ウィトルウィウス的人体図にはヤード、スパン[26]、キュービット[27]、フラマン語エル、英語エル、フランス語エル、ファゾム[28]、ハンド[29]、フィートという、それまでの歴史で主に使用されてきた9つの長さの単位を使うことができ、身体の各部位が次のような正確な寸法になっているのです。

- ●手のひらは指4本分の幅
- ●足は手のひら4つぶんの幅
- ●1キュービットは手のひら6つぶんの幅
- ●男性の身長は4キュービット（手のひら24つぶん）
- ●歩幅は4キュービット
- ●両腕の間の長さと身長が等しい
- ●頭髪から顎《あご》の先までが身長の10分の1の長さ
- ●頭頂から顎先までが身長の8分の1の長さ

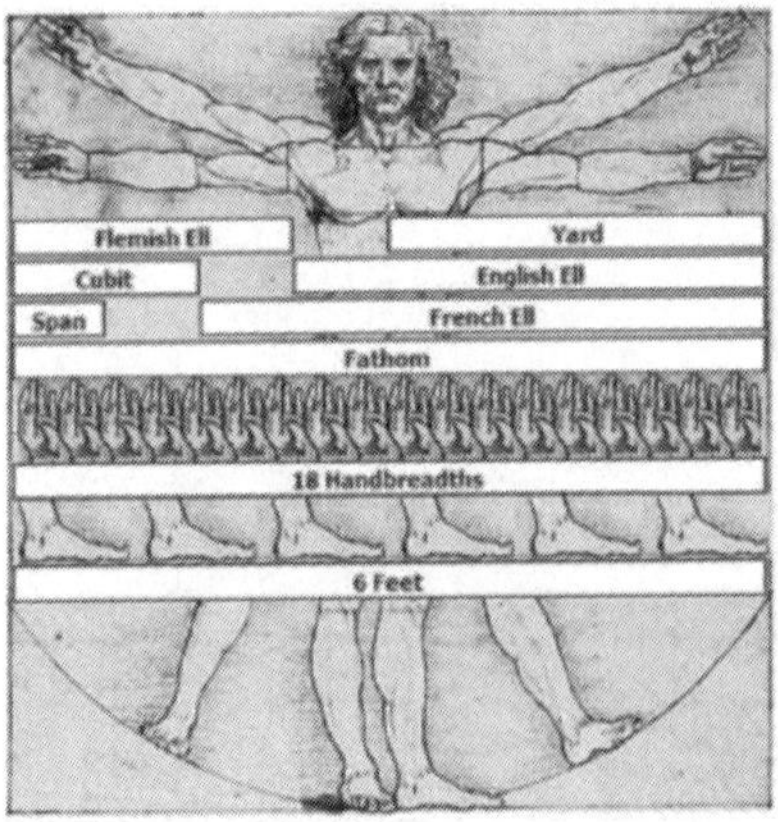

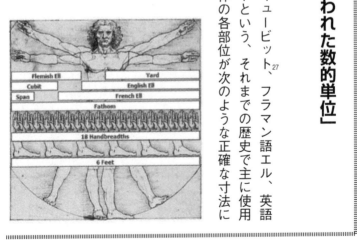

●両肩の幅が身長の4分の1の長さ
●肘から指先までが身長の5分の1の長さ
●肘から腋の下までが身長の8分の1の長さ
●手の長さが身長の10分の1の長さ
●顎先から鼻までが頭の長さの3分の1の長さ
●頭髪から眉までが顔の長さの3分の1の長さ

ダ・ヴィンチは黄金比が好きだったようで、有名な「最後の晩餐」の絵の中でも使われていますね。この絵は「黄金比の長方形」で構成されており、キリストの姿も黄金比の十角形で描かれています。ダ・ヴィンチは、彼のパトロンであったルドヴィーコ・スフォルツァ公とベアトリーチェ・デステ妃の要望でこの絵を描いたわけですが、今もミラノにあるサンタ・マリア・デッレ・グラツィエ修道院の食堂の壁画として、460×880センチメートル（15フィート×29フィート）という非常に大きなサイズで描かれています。

ダ・ヴィンチの作品には数字の「3」がよく使用されていることでも知られています。例えば「三位一体（トリニティ）」や、「最後の晩餐」の絵ですと使徒たちを3つのグループに分け

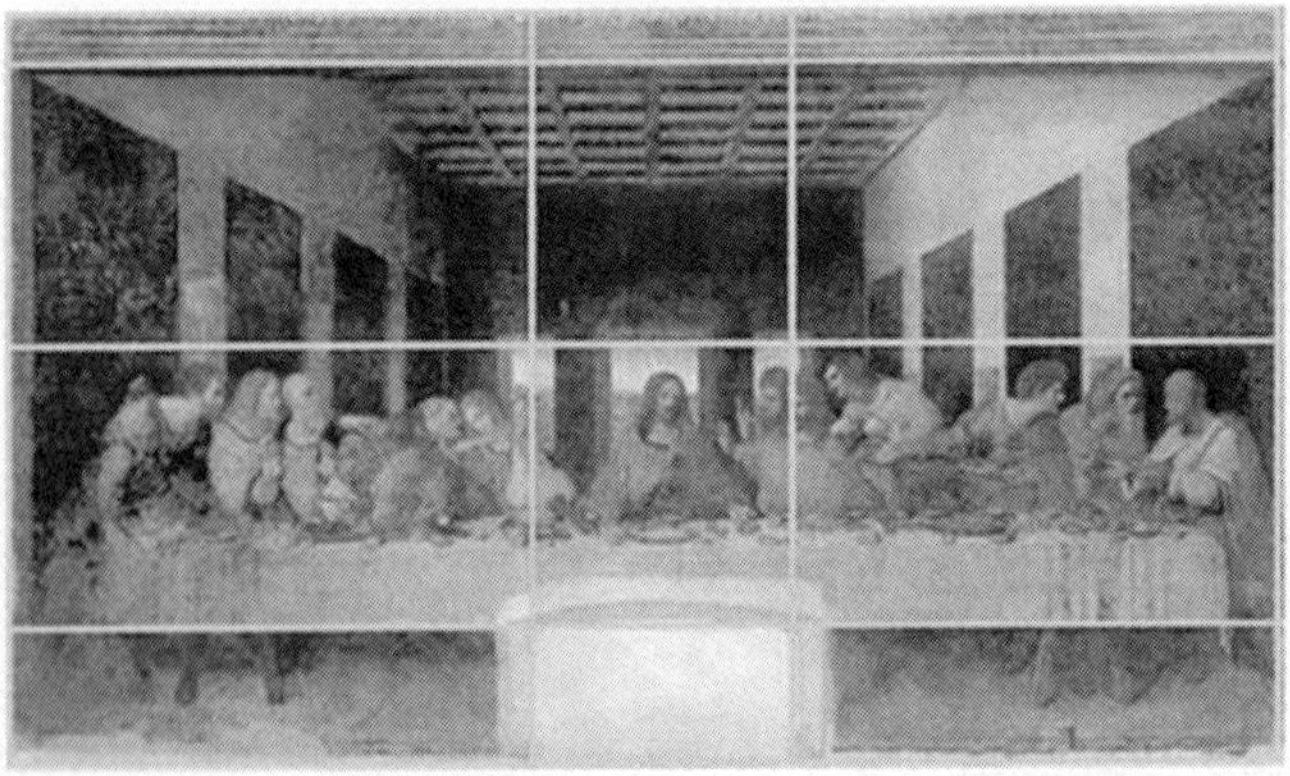

ることができることや、キリストの背後の窓の数も3つありますし、キリスト本人も三角形を模して描かれていますね。

「モナ・リザ」の顔も「黄金比の長方形」が使われています。したがって彼女のような「理想の顔」になることを目指して世界中の女性たちが整形手術に年間莫大なお金をつぎ込んでいます（モナ・リザの微笑みは、そんな女性たちへの蔑《さげす》みの微笑みなのかもしれませんね！）。例えば、モナ・リザの額の幅を1とすると、頭髪から顎の先までの長さが約1・6の比率になり、黄金比の顔を持っているのがわかります。

新印象派の画家ジョルジュ・スーラは「点描法[30]」という絵画技術の追求をする一方で、ダ・ヴィンチのように黄金比を頻繁に絵画に導入していました。彼も黄金比で表現される美の本質に魅了された一人だったのでしょう。

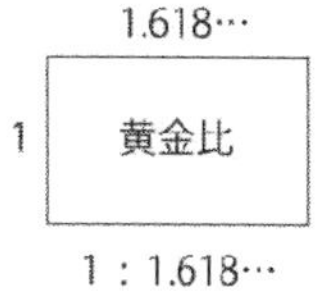

黄金比には、人々の目を惹きつける魔力があるのです。特に「美しさ」にこだわっていなかったと思われるケルト文化やインド文化でも、黄金比を見つけることができます。遺跡に残る迷宮（ラビリンス）や曼《まん》茶《だ》羅《ら》の絵画にも、黄金比があります。黄金比を使った芸術には、描かれたものと鑑賞者を結び付ける力があります。ミステリーサークルなどにも黄金比が使われた幾何学模様がたくさんありますし、美しさに魅せられたファンも多いですね。

フィボナッチ数（自然界に隠された数列）

黄金比率といえば、最も語られることが多いのは「フィボナッチ数」でしょう。有名なイタリアの数学者レオナルド・フィボナッチ（ピサのレオナルド）が発見者です。フィボナッチと

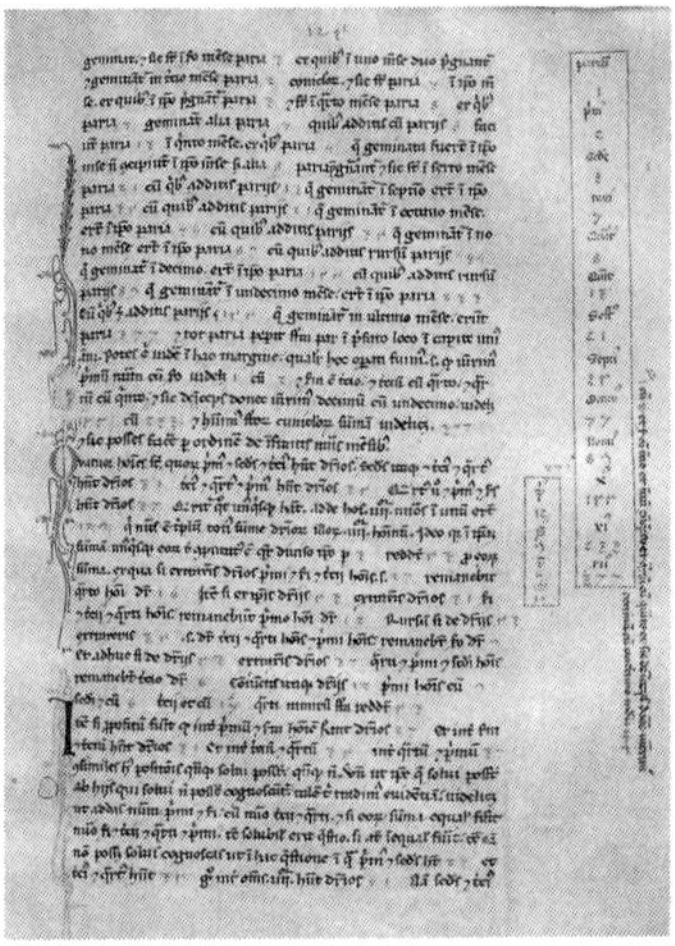

いう名は「filius Bonacci」、つまり「ボナッチの息子」という意味の愛称で、本名ではないようです。名前のことはともかく、ヒンドゥー・アラビア数字をヨーロッパに広めたという計り知れない業績を残した偉大な人物であることに変わりはありません。『算盤の書』という自書の出版を通してヨーロッパ人たちに導入されたのが、「フィボナッチ数」でした。

13世紀に出版された算盤の書の中では、彼が北アフリカを旅していたときに学んだ中東の国々の人が使っていた数学論がまとめられています。その異国の知識を基に、それまでに知られていた「数列」がさらに磨き上げられていきました（といっても、6世紀初頭のインドの数学者には既知の知識でしたが）。そして出来上がったのが「フィボナッチ数列」です。最初の二つの数字の後に並ぶ数はすべて手前の二つの数を足した数（直前の2つの項の和）であるという数列です。0、1、1、2、3、5、8、13、21、34、55、89、144……というように続いていきます。

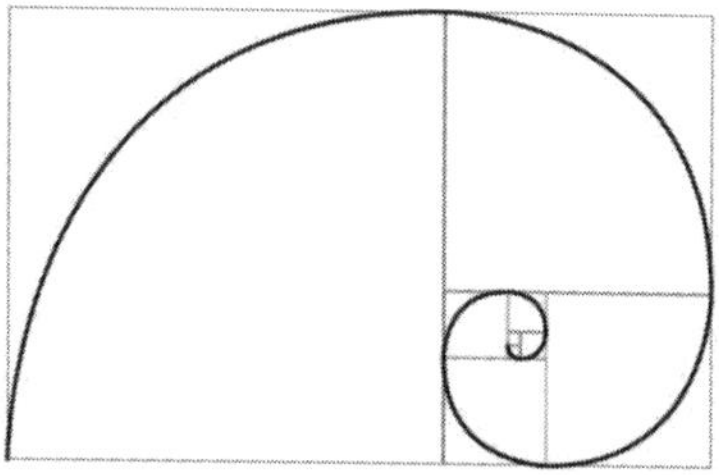

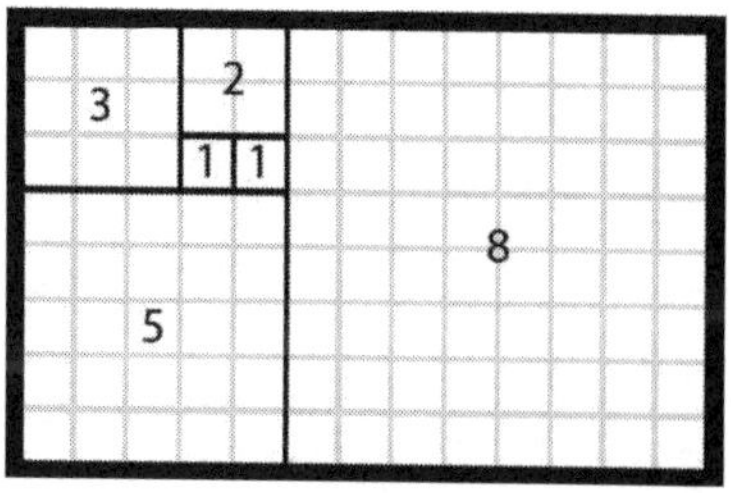

フィボナッチは次の問題を考案しました。一つがいの兎《うさぎ》は、生まれて2か月後から毎月一つがいずつの兎を産む。兎が死ぬことはない。この条件のもとで、生まれたばかりの一つがいの兎は1年の間に何つがいの兎になるか？　つがいの数は毎月、その前の二つの月での合計の和となるので、答えはフィボナッチ数となります。自然界にはいたるところにフィボナッチ数列の構造が出現します。現れるフィボナッチ数が高い数字であるほど、一つ前の数字で割ると黄金比である1：1・618が現れるのです（例　144÷89＝1・618）。植物の花びらの数や、葉序[31]もフィボナッチ数と関連しています。金鳳花、デルフィニウム、ヒマワリ、アスター、ユリなどはフィボナッチ数列の構造を持っています。

興味深いと思われた方はぜひインターネットで

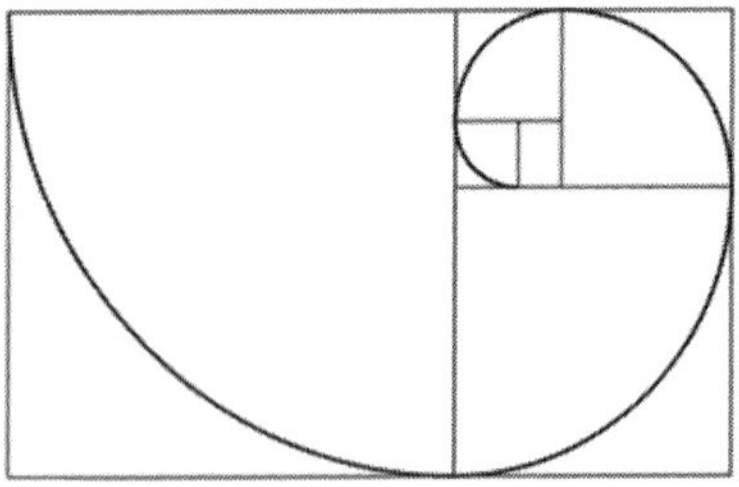

詳しく調べてみてください。パッションフラワー（トケイソウ）などは花に3片の萼《がく》片があるのですが、その外側には5枚の緑色の花弁があります。

日光に当たるために木が伸ばす枝にも黄金比があります。川の支流も黄金比で分かれていきます。鳥の翼も、虫の羽も、雪の結晶も、結晶もすべて黄金比です。我々の遺伝言語であるDNAも黄金比です。

海に住む生き物のオウムガイも黄金比を使う生き物の一つです。オウムガイはフィボナッチ数列に則《のっと》って繁殖していきます。その殻も「黄金比のらせん」を現しているという、ちょっと贅沢な生き物です。ミツバチが誰に教わったわけでもなく六角形の幾何学模様の部屋がある巣を作るように、自然界に現れるフィボナッチ数についても「自然の原理」であるとしか考えられない重要な数字であることが窺《うかが》えます。自然界に幾何学模様が多く見られるように、フィボナッチ数も「神の軌跡」の一つなのです。

その他の数列（天の計画を示すもの）

ピタゴラスによると、普段私たちが使っているような単純な数字よりも数列のほうがもっと重要な意味を持っているそうです。ピタゴラス教団は数列に隠された真実を追求するため、数列と本当の現実との架け橋となる関連性を見つけ出そうとしていました。

宇宙的なレベルでみても、数字のパターンはそこかしこで見つかります。宇宙は幾何学的構造を内包しているというのは初耳だという人は、昨今珍しいのではないでしょうか。現代においては科学界でも宇宙学でも当たり前のように言われていることです。「ケプラーの法則」で有名なドイツ人天文学者であり数学者であったヨハネス・ケプラーも、宇宙は神の幾何学的発想に基づいて創られたと信じていました。彼の師であるティコ・ブラーエは天文学と占星術を組み合わせて当時の世では「非科学的に」天体観測を実施していました。ブラーエもそうですが、この世界は我々の理性だけでは理解できない「天の計画」によって創られたということを信じていた人がいたのです。

ケプラー「宇宙が神の幾何学に基づいて創られた」

学生時代、神学を学ぶ学校に進学したケプラーはそこで天文学の講義に出会い興味を抱き始めました。学内でどんどん頭角を現していったケプラーは占星術にも造詣が深く、他の生徒からもよく占いをせがまれていたといいます。神学と占星術をよく学んでいたことは彼が後に「宇宙が神の幾何学に基づいて創られた」という内容の論文を提出したことに見て取ることができます。後に「宇宙立体幾何学モデル」として知られることになったこの着想は、宇宙の神秘がいかに幾何学的なものなのかを説明しています。コペルニクスが唱えた地動説を強く支持しながら、それを通して「物質と精神を結び付ける」という彼の目的があったのでしょう。1621年に発行された『宇宙の神秘』という本には、その信条が詳細にわたって説明されています。

当時からも、「世界は幾何学的な構造を持っている」と信じていた者は少なからず存在していて、ケプラーの世界観の衝撃は瞬く間に広がっていきました。宇宙についての当時の最先端の科学的知識と宗教的象徴や形而上学的概念を見事に組み合わせたのですから、それはショッキングだったでしょうね。宇宙という極めて大きなスケールのジグソーパズルを提示して、さらにその「偉大な作り手」が存在している証を出してきたのです。偉大なる全知全能の創造主は見えざる高次の法則を創り出した張本人であり、その法はそのへんに咲いている花の弁の数などの単純なものにまで影響を及ぼしているわけです。

神聖数（クアドリウィウム／世界は数字でできている）

リチャード・ヒース著の『神聖数と文明の起源（原題：Sacred Number and the Origins of Civilization）』という本では「クアドリウィウム」という概念が紹介されています。

これは算術、幾何学、音楽、天文学の自然科学4科で自然界の神秘を解き明かすという数学的概念であり、古来これらの4要素は巨石文明においても欠かせない要素であると考えられていました。「世界は数字でできている」という考えがその根底にあり、クアドリウィウムを通して見た世界は完全に数学的表現以外の何物でもないという概念です。実際、その概念通り古代文明の遺跡の設計の仕方や場所などにも数学で表現されているところがたくさん見受けられるのです。ところで神聖数で建

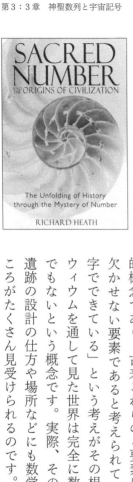

てられた神聖な建物について語る前に、何をもって「神聖」と言えるのかについて説明をさせていただきましょう。

例えば音楽という分野を切り取ってみても、よく見るとそれは数字が基となっていることがわかります。「倍音（ハーモニクス）」と呼ばれる音などは音符や和音などを数学的組み合わせにして表すことができるからです。ここでも見えてくるのは、ピタゴラス教団たちが探求していた幾何学と数学と音楽の深い関係性についてです。弦の振動の仕方によってどの音が出て、それがどの音階に対応するかを科学的実験によって追求したのがピタゴラスでした。さらに、音には肉体と精神を調和させ、人を癒す効果があることを発見したのもピタゴラス教団でした。物理学者ハンス・ジェニーは最初「音響療法」について懐疑的でしたが、幾何学模様と音と振動の関係性については確信を持っていました。彼はその研究を進めていき、ついに「サイマティクス」[32]を考案するに至りました。しかしこれは古代エジプト人たちやピタゴラスなどが考案したものを彼が探求していった結果見つけたと言えるでしょう。

この分野の専門家であるエドワード・F・マルコウスキーの著作『古代エジプトの霊的技術（原題：The Spiritual Technology

of Ancient Egypt)』では、ピタゴラス教団の数の科学がどのように発展していき、どのように「万物は数である」という真理に至ったのかを検証しています。

マルコウスキーは、この世界のすべての関係性というのは突き詰めると数で表すことができるので、つまりピタゴラス教団が主張していたようにすべては数なのであると結論付けました。

数の科学は、どの分野の科学や芸術、音楽にも同様に使われています。数字は音や響きとも密接に関係しています。このようにあらゆる学問の根底に数が存在しているという事実は、万物は数に支配されているという考えを生み出しました。だから私たちは数が苦手だからと言っても、結局は数から逃げられない世界にいるわけです！

哲学者シュワラーが辿り着いた「音楽と数字と二つの世界」

マルコウスキーは本の中で、20世紀のフランス人哲学者ルネ・アドルフ・シュワラー・ルビチュによる『数の研究（原題：A Study in Numbers)』で語られたように、数は単なる象徴ではなく宇宙そのものを表すための最も純粋な方法なのだという点について触れています。それから、「量」と「質」はどちらも大事ではあるものの、その二つが等しくなるときに本当の調和（ハーモニクス）が生まれるということが語られています。そして、量と質が等しいときに生み出される調和は現実的な事象として誰の目にも明らかに観察することができるのだそうです。人間の意識でさえ、意識という「量」が絶対存在と触れ合うことで初めて意識として成り立っているとしています。そして、神は人間という意識が存在していることで初めて世界に存在できるということです。

哲学者シュワラーはまた、この宇宙には二つの世界（コスモ）が存在していると説いています。一つは絶対的世界である、大世界。もう一つは調和の世界である小世界です。彼はそれを、バラバラになった「質」が「量」として秩序を取り戻していく過程と言い表しています。マルコウスキーはシュワラーの世界観と物理学とを結び付けようと試みました。二つの全く異なる世界が量子的に重なり合っている世界は、シュワラーの世界観とも親和性があります。シュワラーは当時としては早すぎた世界観に辿り着いていて、時代が彼に追いついていなかったのだと言えるでしょう。彼は数字についても優れた研究論文を残していました。それはまさに、ピタゴラスが「万物は数なり」という一言を極めて理論的に説明したものでした。

1. 単子（モナド）。完全性。統一。唯一不変の「全」。混沌、枢軸、塔、ステュクス、アトラス、ジュピター（ユピテル）神の王座とも。

2. 二つ一組（デュアド）。両極性（西欧的宗教観における善対悪や光対闇に限らず）。自然界の根底にある性質。

3. 三つ一組（トライアド）。1の後の最初の奇数。そしてモナドとデュアドの神聖な三合一（三位一体）による、力の平衡。

4. 四つ一組（テトラド）。前の三つの数字を合わせてできた「原子数」。自然界の基礎となる数字。1＋2＋3＋4＝10。神の数字。四大元素。東西南北。

5. 五つ一組（ペンタド）。最初の偶数（2）と最初の奇数（3）の統合。「エーテル」と称される第五要素を象徴する数字。大自然の象徴としての神聖な五芒星（ペンタグラム）。物質としての宇宙の象徴とも。

6．六つ一組（ヘクサド）。空間と時空の中に形を成した物質。6方向（左右上下と前後）。男性と女性、あるいは物質と霊の三角形同士の統合。

7．七つ一組（ヘプタド）。人間の神秘的性質。人類の三つの性質（肉体、心、精神）と物質界の四大要素の統合。それは「死」が存在している下位の四大要素と、その上に存在する三位一体との合一。

8．八つ一組（オグドアド）。再生と自己複製。4と4、それから2と2、そして1と1に割れることから、新たな統合という意味も。

9．九つ一組（エニアド）。最初の奇数である3の2乗。霊的成就であり知性的達成。上限数でありながら、前にあるすべての数字を用いてすべての数字を無限に作り出せる。

10．十元（デカド）。すべての数字とすべての調和振動を内包し、すべての数字を完成させる数字。

これら10個の数字は、「テトラクテュス」というピタゴラス教団たちに崇められていた神聖

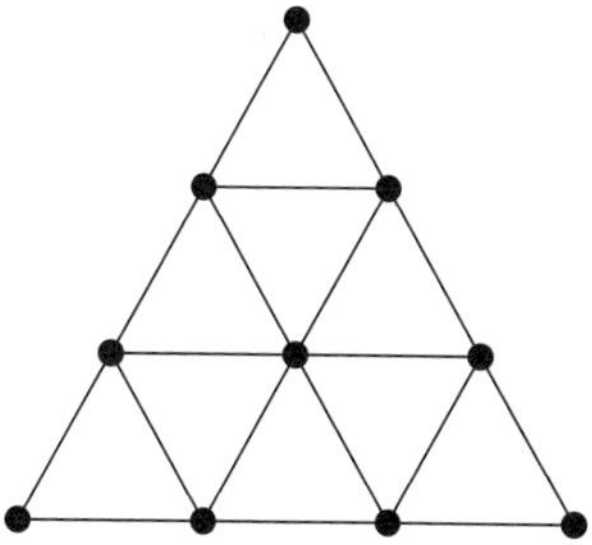

な三角形を形作ります。

10という神聖な数の点のうち、上部の三つの点は不可視の形而上学的世界を表し、下部の七つの点は物理的現象を表しているとされています。底辺の四つの点はそれぞれ地、水、風、火という四大要素を表しています。その上の三つ並んだ点はそれぞれ月、太陽、そして「硫黄」を表しているということです。さらにその上に二つ並んだ点はそれぞれ月と太陽の二つの種であるとされ、その上にある点を「一なる果実」または「一なる石」と呼んでいました。四つの段がありますが、それぞれは異なる現実を表しています。異なる現実においては、体験できることも違っており、下から上に向かってより集団的な体験からより個人的な経験へと上がっていくということです。最上部の点は「一なる世界[33]」または「真の自己」と呼ばれており、全なる宇宙と世界魂を表していると言われています。

ピタゴラス教団の宇宙学においてはこの世界は超越世界、上位世界、下位世界（物質界）に分かれているとされています。そして現実はこの三世界が三位一体となってできていると説いています。しかし、我々が住んでいるこの下位世界にだけ「量」が存在でき、それを測定することができます。一方で、上にある世界に行きたくて手を伸ばし続けている人たちや、世界魂と自分の魂の合一化を図ろうとしている人たちが存在するのもこの下位世界というわけです。

ジョン・ミッチェル著の『楽園次元（原題：The Dimensions of Paradise: Sacred geometry, Ancient Science and the Heavenly Order on Earth）』という本では、プラトンとピタゴラスの残した理論を基に音楽がもたらす強い影響についてと、いかにして音楽で上下の世界を結び付けるかが語られています。

例えばプラトンは子供の教育については早い段階から「調和」の概念を優先的に教えていくべきだと説いています。幼い頃からバランス感覚を身につけた子供たちは、善悪を区別する判断力がよく育まれると言われています。

「音程[34]」について、ミッチェル氏はこれを数字で「比率」として表せると言っています。音楽は音程の変化で作られる「数字追走曲」とも呼べるものなのです。世界魂は数字の音楽でできているのでしょう。この追走曲は、「音階[35]」へと進化しました。ミッチェル氏が語るに、この追走曲か

らあらゆる「雑音」を取り除いて純化していくことで、プラトンなどの古代の賢者たちは自己の魂を周囲の有害な影響から身を守る術《すべ》として編み出していったとのことです。磨き抜かれた良質な音楽は大自然の成長をそのまま流す「導体」となり、人々がそれに耳を傾けることで社会全体が調和の下に維持され、大宇宙と一体化するのです。だからプラトンたちは調和のセンスを身につけることを至上の教育と考えていたのですね。良い音楽で人々が健康になれば、良い世界が作れるということです。大統領などがこれと同じような考えを持っていたら素敵でしょうね……残念ながら現状としては、ラップやパンク、デスメタル音楽なんかで創造されている世界に私たちは居るわけです。

プラトンは天を見つめることなく宇宙の神秘を見つけ出すことができる方法を知っていました。それは、数字を極めることです。美しい比率は極上の音楽を奏でるだけでなく、宇宙の神秘をも解明する方法なのです。ミッチェル氏の本では更に奥深い詳細が書かれていますが長くなりそうなのでここでは割愛させていただきますね。つまりは、倍音や和音、音階といった音楽用語は基本的にポジティブであって、天の恵みのようだと思われていますね。そこには数字や数列が隠れており、それが組み合わさって音符や2分音符、完全4度と完全5度の音程が作られているということです。

ピタゴラス教団もこの「調和の比率」をよく研究していました。プラトンの著作『ティマイオス　自然について』は調和の比率について説明がある史上初の文書であり、そこでは物理的宇宙と我々の魂がどのように音楽によって創られ、生命を与えられているかが説明されています。

プラトンの場合は、世界魂は四つの音階（オクターブ）に分かれてできていると考えていました。そして、それぞれの音程にはそれに対応する特殊な「数字記号」があり、それを知ることができれば宇宙すべての現実を知ることができると考えてもいました（このことについても、後の章で語っていくことにします）。その数字が何なのか、候補になりそうな数字は提示されてきたのですが、これまでに学者たちはお互いの理論を否定し合ってきたため、いまだベールに包まれたままです。ミッチェルなどは、最初の12個の数字が世界創造の基礎となった数字なのではないかと考えているようです。だからなのか、12という数字は時間を計るときや音楽理論や弦の本数など様々なところで現れますね。音楽を多少なりとも嗜《たしな》んだことがある方はご存知でしょうが、数字の正確さは音の質に直結するということです。数学的により緻密《ちみつ》に組み立てられた楽曲ほど、より自然で高品質な音楽を生み出します。難しく考えなくても、耳から入る音が心地いいか不快なものかどうかは判断できますものね。

前述のヒース著の本では、音楽のハーモニーは1から6までの基礎数字だけで作り出せると語られています。これらの数字的要素は音楽を作る上でこれ以上削減できない要素であり、必要不可欠なのだそうです。彼の本では1から12までの数字で作られる倍音の比率や音程などが詳細にわたって説明され、その音楽的構造がいかに地球や星々、惑星や宇宙そのものと繋がっているかが語られています。私たち人間は、数字でできた音楽によって動かされ、共鳴しているのだと納得することができる内容です。

素数についても、調和を生み出す鍵となる数字として本の中で特に注目されて語られています。例えば2と3と5は調和原理を司る素数であると言われています。これはつまり、それより高い素数は調和の場から外れたところに存在しているということですね。それより高い素数には「初期創造」の役割がある数字があるそうです。例えば7や11などがそうで、地球の平均半径に対する子午線の比率は22／7と言われていますが、これは11／7を2倍にした数です。11と7も古代文明では音楽理論や天文学に頻繁に使用されていた特別な数字ですが、それにも理由があったのでしょう。

計量学（地球は数字、素数による音楽的産物？）

計量学（メトロロジー）とは、決められた基準と比較してある量を数字で表す学問です。ヒース氏にとっては、異なる次元間の物事を比較計測するための単位を見つけたり、内包された物事を見つけ出すための学問だと記述しています。例えば古代文明の遺跡などは、建物の構造そのものに古代の知識が詰まっていることがあります。ストーンヘンジなどにはそれを建てた古代人の世界観を知るヒントがたくさん詰まっているということです。ヒース氏はこの数字と調和の関係性を「計量学的応用」と呼んでいます。

ヒース氏やミッチェル氏以外にも、計量学の分野における専門家はいずれも同じ結論に至りました。それは、音楽と地球の物理的計上との間には関連性があるということです。ミッチェル氏や英計量学者ジョン・ニールは地球自体の格子定数[36]を見れば、地球の形状は1から25までの数字、それから12以下の素数のみによる音楽的産物であることがわかると説明しています。このことから古代文明の測量には「円周率近似値[37]」が使われていたことや、1から25までの数字と、さらには2、3、5、7、11の「調和生成」素数しか使われていなかったことがわかったのです。

計量学という学問はイギリスのフィート単位などから生まれたとされ、つまるところ地球の形状や長さを測りたいという思いから体系化されていった学問でした。ヒースは逆に、創造物や自然界の秩序から古代人は計量学を編み出したとしています。現代においても変わりませんが、私たちが数を使って現実を正確に測ったと思っていてもそれは実数の近似数に過ぎません。見えているものはあくまで、自分たちの個人的観点なのですから。今、目の前にあるこの現実を正確に測る術を私たちは持ち合わせていません。神聖幾何学を勉強していっても結局現実をフルに認識できることはないと言って「終わった過去の科学教義」だと見なされることもありますが、これを通して今目の前にある現実の裏に隠された真実を見つけ出すことは可能ではないでしょうか。そういった神聖幾何学的な世界観は過去に何度も提示されてきました。

例えば中国の老子やソクラテスなどにその世界観の起源を遡ることができます。両者とも、万物は三つの部分に分けることができると考えていました（カトリックの三位一体理論については後の章で語らせていただきます）。第一の部分は創造物全体であり、創造物間の分別が第二の部分であり、第三の部分には別たれた全体性の欠片同士の繋がりであるとしています。

陰と陽の図にはこの世界観が顕著に表れています。まず第一に世界全体を象《かたど》る円が、第二に円の中で別たれた白と黒の部分が、第三にお互いの部分の中にできた反対の色の円があります。

世界の神聖さを説明するに、これ以上明解な図は他にないでしょう。そして、この世界の構造は実証可能でもあります。神聖幾何学や建築の中にもこの世界の構造を見て取ることができます。岩を雑に切り出したような巨石文明の建築物にも、非常に細密な造りの教会にも、建築家たちが天と地を結び付け神々の意志をそのまま地上に物質化した過程があったのです。それが神性に近ければ近いほど見る者の目を引いて長く印象として意識に残るのです。

プラトンの著作『ピレボス：快楽について』では、プラトンの師ソクラテスが美と形状について話す場面が描かれています。

「形の美しさについて話すとき、私は実際の動物とか描かれた事物とかの美しさの話をしているのではないのだ。むしろ直線とか円とか、あるいはぶんまわし（コンパス）や各種の定規を用いて、これらから作られる平面や立体のことを言おうとするわけで。これらは他の場合のように、何かとの関係で美しいというのではなくて、それ自体でいつも美しくあるような本来自然のあり方をしているのだ」

何かを美しいとか素晴らしいと思うとき、それは別の何かと比較しての話なのかもしれません。「哲学的幾何学」とも称されるこの概念は、今日では神聖幾何学と呼ばれるものと同一のことを話している気がします。

プラトンの立体

形と美について深く語っていくにあたり、まずはプラトンの立体として知られる五つの完璧な３Ｄ形状を見てみましょう。

プラトンの立体とはすべての面が同一の正多角形で構成される正多面体のことです。いずれの多面体も均整の取れた美しい形を持っています。プラトンが五つの正多面体を最初に見つけたかどうかについては諸説ありますが（数学者のテアイテトスという説も有力）、四つの正多面体を次のように四元素と結び付けたのはプラトンです。

地…正六面体

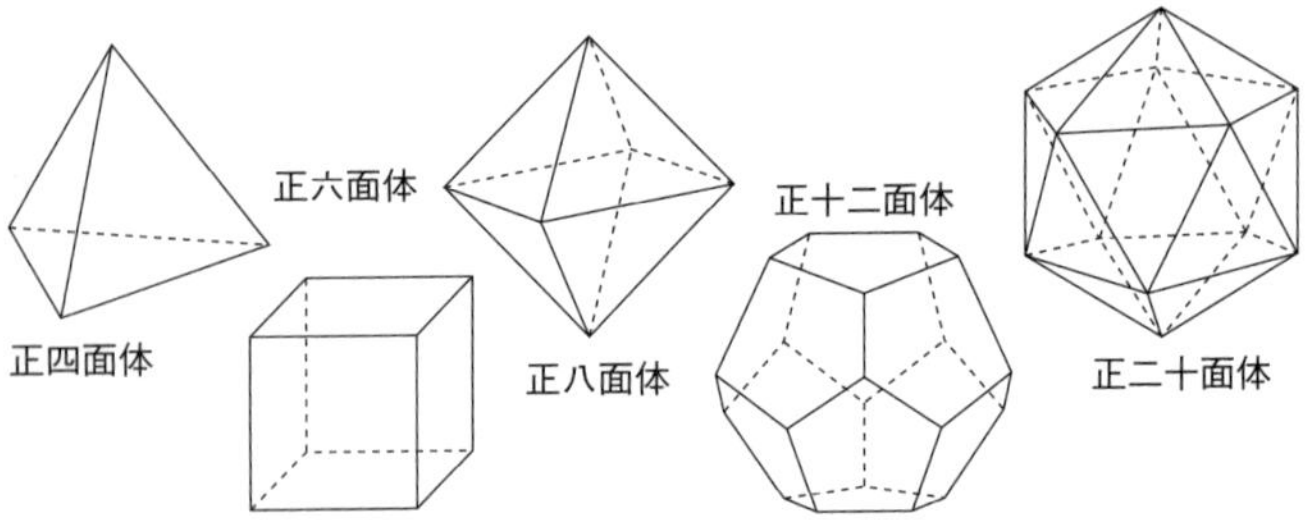

水…正二十面体
火…正四面体
風…正八面体

正多面体がプラトンの立体と呼ばれるには、厳密には以下の条件があります。

●すべての面がお互いに完全に合致する
●すべての面が辺以外と交わらない
●各頂点の数と面の数が等しい

１９８０年代半ば、シカゴ大学教授のロバート・Ｊ・ムーン教授は、元素の周期表はたった五つしかないプラトンの立体を基にして成り立っているということを証明してみせました。さらにケプラーの惑星プラトン立体モデルにあやかってムーン教授は「原子核プラトン立体モデル」という説を立て、原子核の構造を説明するためにケプラー説と同様に５種類のプラトン立体による入れ

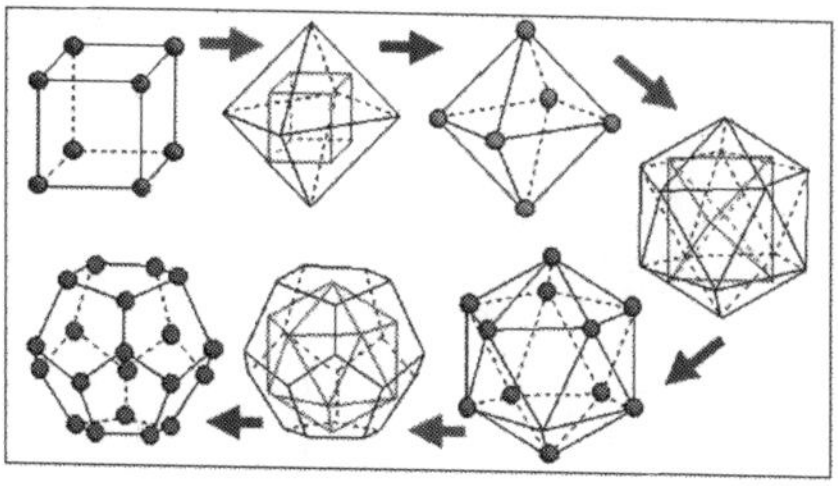

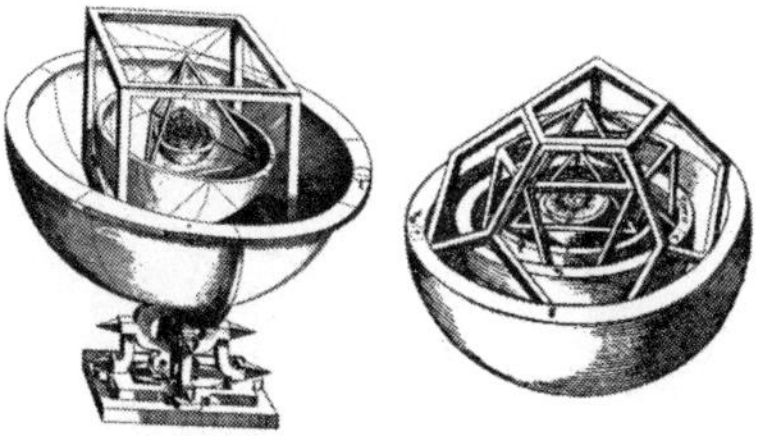

子構造を利用したのです。

ケプラーもプラトン立体を地球以外の太陽系惑星（水星、金星、木製、土星）に当てはめようとしていましたが、結局はうまく関連性を見出せずに終わりました。彼の考案した太陽系モデルでは当時発見されていた水星、金星、地球、火星、木星、土星の六つの惑星の公転軌道面に、正八面体、正二十面体、正十二面体、正四面体、正六面体の順にプラトン立体を入れ子構造的に当て込むというものでした。

最後に来るのが正六面体、すなわち立方体でした。ですがケプラーの挫折は結果的に星型正多面体という新しい正多面体（ケプラーの多面体）の発見と、惑星の軌道は円ではないということの発見をもたらすことになりました。

さらには、ケプラーの「惑星運行法則」という大発見もこの失敗がなければありえなかった

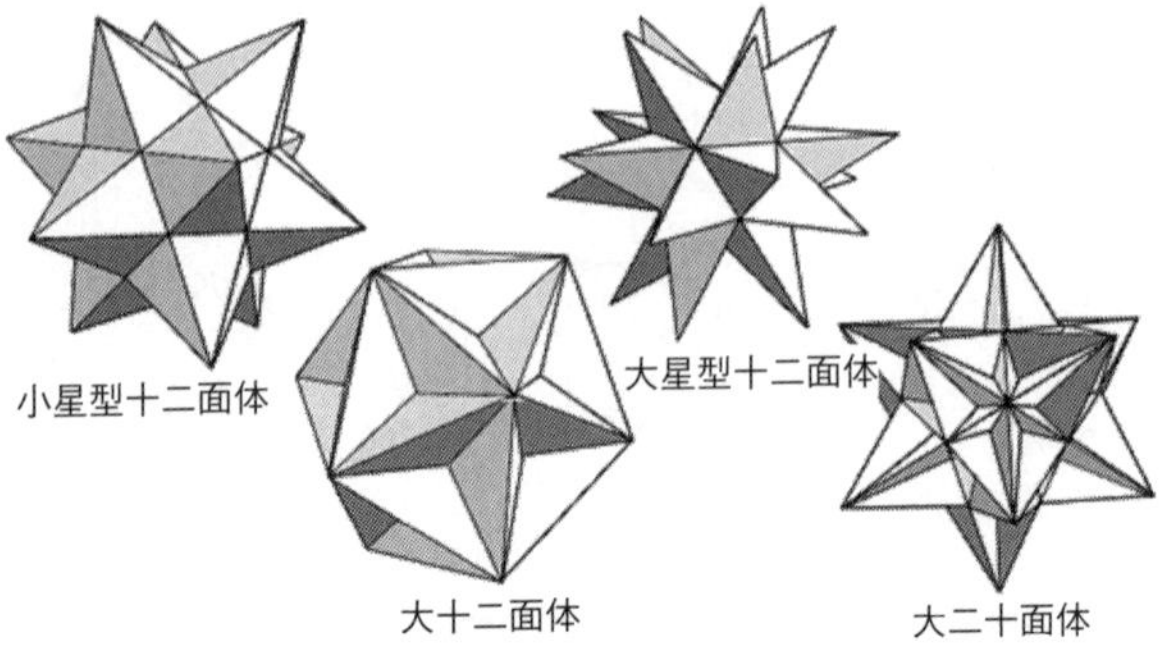

と考えれば、これ以上の偉大な失敗例はないとも言えるでしょう！

調和音楽、プラトン立体、神聖定数などは古代エジプトや古代インド、メソポタミア文明やイースター島に残された建築に見出すことができます。イギリスの片田舎やウェールズあたりにも魔法や神秘の神殿やピラミッド、巨石遺跡群などが隠されていることはご存知でしょう。もともとの建築家もきっと天地を見つめながら建物を建てる場所や目的を決めていたのでしょう。目的がない建築物などありませんから。その目的が地球外の隣人たちに見つけてもらうためだったのか、はたまた意識レベルでの新しいエネルギーを生み出そうとしていたのか、今となってはわかりません。しかし、ギザの大ピラミッドを見て何も目的がなかったなどと言えるわけがありませんね。

神聖建築

他にも人々の信仰を集めようと建てられた建築物はあります

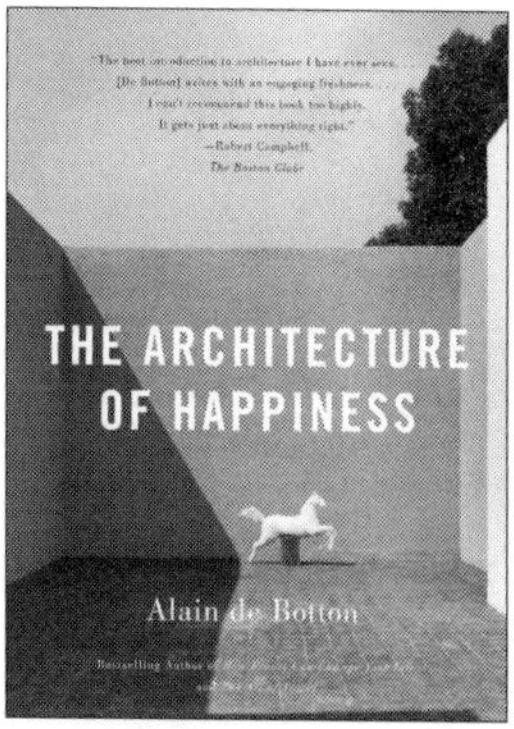

が、それらの中にはやはり天と心を合一化した上で物質化したものもありました。神聖建築の歴史、それは宗教建築と象徴学の歴史と言っても過言ではありません。大きく目立った建物になる場合もあれば、瞑想部屋として個人の部屋の中にこじんまりと造られたものもあります。建築家ノーマン・クーンスは『物質と精神の境界（原題：The Boundary Between the Physical and the Spiritual)』という記事の中で、神聖建築は物質と精神の間にある境界線を透明化する狙いがあると述べました。古代世界では神聖建築は大きな役割を担っていました。哲学者アラン・ド・ボトンは『幸福の建築（原題 The Architecture of Happiness)』という素晴らしい本の中で、建物を建てるという行為は極めて重要な行為であることは皆が知るところだが、それは建築家たちが理想的な自己を鮮烈に映し描いているからに他ならないと述べました。

誤解を生む発言かもしれませんが、人間とはある意味で神に等しい存在であると言えましょう（神そのものではないにしても神の叡智と導きを得ることができる存在には違いないでしょう）。

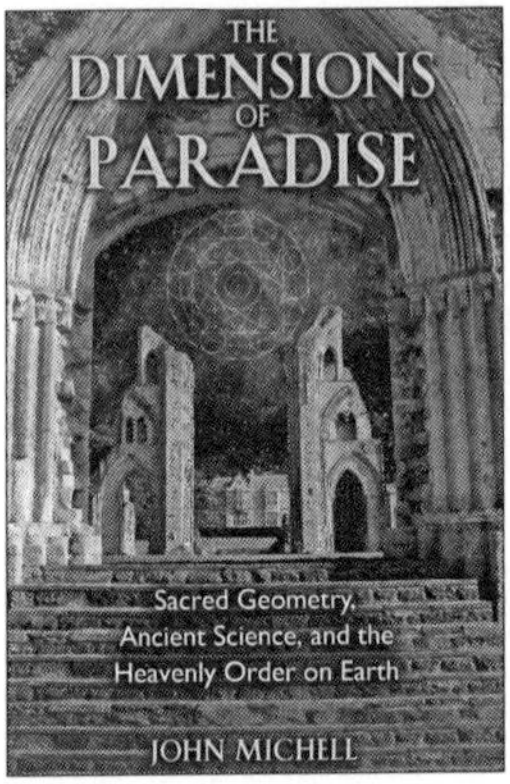

ギザの大ピラミッドだけとってもあれだけ膨大な量の本が書かれているのを見れば、人がどれだけ神聖建築に興味を引かれるかがわかります。書かれた本の中には、常識的とは言えない内容のものも数多くありますが、それをすべて「ピラミッド馬鹿」だと言ってこき下ろすのは今まで見知った常識を壊したくないから攻撃しているだけの幼稚な行為であると言えます。

ジョン・ミッチェル氏は著書『楽園の次元』の中で、ピラミッドは単に数学的に理想的な美しい模型として造られたのではなく、より高いところにあるものと、低いものとを繋ぎ合わせる、壮大な宇宙規模の何かだったと断言しています。

ピラミッドの神秘をざっと並べただけでも、これだけの数が見つかります。

●地球の直径を11とすると地球の中心から月の中心までの距離は7。これはピラミッドの縦横の比率と同じ。

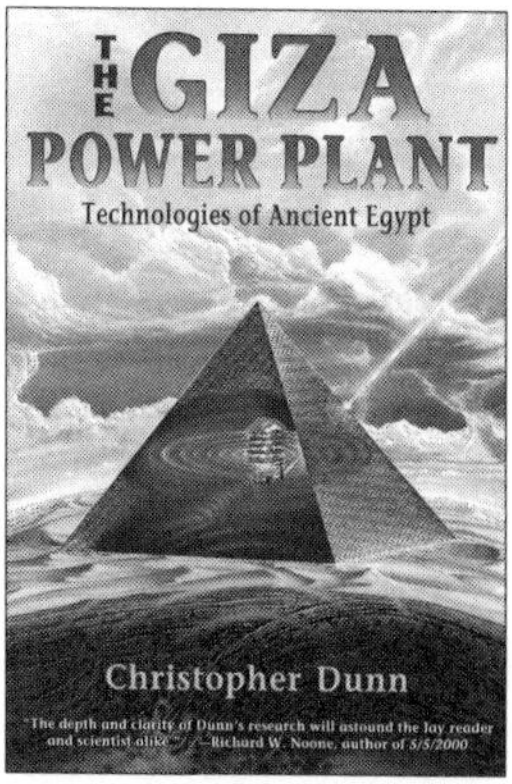

●フィート単位で高さに底辺をかけると北緯30度でのピラミッドの経度と同じ数字になる。

●旧約聖書に記された「契約の箱」の容量は7万1282立方インチ。これはピラミッド内部の「王の間」にあるクフ王の石棺（7万1290立方インチ）とほぼ同じ大きさ。

●ピラミッドの設計者はピタゴラスの定数[38]や円周率について明らかに進んだ理解を持っていた。

●優れたエンジニアであったクリストファー・ダンが『ギザ発電所（原題：The Giza Power Plant)』という本の中で主張しているように、ピラミッドは地上で最も精密に造られた最大のエネルギー発生装置であった可能性があること。

●ピラミッド側面の坂は10：9の比率であり、10フィート登れば9フィートの高度に上がることができる。ピラミッドの高度に10の9乗をかけると地球と太陽の間の距離である9184万マイルになる。

●1ピラミッド・インチ[39]は普通の1インチより0・001インチ大きい。1キューピットは24ピラミッドインチ。ピラミッドの基底部は365・24キュービット。これは1年が365・24日であることに一致している。

『禁じられた歴史（原題：Forbidden History）』という本でマーシャル・ペインは大ピラミッドに備わった先進技術

について語っています。

彼は本の中で、ピラミッドは夜空の星々を見て天文学を駆使して精確な建築に成功したという説を唱えました。例えばピラミッドの高さから北極の極半径[40]を求めることができますが、これはピラミッドの寸法が少しでも間違っていたらできなかったことです。古代人が造り上げたピラミッドの精度は99・3%とも言われています。現代のGPSでさえ精度はピラミッドの寸法以下なので、どのくらいすごい技術なのかがわかりますね！

ペイン氏は「43200」という数字の重要さについても語っています。著名な神話学者であるジョーゼフ・キャンベルも、世界中の神話にこの数字が出てくることを発見しています。

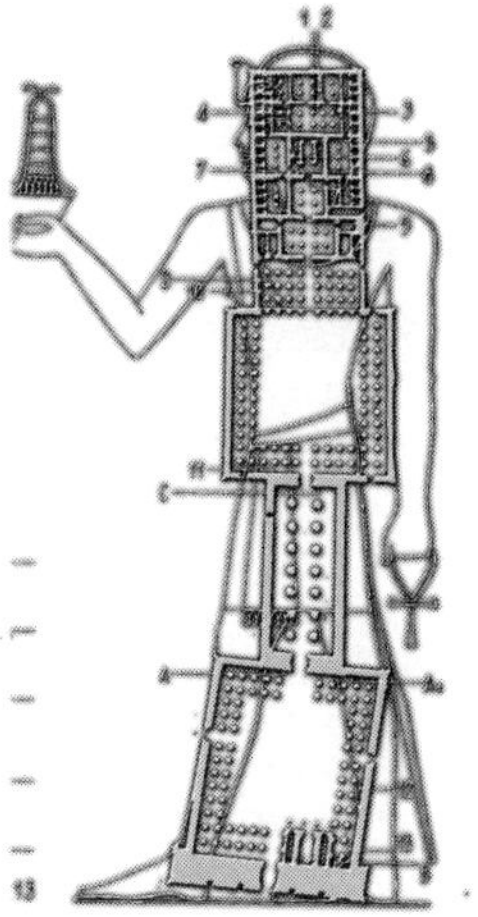

ちなみに大ピラミッドの尺度は2×60×360で43200になります。

ルクソール神殿も神聖幾何学的な比率が余すところなく使用されています。先述した哲学者ルネ・アドルフ・シュワラー・ルビチュの著書『人間神殿（原題：The Temple of Man）』によると、人間の骨格をルクソール神殿の絵に重ねてみたところ、黄金分割法などの神聖幾何学が浮かんできたのです。この神殿には神秘の智慧が記号化して埋め込まれているということは、シュワラーも合意するところです。

今日では失われた科学と考えられているピラミッドの神秘もエマヌエル・スヴェーデンボリならば理解できたかもしれません。彼はスウェーデン王国出身の科学者・神学者・神秘主義思想家です。原初の時代の人々は実は天からやってきた尊い方々で、天にあるものに対応したものを地上でも作ろうとした天使のような存在だと話していたそうです。彼が残した『天界と地獄（原題：Heaven and Hell）』という本に、自然界と霊界との繋がりについて詳しく書かれています。

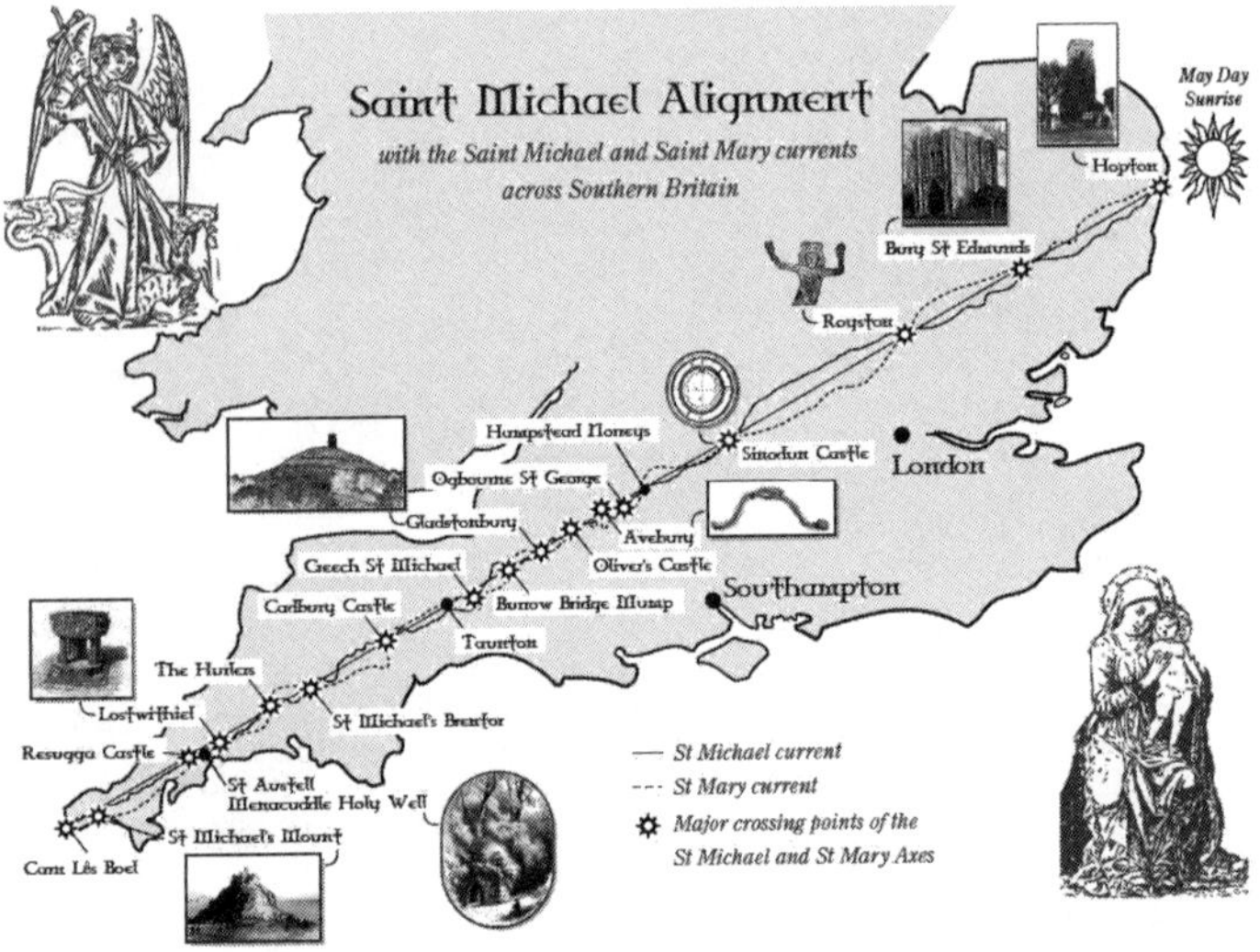

霊的なものをビシビシと感じる場所といえば、エーヴベリーのストーンサークル群があります。ストーンヘンジは誰もが知る有名な遺跡ですが、実はイギリス最大で最重要の遺跡はストーンヘンジではなく、エーヴベリーというのはご存知でしたでしょうか。この遺跡は、他の有名なパワースポットを結ぶセントマイケル・レイライン（聖ミカエルの線）の上を通っていると言われています。

ジョン・ミッチェルによると、エーヴベリーとストーンヘンジと、あともう一つの神聖な場所を結ぶ三角形は、地球の三大重要地点であると述べています。

その鍵となる単位が１７２８フィートです。

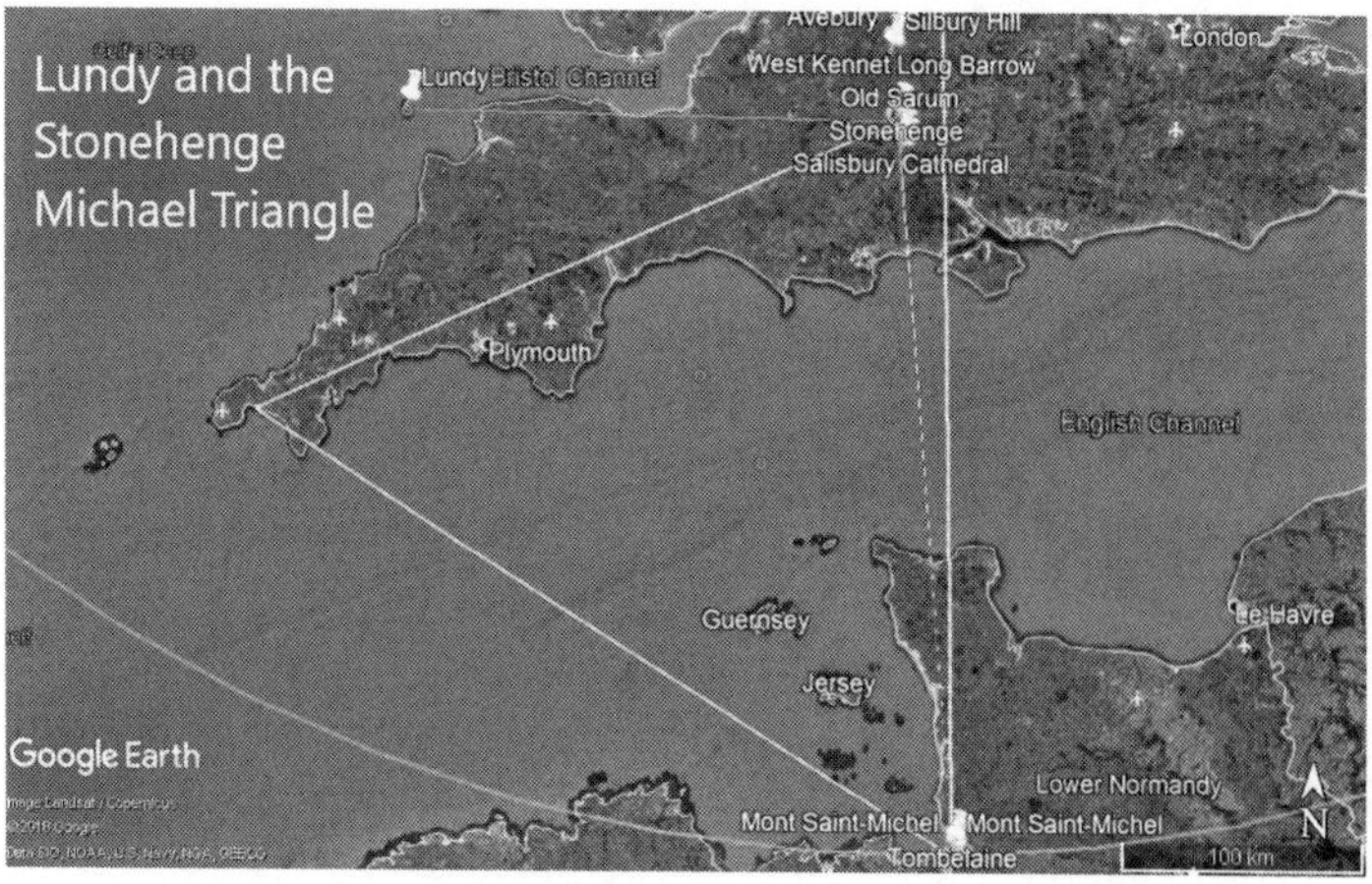

これは古代ローマ人にとっての72フィートであり、近くにあるシルバリーヒル遺跡の半径の4分の1の長さです。さらに、ストーンヘンジの平面図をヨハネの黙示録に出てくる「ニュー・エルサレム」と比較してみたところ、ストーンヘンジの内側サークルの広さは1万4400平方キュービット（7920フィート）となり、ニュー・エルサレムのちょうど100分の1の大きさであることがわかりました。外周についていえば正方形と同じ316・8フィートです。ストーンヘンジも左右対称な神聖幾何学的構造を持っており、同じような構造のものは世界各地の遺跡で見られます。

グラストンベリーにある聖マリア教会も外周が316・8フィート、直系が79・2フィートと、同様の造りをしています。ミッチェル氏の本で示されているように地球の直径は7920マイル、地球の外周は3万1680マイルであり、これらの数字とマッチしていることがわかります。後々お話ししていきますが、これらの数字には天界の聖なるパターンが反映されているようなのです。

ヨハネの黙示録に登場する「天の街」ニュー・エルサレムはミッチェルに言わせれば「永世基準」であり、この世のすべてはこの天の街を基準に造られているのだそうです。それはあらゆる宗教、幾何学的建造物のお手本として存在している神の街なのです。神聖な曼荼羅だけでなく、円や四角形などの形もこの全宇宙の本質から来ているのです。移り行く世界の中でも永遠不変の神聖な街です。とても落ち着いていて秩序ある街並みだと言われています。

「この都は四角い形で、長さと幅が同じであった。天使が物差しで都を測ると、12000スタディオンあった。長さも幅も高さも同じである。また、城壁を測ると、144キュービットであった」

——ヨハネの黙示録21：16－21、新共同訳聖書

街の面積を測るなら、12000×12000＝144000000スタディオンです。

壁の高さは144キュービットです。街全体は14万4000キュービットの円周の中にすっぽり収まるサイズとして設計されているようです。そしてこの円の直径は7920フィートです。地球の直径は7920マイルです。ニュー・エルサレムの円周は2万4883・2フィートで、地球の円周は2万4883・2マイルです。そしてニュー・エルサレムの外周は3万1680フィートで、地球の外周は3万1680マイルです。

まるで地球という神殿を崇めて、そっくりそのままミニチュアサイズで模型を作ったようなお話です。いえ、もしかしたら地球のパワーをそっくりそのまま転用するために造った「ミニ地球都市」だったのかもしれません。真相はともかく、ニュー・エルサレムはまさに天と地を繋ぐという目的の概念だということは明らかです。そしてそのニュー・エルサレムを手本にしてストーンヘンジやエーヴベリーなどが設計され、魔法のレイライン上に並べて配列されたのかもしれませんね。

レイライン

聖ミカエルの線はエーヴベリーと紀元前5000年頃にヨーロッパ各地に作られたとされる新石器時代の遺跡であるストーンヘンジとを結び、さらに他の「聖地」と呼ばれる場所とも繋

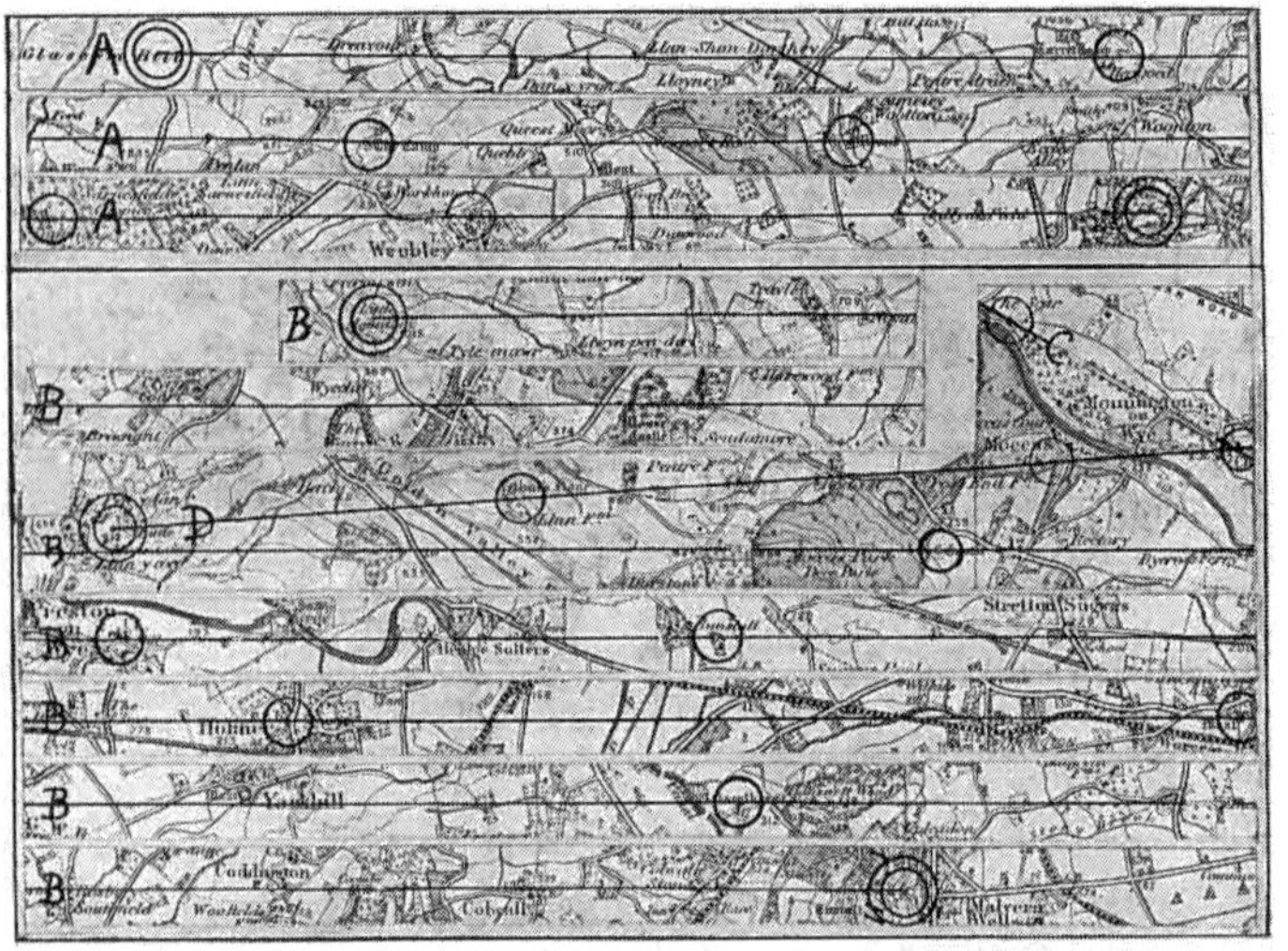

がっています。こうした目に見えない直線を、「レイライン」と呼びます。このラインはコーンウォールから東アングリアまでを結び、聖ミカエルに捧げられた聖地と聖地を繋げる、世界的にもよく知られたレイラインです。最南端に聖ミカエルの山を有し、そこからハーラーズ・ストーンサークル、グラストンベリー（聖ミカエル教会とトールの巨石がある丘）、エーヴベリーのストーンサークル、ワンドルベリーヒルのストーンリング、そして北部のホプトンまで伸びています。レイラインは聖地から聖地へとわたる道ですが、先史時代の人間たちが交易のために使っていた道だったという説もあります。

レイラインを発見したのはイギリス人ビジネスマンのアルフレッド・ワトキンスであると言われています。彼は1921年6月に、地図を見ていたらこれらの聖地が一直線上に整列しているということに気づきました。他にも、様々な遺跡が一本の線の上に並んでいることも見つけ出したのです。『古い直線路（原題：The Old Straight Track)』という本を出版した彼は、遺跡の多くは必ず周囲の円の決まった範囲内に収まっていることや、山の頂や丘や石のサークルなどが線で結び付いていることを分析、そして証明していったのです。

ワトキンスは古代ローマの伝令神メルクリウス（ギリシャ神ヘルメスと同化）が情報伝達と旅人の神であることから、レイラインと関連性を見出しました。さらに、1927年発行の『レイライン探索マニュアル（原題：The Ley Hunter's Manual)』ではレイラインはドルイド文化と繋がりがあるということも発見されました。レイラインと言えばワトキンスの話題ばかり出ますが、実は本当に一番最初に語られたのはダイアン・フォーチュンというオカルティストによる『ヤギの足を持った神（原題：Goat-Foot God)」という本の中だそうです。

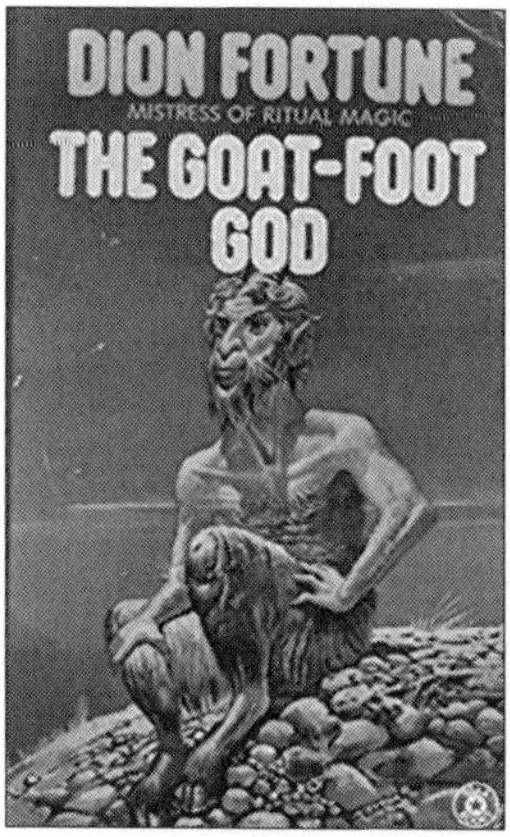

ニューエイジ系の人たちにレイラインが人気なのは、そこから宇宙エネルギーを得ることができるという話が

広まったからです。彼らはレイラインが地球をとりまくエネルギー的格子（グリッド）を紡いでいると信じており、超能力やダウジングなどでそれらの線が走る場所を言い当てていました。アトランティスの神話とレイラインを結び付けて話され始めたのもここからでした。ジョン・ミッチェル氏も『アトランティス概説（原題：The View Over Atlantis)』という本でその関連性について掘り下げていま

す。

それと、北アメリカ北西部と南東部の聖地（多くはアメリカ先住民の遺跡）を繋ぐレイラインが数多くあるという話や、それらのレイラインはさらにイギリスのグラストンベリーと伝説のアヴァロン島、スコットランドのグラスゴーの聖地、さらにはフランス南部に点在するマグダラのマリア伝説にまつわる聖地を結び付けているとも言われています。ウェールズやアイルランドにもレイラインと呼ばれる不思議な場所が数多く存在しています。南米にもナスカ・ラインと呼ばれるレイラインがあり、古代メキシコのピラミッドに繋がっていると言われています。

もちろん、これらの説に異議を唱える人も少なくはありません。『懐疑論辞典』（skepdic.com）というサイトから引用すると、「きちんとした観測手順を踏襲していない無学な者たちが主張している何の証拠もない説に過ぎない。レイラインは地球の磁界に影響しているなど、これらの説は科学的に証明されていない」ということです。

レイラインはただの偶然か？

これらの説は本当に単なる偶然として済ませていいのでしょうか。確かに直線と言われている線のほとんどが実際には直線ではなかったり、地図上で人口密集地を通るように直線で結ぶことも実は珍しいことでもありません。それに現代には存在していないかつての大都市も含めるとしたら、それらを直線で結ぶことは案外容易にできます。

それと、同じような考えをイギリス人が思いつくはるか以前に、古代中国人たちが発明していました。彼らはそういった線のことを「龍の軌跡」と呼び、天気予報に使っていました。現代の気象学ほどの成功率ではなかったようですが。

やはりレイラインについては科学的根拠が乏しいと言わざるを得ませんが、地質調査を一つの要素としている「測地学」と呼ばれる地理力学の学問があり、それによるとレイラインは「人類に最もよく使用される貿易ルート、移動経路、測量線や国境線などのことを、後付けでそう呼んでいるに過ぎない」と断定しています。

レイライン発見者とされるワトキンス自身は、レイラインに形而上学的あるいは超自然的な力があると断言することは避けていました。しかし、地球と同じ電磁振動周波数で共鳴しているエネルギー線によって地形が形成され、現代文明よりもはるかに優れた古代の智慧がそこに隠されているという考えは今日でも根強く残っています。いろいろと謎は尽きませんが、このように秘教学や数秘術、シンボルなどに強い興味を抱く人の好奇心を刺激してやまないのがレイラインなのです。

レイラインについて、最も興味深いエンドポイントの一つとして、「ロスリン礼拝堂」があります。この礼拝堂自体が神聖幾何学模様を見事なまでに表現しており、ありとあらゆる記号や音楽、数字などを基に設計されていて、まるで異世界の神聖な建物のようです。

ロスリン礼拝堂は、15世紀にスコットランドのスコット・ノルマン・シンクレア家の第一伯爵であるウィリアム・シンクレアによって設計されました。もとは聖マタイを祀るための小さ

なチャペルでしたが、ダン・ブラウン著のベストセラー小説と映画『ダ・ヴィンチ・コード』に登場したこともあり、一気に有名な観光地になりました。「聖杯伝説はロスリン礼拝堂で完結する」とまで主張する歴史家や秘教学者もいるほどです。壁に大いなる秘密が隠されているとか、音楽の力によってしかその秘密を解除できないとか。

この礼拝堂の建設は1440年に始まり、約40年間続いたそうです。ロスリン礼拝堂は実際に神秘教団や秘教学の集団にも関わってきた歴史があります。礼拝堂である以上、ある程度は霊的な教え手が集まる場所であるとは言えるでしょうが、リチャード・オーガスティン・ヘイ神父（1661年〜1736年）が残した3冊の本によると、ロスリンにはさらなる謎があったようです。ヘイ神父は礼拝堂だけでなく、シンクレア家の中でも権威ある人物でした。彼によると、ロスリンでの神父の仕事は、他のどの教会のものとも違っていて、「もっと大きな栄光と、輝きをもってなされていた。思い出しても、実に不思議な仕事だった」と語られています。ウィリアム卿は当時のヨーロッパでも最高の石工（メーソン）や大工を呼んで、この素晴らしい建物を造ったと言われています。さらに、礼拝堂はずっと「テンプル騎士団」とも繋がっており、その関係は今日でも続いていると考える秘教学者もいます。

多くの研究者は、礼拝堂の西壁はエルサレムの「嘆きの壁」をモデルにしたと考えています。また、2005年には天井の石に刻まれている神秘的な記号が、実は「楽譜」であったということが発見されています。ピアニストのスチュアート・ミッチェルは、この天井の213個の立方体の石に隠された暗号を解読し、1時間分の13の「祈りの歌」を発見するという天才的な偉業を成し遂げました。

さらに彼は、12本の柱の根元にある石にも、15世紀頃の古典的韻律（曲の終わりが3つの和音になる）が隠されていることを発見しました。奏でられる音楽は「童謡」のような響きがあり、ウィリアム・シンクレアの好みであったことが窺えます。それか、偉大な建築家といっても、音楽家としては子供同然だったということでしょうか！ピアニストのステュアート氏の父も作曲家トーマス・ミッチェルであり、彼も20年以上、礼拝堂の天井に隠された音楽の秘密を解明しようと努めてきた経緯があります。その息子であるステュアートが後に録音した神秘的音楽は「ロスリン・モテッ

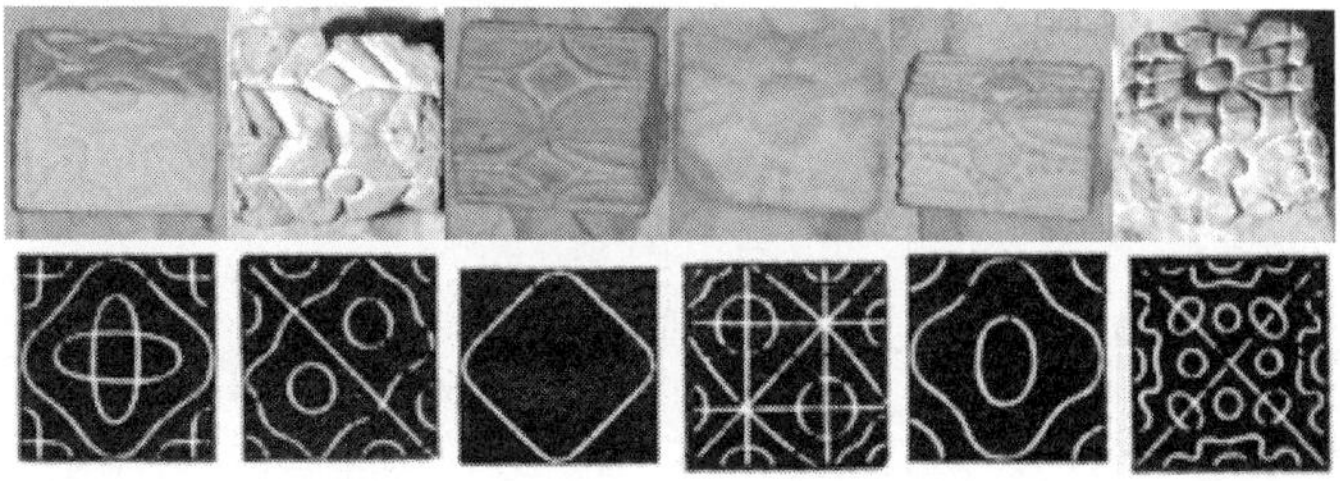

ト」と呼ばれ、研究者たちの間では、中世の楽器で演奏されたときと同じような「サイマティック・パターン」や「クラドニ・パターン」に似た共鳴周波数がチャペル全体に作り出されることが発見されています。「サイマティクス」というのは、一定の周波数を砂粒などをのせた金属板に当てることで、粒がひし形、花模様、六角形などの様々な幾何学模様を作成するという現象のことです。そして、ロスリンの天井にはひし形も花模様も六角形も、すべて描かれているのです！

これは流石に偶然の産物とは考えにくく、中世の人たちが音楽の神秘と天井に描かれたこれらの模様との関連性について知っていたと主張する学者も多くいます。もしかしたら、発見されたこの音楽を繰り返し奏で続けることで古代の叡智が発見されることになるかもしれないと考える人もいますが、今のところは神秘はやはり神秘のままです。

確かに、ウィリアム・シンクレアが神聖幾何学やハーモニクスの神秘に精通していたと考えるのは不自然ではありません。それらを礼拝堂の建設に利用したというのも、あながち事実から遠くないのかもしれません。礼拝堂の柱のうち2本はソロモン神殿の2本の柱「ボアズとジャチンの柱」をモデルにしていると推測するフリーメーソンリーもいます。また、壁の彫刻には「ハイラムの鍵」について言及していると思われるものがあり、公式には当時は発見されていないはずのアメリカにしか見られない植物について言及しているものまであり、礼拝堂には多くの謎が残されたままです。

これは伝説ですが、礼拝堂の地下の外界から隔絶された空間には、驚くべき量の財宝が眠っており、その中にはあの「聖杯」そのものがあるとも言われています。さらにそこには三つの大きな宝箱があり、その中には我々の知る宗教観すべてを変えてしまうような凄まじい衝撃的な内容が書かれているとも言われています。もしくは、秘密はあくまで壁や石の中に隠されていると主張する人もいれば、シンボルに真のメッセージが書かれており、謎を解き明かす者が来るのを待っていると信じる人もおり意見は様々です。それとも、いつの日か音色が鍵となってロスリンの秘密が明かされることになるのかもしれません。

［注釈］
24　Akousmatikoi
25　Mathematikoi

26　親指の先から小指の先の長さ
27　肘から指先までの長さ
28　水深の測定単位で6フィート（1・8288メートル）に相当する長さ
29　手の幅で4インチ（10・16センチメートル）に相当する長さ
30　線ではなく点の集合や非常に短い筆のタッチで表現する技法
31　植物の葉の付き方
32　砂や水などの媒質によって物体の固有振動や音を可視化すること
33　Unus Mudus
34　二つの音の高さの隔たり
35　音を音高により昇順あるいは降順に並べたもの
36　結晶軸の長さや軸間角度のことで、測定することで固溶量の評価や温度による膨張量を測ることができる
37　3・14や22／7のこと
38　辺の長さが3：4：5の比率のとき直角三角形となる
39　通路の継ぎ目と継ぎ目の距離
40　地球の中心から北極または南極を結んだ線のこと

第4:4章

シンボルと記号

「シンボル（象徴）は情報を隠蔽《いんぺい》すると同時に、啓示をしている。つまり、沈黙すると同時に行動をしているという二重の役割を果たしているのである。その明確さや直接性には大小あれど、正真正銘のシンボルには無限の具体性とメッセージ性がある。例えば〝無限〟というシンボルそれ自体は〝有限〟と一体になっている。ありのままのメッセージが理解される。人はシンボルに導かれ、シンボルに命じられ、シンボルに幸福にされ、シンボルに不幸にされる」

——19世紀の英国人歴史家　トーマス・カーライル

「止まれ」「右折禁止」「立ち入り禁止」交通標識というシンボルのことなら、現代社会に生きる我々は皆、その意味を知っているはずです。そうでなければ保険会社は営業停止に追い込まれてしまうでしょうから！　時代によっては人々がシンボルの意味を理解しなかったときもあったでしょうが、人類史を通じてシンボルはいつも重要な意味の運び手となってきました。何千年にもわたり人類はあらゆる重要な物事や意味をシンボルや記号にのせて子々孫々と伝えてきました。

シンボル

「symbol」という言葉はギリシャ語で「契約、しるし、記章、識別手段」を意味する「symbolon」に由来しています。

シンボルとはアイデア、概念、抽象的な物事を、形や図などで視覚的に表現したもののことです。例えばアメリカ、カナダ、オーストラリア、イギリスでは「ＳＴＯＰ」の道路標識に赤い八角形というシンボルが使われており、共通して警戒のサインになっています。黄色い「Ｍ」サインを見たら誰でも「ああ、あのハンバーガーショップね」と思いますよね。そういったサインやシンボルを使えばだいたいの言いたいことが一瞬で伝わり、簡単に識別できるようになっているというわけです。

サイン、シンボル、象形文字は古代より宗教的および神秘的な目的のために使用されてきました。原始時代の岩や洞窟の壁に残された壁画を見ていると、先史時代の祖先たちが心ときめかせていた物事が何だったのかを私たちに知らせてくれます。シンボルの使用用途には儀式的なものだったり、情報伝達の手段だったりと、解釈する人によって様々な説があります。その真意は今となってははっきりとは説明できないのかもしれませんが、いずれにせよシンボルは人間にとっては好奇心を刺激するような神秘的なものであることに変わりありません。

宗教

宗教的な意味合いとしてシンボルは長らく広く使用されてきました。すぐに思い浮かべるのはキリスト教の十字架、ユダヤ人のダビデの星（六芒星）、イスラム教の三日月、仏教の法輪などですね。現代社会においては、文化的・宗教的多様性に寛容にならないといけないという方針があるため、都市圏郊外にも教会、シナゴーグ、モスクや特定の宗教の看板などが街角に増えていっています。

数字

もちろん「数字」もよく使われるシンボルです。例えば、数学の「数学的命題」で、短く的確に何かを表現することができます。イギリスの著名な統計学者であり作家でもあるランスロット・ホグベンは「単純な言語で数ページにわたって説明しなければいけないことも、数式で表現すればたった1行だ」と述べました。確かに、ここまでメッセージの圧縮を実現できる数式というシンボルは非常に有効だと言えますね。

世界で最も神秘的とされている場所の多くではシンボルや記号、それから数字も代表的な表現方法として使われています。古代から現代まで、ギザの大ピラミッド、ストーンヘンジ、イースター島、マチュピチュ、タージマハール、そしてロスリン礼拝堂などの神秘的な場所ではすべてシンボルが意図的に刻まれています。だからこそ神秘を追い求める人たちを魅了してやまないのです。その神秘は数字と密接な関係があるのですから。

数字そのものを表す記号「#（ナンバー）」があります。このことからも記号と数字には切っても切れない関係性があることがわかりますね。

トライアド

数字は、単純な数字であれ、不可解な記号であれ、世界中の宗教に大きな影響を与えてきました。最もよく知られているシンボルの一つは、「3」のシンボルです。「トライアド」とも呼ばれています。

トライアドとは、三位一体、すなわち「三つで一つ」であることを指します。

●古代ギリシャ哲学では3（テトラクテュス）はピタゴラス教団のシンボル。

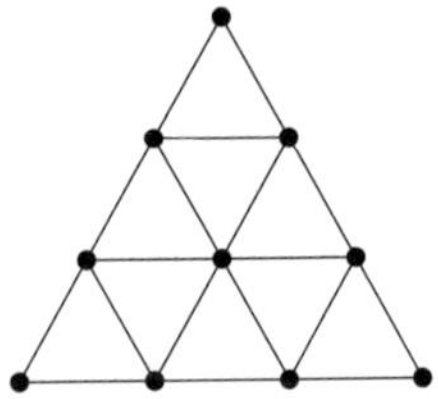

●音楽用語では「三和音」。

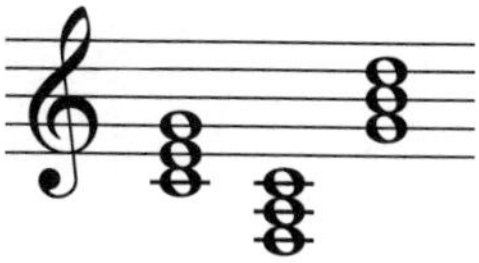

●人間関係では「三角関係」。
●宗教では三神が一体となっていること。もしくは共通の意思を持った三神。三つの側面を持つ一なる神のこと（祖母、母、娘という三つの側面を持つ女神や、父、息子、聖なる魂など）。
●社会学においては一つの集団を「三者関係」という視点で分析すること。
「3」は古代宗教の道教から現代のキリスト教に至るまで、人々にとっても非常に重要な意味を持っています。まるで「3」にいつも見守られているかのようですね！

実際、世界の大小様々な宗教体系には「3」にまつわる教義があります。現実とは何なのか3を使って記述したり、悟りへの道を3で表したりなど。宗教や文化によって表す言葉は異なれど、いわば「精神統一理論」と呼べる理論なのです。

宇宙論

古代シュメール人たちは日常生活でも「宇宙論」に触れていたとされています。シュメール文化における一般的宇宙観は神による創世記叙事詩「エヌマ・エリシュ[41]」がその中心となっており、そこから派生してあらゆる形態の宇宙論となり、ユダヤ教やイスラム教神秘主義にとっての大元とされています。

物語は、天（an）と地（ki）を創造した太古の海であり、万物の母である「ムンム」によって始まります。天の硬い金属の殻がエンリル神によって地から分離されたとき、「ムンムの大水」を含む第三存在層が開かれたといいます。ここにも「3」が現れていますね。この三つに別たれた永遠の存在から、神々などもの2体ずつになって現れていきました。こうして、創世記が幕を開けたのです。

古代神話・現代神話の学者ジェラルド・A・ラルーによると、この「世界3層構造」の概念は、古代ギリシャ、古代エジプト、さらにはヘブライ人たちの創造神話にも影響したと言われています。

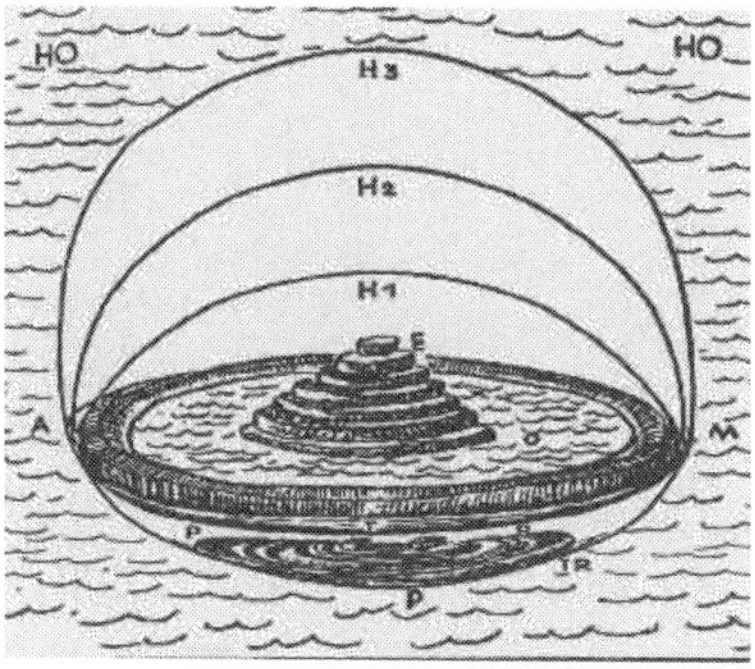

古代エジプトの伝説でも、天と地は水によって隔てられていたと言われています。ヘブライ神話ですと、空気によって別たれたのだそうです。バビロニア人はいつも謎めいたことを言いますが、彼らは「アビス（深淵）」と呼ばれる何かを信奉していたと伝えられています。

これらのような古代の創造神話から、この世界は下界、中界、上界に分けられるというシャーマニズム信仰や、さらに後の世ではキリスト教の天国、地獄、煉獄という3界概念にまで世界観が発展してゆきました。

自然崇拝、多神教

古代のペイガニズムやシャーマニズムなどを見てみると、人間というものは性別だけでなく、三つの要素に分けることができるという考えがあったことがわかります。それが肉体、精神、そして魂の三つです。現代では身体、心、魂（ボディ・マインド・スピリット）と呼ばれていますね。「3」は実に奥深い数字です！

新プラトン主義者はヘルメス主義の基礎として「上が如く、下もまた然り」を信条としていました。地球上の宗教はいずれも人間と自然と、その背後にある「創造力」との関係性をかつては理解していたと言えます。シャーマンたちは神聖な儀式、薬草、詠唱などで下界を旅しました。シャーマンにとって「下界」とは、すべての物事の根底となる原始存在の世界です。私たちが知る日常世界は、「中界」です。そして上界では超越的な天啓や智慧を得ることができる領域です。キリスト教が始まる少なくとも4万年前から、シャーマンたちはずっと「全」なる創造主の力と一体となる唯一の方法がこの3界を自由に行き来する方法を身につけることであると、理解していたのです。ですから、魂の世界を自由に旅するためにも肉体や精神の檻を壊す必要があるとも考えていました。

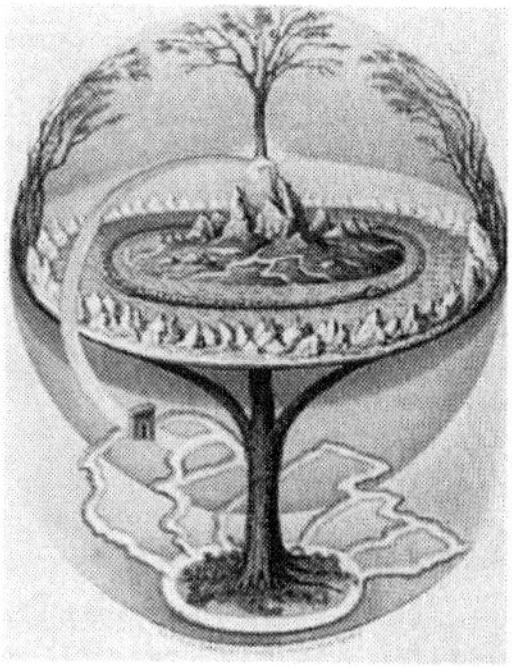

これらの考え方も今では普通となっている「神と人と精霊」の世界観に影響を与えていたのでしょうか。心理学者フロイトが発明した「イド、エゴ、スーパーエゴ」の三つや、その後にも、シャーマンの伝統の延長上にできあがったのでしょうか。「潜在意識、顕在意識、超意識」と呼ばれることとなった三つも、仏教でも「人格、精神、涅槃」と3で分けています。形而上学でも人は「自己、意識、高次自己」という三つに分けられるとしていますね。現代科学の概念でも「直感的な右脳、分析担当の左脳、霊的な機能としての第三の目」と、同じ概念をその基礎として置いているように思えます。

エジプトの信仰

古代世界では数多くの神話が作られてきました。エジプト神話では母なる女神としての「女王」、太陽神または現人神、民の父としての「王」、自らも神でありながら神の後継ぎとしての「王子・王女」など。そうして人は、自分の周りの世界がどのように創られたかを理解してきました。自分自身がどのようにして作られ、なぜこの部族構造なのか、そして自分の存在とは何なのか。それを表現するように意図されて神話は作られたはずです。ですが同じ表現の仕方（女王と王と王子）は歴史を通して繰り返し現れてきました。「ブッダ、ダルマ、サンガ」、「神、キリスト、アダム」、「父、子、聖なる魂」など。ところで、英語で「自分」を強調して「Me, Myself, and I」という決まり文句がありますが、言ってみればあれも現代の三位一体の概念なのかもしれません。

キリスト教

恐らく地球上で一番認知されている「3」の宗教上概念といえば「神とは父、子、聖霊である」というキリスト教の「聖三一」、または「至聖三者」とも呼ばれる三位一体論ではないでしょうか。この場合、父は神を表し、子はキリストを表し、聖霊とは、幸運にも（?）選ばれることになった人に降りたつ霊的存在のことであると説明されています。しかし初期キリスト教教会はこの「三位一体説（トリニティ）」を大衆にうまく説明できていなかったようです。もしイエスが「神の子」であるのなら「言葉（ロゴス）」がその肉体を造った」というのはどういうことなのか、イエスは「神」そのものではなく別の存在なのか？　キリストと神と何が違うのか？　というか聖霊って誰？　人々は次々と疑問をぶつけてきました。

Me, Myself, & I

紀元325年、当時の司教たちがニカイア公会議に集まり、それらの疑問にまとめて回答するために「キリスト教徒の統一信条書」を作成することにしました（反対意見を唱える者もいましたが）。この歴史的な出来事の結果、「創造主と救世主は同一の存在です」と教会が公式に宣言することになったのです。以後、「三位一体説」は深入りされることはなくなっていき、神との合一を願う者によってのみ追求される説へと変わっていきました。とりあえず全能の父としての神がいて、イエス・キリストが神の子で、その二者を結び付けているのが聖霊であるとして、あくまで霊的なたとえ話として扱われることに決まったのでした。

やがてキリスト教も世界へと規模を拡大していき、グノーシス派などの神秘主義キリスト教徒が増え始めてきて、一なる神、その息子イエス、そして聖霊と名付けられた神秘的第三の存在という説を深く掘り下げていく者も出始めてきて、それまでは表面的にしか具体性がなかったこの説が抽象的表現で体系化されていきました。概念や霊的事象は人間の進化に伴い自然に展開してゆくもの。それは自然の摂理であると言えましょう。

同じような世界観は古代東洋の智慧にも通じるものがありました。ヒンドゥー教の聖典『バガヴァッド・ギーター』の第18章では次のようなことが述べられています。

「天上にも地上にも、三位一体という自然の性質が備わっていないものは存在しない」

サンスクリット文学の専門家バーバラ・ストラー・ミラー博士による『バガヴァッド・ギーター』翻訳書の序文の中で、ヒューストン・スミスが「本書では自己の本質を明らかにするために、三つの方向性からの自己アプローチが提案されている。そのうち一つめは自己の性質や構成特性である。二つ目は神の道の出発点を創り出すための霊的な態度のことである。三つ目はこの世界における人々の一般的な関心から違う関心を生み出すことである」と述べています。

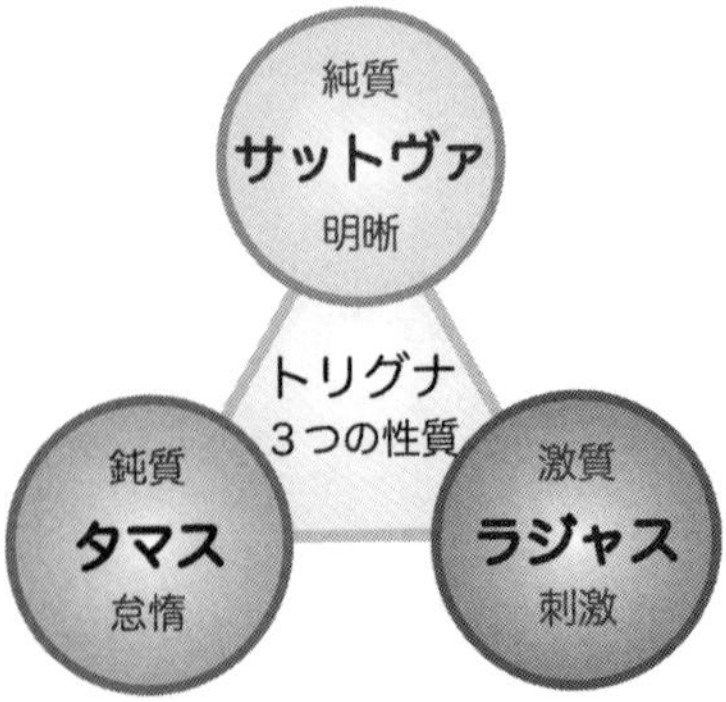

ヒンドゥー哲学においてはクリシュナの物質的な性質も純性（サットヴァ）、激性（ラジャス）、および惰性（タマス）の三つの基本的性質（トリグナ）による三位一体であると分析されています。そしてヒンドゥー教の思想によると、人間の本質はこの三つの自然の特質によって構成されているということです。

これはフロイト博士の「人間の心はイド、エゴ、スーパーエゴの三つに分けられる」という概念と類似していることに注目です。フロイトの理論がヒンドゥー教の教えをコピーしただけなのでしょうか。それも考えにくいです。

それによく見ると、後発のキリスト教における「天国、地獄、煉獄[42]」の概念との類似点も見られます。ギーター第14章で、クリシュナがアルジュナに対しこう語っています。

「純性の者は上に行き、激性の者は中間のままで、惰性に囚われた者は身を沈めることになる」

ヒンズー教の三位一体説においても、自己とは純性、激性、そして惰性という三つの要素で、肉体的および精神的な意味で構成されているとされているのです。

中国での信仰

中国の宗教と哲学の中心教義となっている『老子道徳経』では、徳（個人の魂）、道（宇宙普遍の魂）、気（普遍エネルギー）の三位一体説が説かれ、古代ヒンドゥー教ではアートマン

（個人の魂）、ブラフマー（普遍的魂）、モクシャ（解脱）の概念があります。「道」も「ブラフマー」も「宇宙普遍の父なる神」を象徴しており、「徳」や「アートマン」はどちらも「個人の魂」、すなわち「神の子」を表し、「気」や「モクシャ」は万物に宿る宇宙エネルギーのこと、つまり「聖霊」のことであり、ヒンドゥー教徒にとってはそのエネルギーの働きによって純粋な魂の解放になると考えられています。孔子の弟子である顔回《がんかい》が説いた道教の教えによると、やはり人間とこの宇宙は「神」、「氣」、「精」という「純粋なる3つのもの」とも呼ばれる三つの生命力を共有しているという考えがあることがわかります。東洋の古代の教えにも、このように「3」にまつわる宇宙論が広く見られるということです。

中国の仏教においては「仏・法・僧」の概念「三宝一体の理」が伝えられています。これらの三つの宝は神との合一を達成するためにとられる「行動」を象徴しています。この三位一体説は東洋思想全体で共通の概念となりました。ジャイナ教でもこの「三宝」の思想があり、「正しい認識」（サムヤク・ダルシャナ）、「正しい知識」（サムヤク・ジュニャーナ）、「正しい行為」（サムヤク・チャリトラ）によって真のダルマを構成しているということです。

禅僧ティク・ナット・ハン師は、三宝の教えによって仏陀になる必要性を強調し、著書の『生けるブッダ、生けるキリスト』で、「生きとし生けるものはすべて、ブッダ（仏）とダルマ

（法）とサンガ（僧伽）をその身に宿らせることができる。それと同様、すべての生命はいつでも、父なる神、神の子、そして聖なる魂の体現者となれる」と説明しています。ここから読み取れるのは、仏というのは肉体を持った存在であり、法というのは物理的な現実のことであり、僧というのは物理的な集団または個人のことであり、それを通して人は霊験あらたかな経験を得るということです。「人の内側にはそれぞれ、生けるブッダ、生けるキリストがいる」というハン師の言葉の真意は、ここにあるのでした。

ロバート・サーマン翻訳の『チベット死者の書』によると、チベット仏教における三位一体説では、人は究極の現実に結び付いている「真体」と、主観的および超越的な智慧を司る「至福体」、そして肉体としての「転生体」で構成されているということです。ここにキリスト教の三位一体説、つまり究極の父なる神と、超越者としての主観を持つ精霊、そして地上に受肉した存在である神の子という説との密接な繋がりを感じられると思います。

サーマンはこれらの3体を、人間を構成している生の体（体現体）、死の体（真実体）、中間体（神秘体）であるとして上手に説明しています。西洋世界のキリスト教徒たちにとってそれぞれの体には天国（死）、地球（生）、そして煉獄（中間）に対応すると理解することができます。この場合、皆が恐れる「死」こそが実は神との永遠の合一であり、生よりも優れた状態なのだと。そう考えるとなかなか衝撃的ですね。

このようにサーマンは仏教の三宝とキリスト教の三位一体との間の共通点を指摘していきましたが、ここで重要なのは三宝が仏教徒にとって本来の修行の基礎であることと同様に、三位一体もキリスト教徒にとっての中心の教えであるということです。

その他の「三位一体」

キリスト教のグノーシス派は神には「女性」としての一面があるとして、さらに話を複雑にしてきます。宗教史学者・作家のエレーヌ・ペイゲルスは、聖書の中で「ヨハネの黙示録」のヨハネが十字架にかけられたキリストを同情していたときに視たという「三位一体」についての神秘的なビジョンについて触れています。「私は恐れた……すると、光が見えてきて、その中に複数の体から成る聖なる共同体を視た。共同体には、三つの形態があった」ヨハネはその光景が何なのか理解できませんでしたが、そうしていると次のような答えをもらったのだそうです。「私はいつもあなたと共に在る。私は父であり、母であり、子である」

ペイゲルス氏によるとグノーシス派の三位一体論は、ヘブライ語の「ルアー（ruah）」が基になっているのだそうです。ルアーは女性名詞で、「息吹」、「命の源」を意味し、理性と自由意志を持つ霊的な母なる存在を指しています。つまりここでは、父と子と一体となった存在は「母」であると説明されているのです。

もう一つのグノーシス文書『フィリポによる福音書』でも、このように女性性が含まれた三位一体のシンボルが登場します。そこには聖霊の正体が「聖母」または「純潔の乙女（処女）」であり、彼女こそが天の父の配偶者なのであるという衝撃的なことが書かれています。

つまり聖フィリポは精霊は処女でありながらイエスを身ごもった聖母の神秘を表すシンボルであるとここで明かしているのです。「キリストは、そうして聖女から生まれたのである」聖女とはすなわち「聖霊」であり、キリストの肉親とされているマリアのことではなかったということです。

ペイゲルスはまた、知恵（ソフィア）もグノーシス三位一体論のうち「女性的側面」を担当していると論じています。というのは、「ソフィア」という言葉はヘブライ語の女性名詞「ホクマー」を訳した言葉であり、つまり「神は智慧で世界を創った」とは世界が母によって生み出されたということを説明しているのです。

セフィロト

カバラを研究するユダヤ人神秘主義者も普段は断じて受け入れたがらないキリスト教の教義のうち、この三位一体論についてはある程度の理解心を示しています。結局のところ、初期キリスト教教会が三位一体の性質を通して定義しようとしていたのは、ヘブライの神「ヤハウエ」の全貌だったのです。

カバラによると、全なる神「アイン・ソフ」は、三つの大セフィラによって構成されているのだそうです。神はセフィラを通して自らの神性をこの世界に発現させます。

神の最初の発現は「ケテル」、これは「アイン」とも呼ばれ、「無」を意味します。次に、ケテルより第二のセフィラ「コクマー」が創られました。これは「イェシュ」とも呼ばれ、「神の叡智」を意味します。これが何もない「無」から生まれた始まりのセフィラであり、神の最初の表現であり、創世記なのです。3番目に誕生したセフィラは「ビナー」です。これは「理解」を表し、実体がない「存在」を実体化させるために必要となる要素です。「天意」の六つの次元は、これら三つのセフィラから発露します。

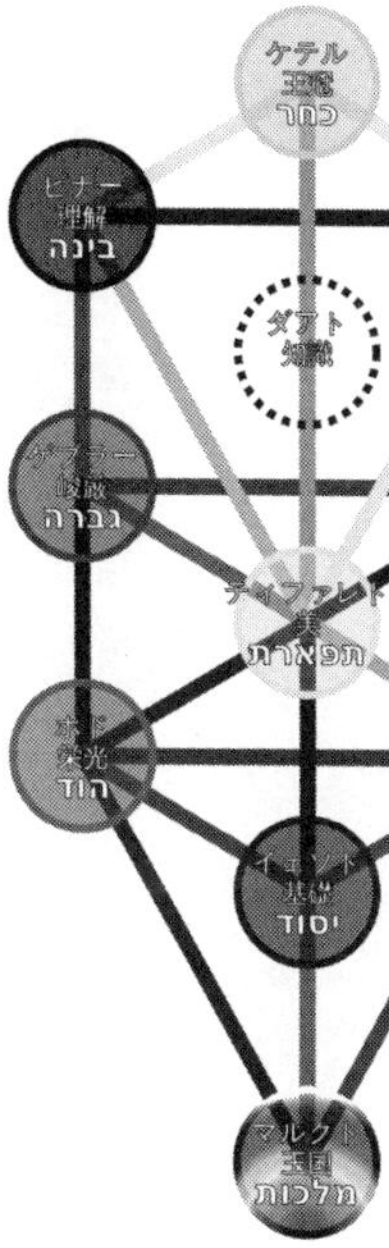

10個のセフィラで構成されるカバラ「生命の木」は、三つのグループに分けることができます。コクマー（智慧）から生まれたケセド（慈愛）、ビナー（理解）から生まれたゲブラー（峻厳）、そしてケテル（無）からはティファレト（美）が生まれました。

カバラ主義者にとって、最初の三つのセフィラをそれぞれ探っても神の真意はわからないと考えています。というのは、その三つは神の御心と、智慧、そしてそれを理解することで初めて成り立つからです。古代ギリシャ正教も

「神」は三つの神性によって成り立つという考えがあり、カバラとも類似していることがわかります。

カバラ

カバラ研究者にとって全なる無である「アイン・ソフ」のことは「無限」として理解されています。人類を含むすべては、その無限から生まれました。ダニエル・C・マットの著書『カバラの本質（原題：The Essential Kabbalah: The Heart of Jewish Mysticism）』の中の、「存在の鎖」という部分で、「この鎖全体が一なる存在です。鎖の端から端まで、すべては繋がってリンクしています。天にも地にも、神の本質はどこにでも宿っています。神以外には何もないのです」と語られています。

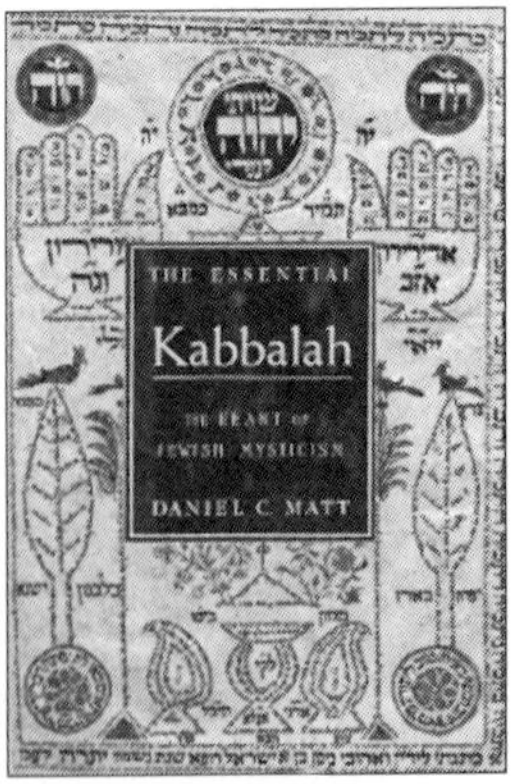

「すべてはアイン・ソフより生まれ、その中に内包されています。私たちは無限の神の光です」

キリスト教徒にとってアイン・ソフという言葉は「父なる神」を連想させる言葉かもしれません。そして、その子供としての存在が私たち自身のことです。するとアイン・ソフは聖霊ということになり、それを通して私たちは生きているということですね。

ユダヤ人神秘主義者で哲学者であったヴォルムスのエリアザールは、『統一の歌（原題：The Song of Unity）』という著書の中で、次のように語っています。

「あなたには、すべてのものがある。あなたはすべてのものを包容なされ、よってすべてが可能である。万物が創造されたとき、あなたは、すべてのものの中におられた。すべてが創造される前、あなたこそが唯一すべてでした」

Rabbeinu Elazar Rokeach
(1160 - 1238)

カバラには「天のトライアド」という概念があります。『ユニバーサル・カバラネットワーク』というウェブサイト[43]には、次のような説明があります。

「天のトライアドとは、ヘブライ語の三母字であるシン（霊魂・火）、アレフ（風）、メム（水）によって表され、それぞれはアモン・ラー神の母なる三つの光線である。その数字、字、そして音は、万物を生み出した神の名を表すために使用される。万物を生み出している神の光があり、第三の光線ビナー（メム）もその一つである。カバラにおいては、根源から発せられた雷光、あるいは燃え盛る炎の剣としてのこれら光線は一番下のマルクトのセフィラにまで創造のエネルギーを運ぶとされている。ビナーは天のトライアドのうち、最後に低位の領域に入る。これはつまり、天のトライアドのうちビナーがこの物質界に一番近いということである。一方、コクマーはより原型に近い抽象的存在である。創世記においても原型が物質化するという流れがあった」

ユダヤ教やキリスト教の姉妹宗教であるにもかかわらず、イスラム教は「三位一体」が神を冒瀆する概念であると見なしていました。コーランの信奉者たちは、このように物事を神智学的に推測することを「ザンナ」と呼び蔑みました。「知ったかぶり」と揶揄《やゆ》する言葉です。

このようにイスラム教徒では神が三つで一つという考え方が受け入れられず、考えることすらも放棄されてしまっています。アッラーこそが唯一絶対であり、万物はすべてその一つの存在に帰すという考え方です。

預言者ムハンマドはトランス状態にあるときに神の言葉をアラビア語に翻訳して、コーラン

古代ケルト人たちの教えから、キリスト教に至るまで、世界中の宗教や伝統の中に「三位一体」の神やこの世界の本質についてが描かれている。左上はトリスケル（三脚巴）、右上はトレフォイル（三つ葉）、左下はトリケトラ（ケルト三角形）、右下はシールド・トリニティ。

を書き記したとされています。そのコーランに書かれているのは「アッラーこそが唯一完全な神である」ということでした。しかしこの言葉がイスラム教徒が三位一体論を拒絶する原因になってしまっているのです。ローマカトリックの修道女から宗教学者に転身したカレン・アームストロングによると「神がキリストとして受肉した」という考え方そのものが神への冒瀆であると考えられているそうです。コーランでは「神は人間の身体を持たない」とされており、代わりに自然界に現れる「しるし」やコーランの熟読によってのみ神の導きは得られるとイスラム教徒たちは考えています。

おとぎ話

『ゴルディロックスと3びきのくま』というお話をご存知ですか？

それから、ノルウェーの童話『三びきのやぎのがらがらどん』はどうでしょう。『3匹の盲目ねずみ』という童謡もありますね。『3匹の子ブタ』も有名です。昔話や民話にはよく「3」が使われることがわかります。

『ハーメルンの笛吹き男』でも『シンデレラ』でも3の数字が現れます。三つの曲、3姉妹、三つの願い、三つの仕事、三つの曲がり角。世界各地で、知識を伝えるためだったり教訓を伝えるためだったり、あるいは子供たちみんなを楽しませるための物語には「3」が欠かせない要素というわけです。おとぎ話だけでなく聖書にも「三賢者」やアーサー王の伝説にも出てきます。

物語に3がよく出てくるのは、物語そのものが3部構成であることが多いからだと考える専門家もいます。つまりすべての物語は始まりがあって、それから中盤があって、終わりがあるということです。ジョセフ・キャンベルの言葉を借りるなら物語というのは往々にして「英雄の旅」と同じように展開していくものです。主人公の成長物語です。まずイニシエーションがあり、数々のクエストを経て、そして英雄の物語は完結します。やはり「3」には魔法の力があるのでしょう！

もしかして二元性に挑戦するために「3」なのかも。つまりは善と悪、昼と夜、白と黒、金持ちと貧乏人など、「どちらかしか選べない」パターンに対する「第三の選択」として3が用意されているのかもしれないということです。ハーブ・バックランドの著書『3という数字

セントラルドグマ

生物の遺伝情報はDNA、RNA、タンパク質の流れで伝えられる。

(原題：The Number Three – Folklore-Fantasy-Fiction?)』では、人類はまずアフリカ人種が誕生し、その後にアジア人が生まれ、3番目にインド・ヨーロッパ語族と呼ばれる白人の祖先が派生したと説明しています。「3」に関する民話が欧米諸国に多く残っているのは、このような背景があるのかもしれません。私たちの体も「セントラルドグマ」といって、DNA、RNA、タンパク質という三位一体の仕組みを持っています。

もしくは科学や理屈ではなく、もっと霊妙な理由があるのかもしれません。「3」があることで物語の難易度や奥深さが増していき、その解決にはもっと優秀なヒーローまたはヒロインが必要となるのです。子熊や子豚が3匹いることで問題はよりややこしくなって、それを解決するためにはより良い解決方法が求められます。一人だけでは問題を解決できませんからね。それぞれがお互いの引き立て役になる必要があり、そのために「3人」が必要なのです……そういえば地球も太陽系で3番目の惑星でしたね。

もちろん選択肢が3以上の数字になることもあります。古代ペルシャの伝説では、修行者は70年かけて「七つの洞窟」の試練を通過しないといけないというお話があります。「七つの海」

の物語や、「七つの切妻屋根のある家」という話もありましたね。エジプトの伝説では、生まれたばかりの赤ちゃんに運命を授けるという「7体のハトホル」という女神がいるとされていました。タルムードでは人間の人生には乳児、幼児、少年少女、青年、既婚、親、老人の七つの段階があると定義されています。シェイクスピアも『お気に召すまま』で、一人の男性の生涯を七つの段階に分けて描いています。

『人生の七つの時代』――ウィリアム・シェイクスピア

「この世はすべて一つの舞台
人間は男も女も
すべて役者に過ぎない。
それぞれに退場し登場して、人生の様々な役を演じ
舞台は七場に分かれる。
まずは赤ん坊
泣いたり、おっぱい戻したり乳母に抱かれて。

次は泣き虫小学生
鞄を背負って朝日に顔を照らされ
カタツムリみたいにいやいやながらの学校通い。

そして恋人
ふいごみたいに溜息ついて、涙ながらに詩を作る。
恋焦がれる彼女の眉を讃えて。

今度は軍人さん
誓いの文句を並べ、豹《ひょう》なみに髭生やし
名誉欲しさに猪突猛進
あぶく同然の功名を求め
大砲の口もなんのその。

次なる役は裁判官
賄賂の鶏肉詰め込んでまんまるまるの太鼓腹

眼光鋭く髭厳《いかめ》しく
口にするのはもっともな格言と月並みな判例。
はてさてお役目ご苦労さん。舞台は第6場
瘦《や》せ衰えてスリッパひっかけたパンタローネ爺。
鼻に眼鏡、腰に巾着袋
穿《は》いているのはオンボロロンのダブダブズボン
細い脛《すね》はヨレヨレヨボヨボ
太く響いた大声も
今や子どもに戻って
キーキーヒューヒュー音を出すばかり

いよいよ大詰めの最終場面
この奇妙奇天烈、波瀾万丈の一代記の締めくくりは
赤子に還って忘れられ
歯なく、目なく、味なく、何もない」

――『お気に召すまま』第2幕7場より

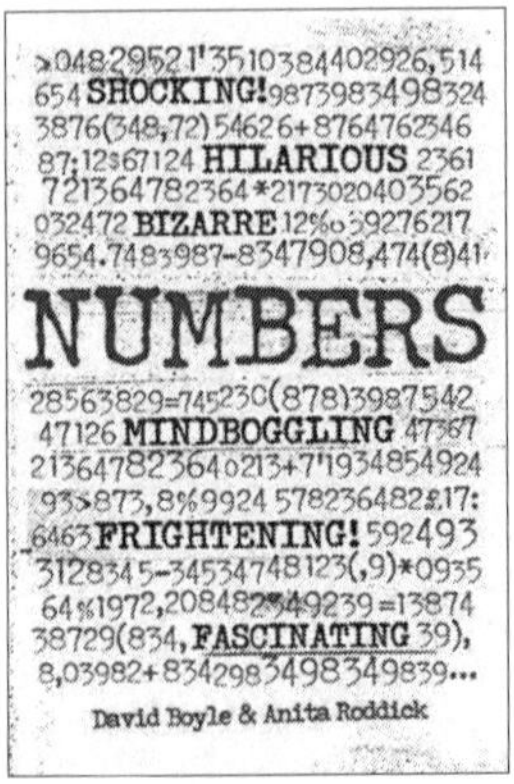

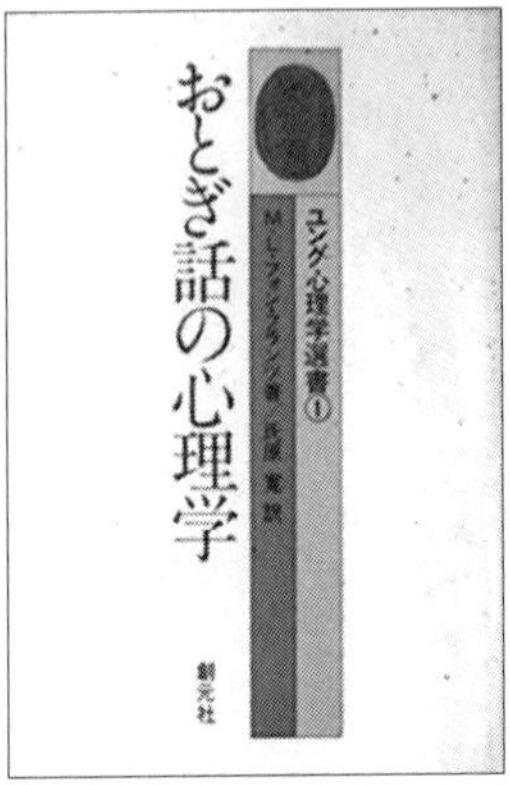

スイス人ユング派心理学者マリー＝ルイズ・フォン・フランツは著書『おとぎ話の心理学』の中で、おとぎ話に現れる数字のパターンは、古代世界における運命についてを示す手がかりとなっていると分析しています。

そしてこの自然のリズムパターンは、間違いなく現代の私たちの生き方にも影響を与えています。「ザ・ボディショップ」創業者のアニータ・ロディックは著書『数字について（原題：Numbers）』の中で、数字のパターンや組み合わせを読み取ることで未来を予測できるというお話をしています。

王様には3人の娘がいるという設定や、ニワトリが3回鳴くことや、3匹の子猫が手袋を失くすことも、クリスマスの朝に3隻の船が港に入ってくるのにも、未来で起きる出来事に関係した理由があるということです。

3について長らくお話ししてきたので、だいぶなじみ深い数字になったのではないでしょうか。3に加え「1」や「2」の数字に含まれた宗教的な意味合いや霊的な教えについてもお話ししてまいりましょう。1は究極の統一、神、至高を表します。1はすべてを結び付ける数です。「二つが一つになる」という考えを示すシンボルとしては、「結婚指輪」のシンボルや、「ダビデの星」などがあります。これらは男性性と女性性の融合というシンボルとして働きます。一方で「2」には相容《あいい》れない2面性という意味もあります。そして「3」という重要な数字も、これら前にくる二つの数字なくしては存在できません。3は2と1が合体して出来上がります。陰と陽のシンボルと同じように、二つの半身が一つに融合することで一なる存在を表現するのです。次の章では、その他の有意数についても論じてまいりましょう。しかし、これだけは言わせていただきたいのが、肉体・心・魂で一体ということ、天と地と水で地球は一つであること、人生は誕生・生存・死で一つであること、こうしたことを説明するのに「1」「2」「3」ほど明確で最適な数字のシンボルは恐らく他にないでしょう。

5

秘教学において数字の「5」には神秘的で形而上学的な意味合いがあります。例えば人体は

五行相生説
木と木は
こすれあって火を生じる
木
水を与えると
木は成長する
水
火
火が燃えると
灰と土ができる
金属の表面には
水滴ができる
金
土
土の中に
金属が埋まっている

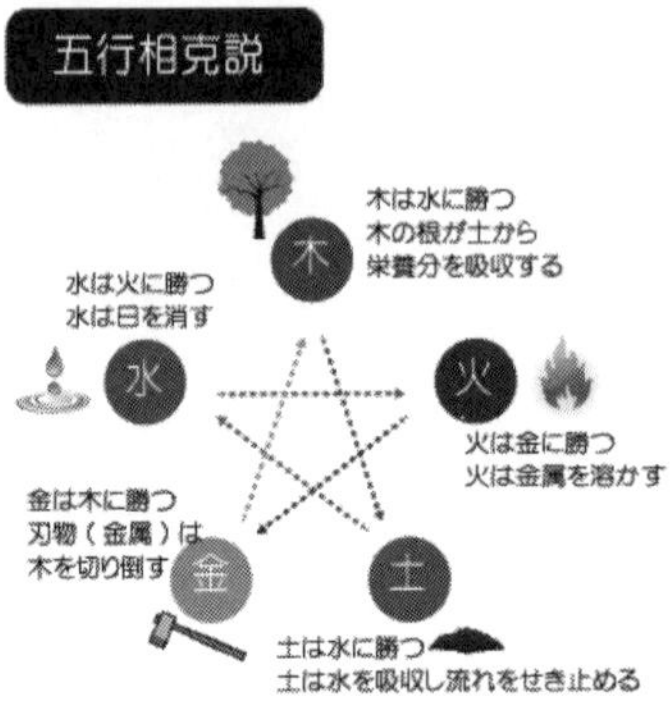
五行相克説
木は水に勝つ
木の根が土から
栄養分を吸収する
木
水は火に勝つ
水は日を消す
水
火
火は金に勝つ
火は金属を溶かす
金は木に勝つ
刃物（金属）は
木を切り倒す
金
土
土は水に勝つ
土は水を吸収し流れをせき止める

頭部を含め五肢があります。これはダ・ヴィンチの『ウィトルウィウス的人体図』で表されている通りです。2と3の合計数であり、1と4の合計数である5は、神秘の数字として長らく使われてきました。聖書にも5がよく登場します。キリストの十字架はりつけ像を見ると、体の5箇所に大きな傷を負わされていることがわかります。他にも、五つに分けられたパンが5000人に分け与えられたという場面も描かれています。キリスト教以外の伝統、例えばウィッカでも5は「人間」を表しているとされています。命を構成する5大要素としては風、火、水、土に加えて5番目の「霊」があるという教えもあります。

古代中国人も「五行思想」といって、すべては「火・水・木・金・土」の五つの基本要素によって成り立っていると考えていました。

私たち人間は五感があって、手と足には5本の指があります。五芒星（ペンタグラム）のシンボルは魔術の伝統によく使われている象徴です。今でも五芒星のそれぞれの頂点が人間を表すと考えられています。それとしばしば五芒星は悪魔教のシンボルと誤解されることがあります。ギリシャ神話の山羊神パーンは有角神であることからしばしば「バフォメット」と同一視されることがありました。

それに逆さまになった五芒星のイメージが併せて使われるようになったこともあり、もともとは無害なシンボルがキリスト教徒によって有害なシンボルとして扱われるようになったという経緯もあります。パーンはもともと、森林地帯で信仰されていた生殖と幸福の神であり、特に人間に害を及ぼさない牧神でした。バフォメットについては昔、エリファス・レヴィという有名な魔術師が『高等魔術の教理と祭儀』という著書の中で「サバトの山羊」としてバフォメットの図を用いたことがきっかけでその姿が知られるようになりました。

しかしこの中でバフォメッ

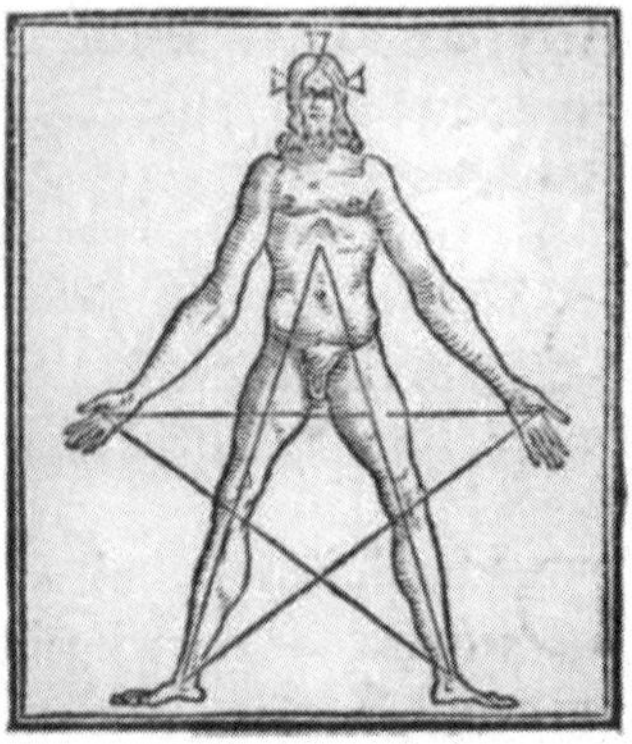

ボルツァーニの五芒星（左図）は、キリストを巨大宇宙の全体像として描写している。
エリファス・レヴィによる逆五芒星（右図）には、山羊神バフォメットが描かれている。

トと共に描かれている五芒星は当初、逆さになっていませんでした。バフォメット崇拝はテンプル騎士団やフリーメイソンとも結び付けられて悪者扱いされることが多いです。その背景にはもしかして、敬虔《けいけん》なキリスト教徒たちが秘密結社を弱体化させようとする思惑があったのかもしれませんね。

人によって、時代によって、数字や記号の持つパワーは私たちに様々な信念体系を形成してきましたが、五芒星などの星の持つイメージについても人によっては良いイメージを持っている一方で、悪いシンボルだと受け取る人もいます。

現代社会において、数字という記号が特定の情報をすばやく伝えるために使われることは多いです。例えば警察官、消防士、救急隊員などは、特定の犯罪行為や現在の状況、行動、さらには自分がいる場所についての正確な情報を伝えるために「番号コード」を連絡の際に使用しています。そして興味深いことにストリート・ギャングなども独自の数字コードを持っており、これで警察から隠れて秘密のコミュニケーションを取っています。これはシンボルを理解できる選ばれた少数の人たちによるコミュニケーション術であり、実は伝説や神話、昔話などに見られる「合言葉」などと同じことを現代人もやっているということですね。

今では数字は私たちの社会に欠かせない要素となりました。一つの数字が多くの意味を象徴するようになっています。人間が量の測定などに初めて数字を使って以来、私たちは数字と共に歩んできました。視覚的な形式で数字を認識することは目から入る情報を信頼する私たち人間にとって最も理解しやすいのは当然のことと言えるでしょう。数字は嘘をつきませんから！

第5:5章

ミステリー・ナンバー

「宇宙の創造主は実に不思議なやり方を好まれる。
神は十進法と、切りの良い数字がお好きであるようだ」
——アメリカの漫画家　スコット・アダムス

ミステリー・ナンバーとは

　普通、人は一日の間に何百から何千という出来事を経験しています。その中には大きな出来事もあればたわいもない小さなこともあり、一生忘れられないような印象的な出来事だってあるでしょう。一つ共通しているのは、それらはすべて「数字」と関係しているということです。前の章で述べてきたように、特定の数字または数字の並びを何度も目にするという出来事を経験する人は多いです。一見ただの偶然に思える出来事の中にも何か深い意味があるのかもしれないのです。数字は平凡な日常の中に大きな神秘を吹き込んでくれます。無限にある数の中でも、とりわけ目立った存在がおります。それが「ミステリー・ナンバー」です。

『ダ・ヴィンチ・コード』の映画の主人公ロバート・ラングドンのように、日常の中に突然、しかしもっともらしく現れるミステリー・ナンバーに対して思い悩まされたりすることがありますよね。あまりにも頻繁に現れるので「視られている」とか「逃げられない」と感じることだってあります。「ピタゴラス・コード」とも呼ばれることがあるようです。

13

西洋において、12の後に続く「13」というただの数字に異様なほどにまで恐怖する人がいます。数字の13は「不吉な数字」として忌み嫌われており、不吉な黒猫の数字だとか、割れた鏡だとか、踏み入れてはいけない領域を示す番号だとか言われていますね。他にも、昇ってはいけない梯子とか、渡ってはいけない橋とか、渡ってはいけないお婆ちゃんの背中とか（？）。

そんな13という数字ですが、一体過去に何をしたらこんなに忌み嫌われるというのでしょうか。「13恐怖症」なんていうのもあるくらい、徹底的に嫌われているのです。それにとばっちりを受けているのが「金曜日」で、13日の金曜日を異常なほどにまで恐れる「13日の金曜日恐怖症（friggatriskaidekaphobia）」という恐怖症までありますす！

ホテルによっては「13階」がないところもあり、毎月13日には家から出ないと決めている人もいます。「何か良くないことが起きるかも」という不安が消えないのでしょう。ああ、コンチネンタル航空、ニュージーランド航空、アリタリア航空、メリディアナ航空などの旅客機には「座席番号13」がありませんから、恐怖症の方も乗るときには心配無用ですよ。

さて、なぜ13がここまで嫌われているのかというと、これにもまた諸説あります。１９２５年にチャールズ・A・プラットという建築家の「未知数」説によると、昔の人間は両手の指8本と親指2本とそれから2本の足を使って数を数えていたとして、その合計数が「12」であったので、それ以上の数である「13」は未知の数字であるとして本能的に恐れていたということです。これは正直いって「一年の間に13回満月があるから13は不吉な数だ」という説と同じくらい突飛なこじつけ説に聞こえますね。あと「割り切れないから不吉」とかも。イエス・キリストを裏切ったとされるユダが最後の晩餐で13番目の席に座ったから不吉だと言われているという説も支持者は多いです。

その一つ前の数字「12」はそれとは対照的に「完全数」とか「調和数」とか肯定的に呼ばれることが多いですね。キリストの12人の使徒とか黄道12宮（星座）とか1年が12か月あるなど。1と2を足すと3になり三位一体を表す数字であるとして多くの秘教や宗教でも使われてきたことも関係しているのでしょう。アーサー王と12人の円卓の騎士の伝説や、ユール[44]の12夜、キリストだけでなく仏陀やミトラの弟子の数も12だったと言われています。イスラム教の神アッラーには12人の子孫がおり、古代イスラエルの12部族や、フランク王国のシャルルマーニュ一世（カール大帝）に付き従った12勇士（パラディン）、聖霊の12の果実や、１フィートは12インチであることや、世界樹には12の果実がついているという伝承も、「12」の地位を高めることに繋がっていると言えるでしょう。

12が大活躍すぎて、これでは13が除け者にされて虐《しいた》げられてしまうのも無理はないのかも。

ノースカロライナ州アッシュビルにある「ストレス管理センター兼恐怖症研究所」の創設者であり民話伝承などを専門に研究している歴史家ジョン・ローチとドナルド・ドッシーは、ナショナルジオグラフィック誌に『13日金曜日恐怖症の歴史的背景』という題名の記事を書き、13日の金曜日への恐怖の真相について説明をしました。

もともと、「13」と「金曜日」への人々の恐怖心は別々の由来を持っていたものの、それが後に混合されさらなる恐怖の存在へと変貌したのだと言われています。ドッシー氏によると13への恐怖は北欧神話におけるヴァルハラでの12人の神々の夜宴で起きた出来事がきっかけになっているということです。その夜、12人の神々が宴を開いていたら厄介者のロキ神が招かれざる13番目の客として入ってきたのです。そこで盲目の

神ヘズをたぶらかし、兄弟で善神であるバルドルをヤドリギの矢で貫かせたのです。「光の神バルドルが死亡したことで、地球全体が暗闇に包まれました。世界中の人々がこの日に悲しみに暮れ、そして13が不吉な数字であると知られ始めたのです」

ちょっと話が難しいようでしたら、私たちも13の恐怖について簡単な説明を考えてみました。「人は13歳になると思春期に入り、中二病が発症し、暗黒のティーンエイジャー時代に突入する」なんて、軽い冗談です。

スウェーデン、ベルギー、ドイツなどでは「金曜日」が忌み嫌われているようです。ギリシャやスペインでは火曜日が嫌われているようですが。

ところで13には13だけの「正」の性質もたくさんあるのです。例えばユダヤ教では「神の13属性」といって、神は13の慈悲によって世界を統治するという教えがあります。アメリカがイギリスから独立したとき、「13植民地の合衆国」でした。パン屋さんでパンを「1ダース」買うと普通は13枚入ってます（ドーナツもそうですね）。13は素数であり、フィボナッチ数でもあります。つまりこの数字は受け取る側にとっては良い数にもなり、悪い数にもなるのです。

まあ、数字というのは本来そういうものですよね。解釈によるという。どの数字も見方によっては良いところも悪いところもあります。

カバラでは13という数字は「統一」を表す数字である「1（アハド）」を象徴しているとされています。

マイケル・バーグ師の著書『カバラ実践法（原題：The Way:Using Wisdom of Kabbalah for Spiritual Transformation and Fulfillment）』によると、13という数字はカバラ的にも重要な意味を持つ数字であり、ヘブライ語で「愛（アハヴァ）」、「世話（デアガ）」、「唯一（エハド）」というういずれの重要な単語にも13という数字が割り当てられているのです。（12＋1＝13）で示されるように、13には黄道12星座を上回る力があります。つまり、宇宙の力に抗うことができる力が13にはあるのだといいます。

これも少しややこしい話ですね。もう少し現実的な言い方をしてみましょう。13にまつわるお金の話なんかいかがでしょう。ちょっとアメリカの1ドル札の裏面を見てくだ

さい。

●13段ピラミッド
●ピラミッドの上には、13文字の文言「annuit coeptis」
●ワシのくちばしのリボンにはこれまた13文字の「E pluribus unum」
●ワシの頭上には13個の星
●盾には13本の縞模様
●ワシが握っている矢の数は13本
●ワシが握っているオリーブの枝には13枚の葉

あ、13恐怖症の方には酷な話をしてしまいました。よろしければぜひお手元にある1ドル札を私たちの事務所に送りつけてくださいませ！

『アメリカ合衆シンボル（原題：United Symbolism of America:Deciphering Hidden Meanings in America'3 Most Familiar Art, Architecture, and Logos)』の中で、著者のロバート・ヒエロニムス博士とローラ・コートナー氏の二人は、誤解されがちな数字の13を大いに擁護しています。

まず、このような誤解は最近起きた現象であり、「暗黒時代の迷信がなぜか現代にも残ってしまった稀有な例」としています。本では、13への誤解は中世の時代にカトリック教会が女性たちや異教徒に対する迫害を始めたときに始まったと説明されています。

「当時、13という数が女性にとっての月経周期（平均年13回）に関連付けて、異教徒である女神信仰者をマークすることに使われていたのです」

ここから「13という数字は悪である」という言葉が広まっていき、異教徒のヒーラーの女性たちも、魔女として火あぶりの刑に処されたというのです。

この本の著者たちも指摘していますが、不思議なのは迫害している聖職者のほうが、自分たちの聖書で「13」が重要な数字として扱われているということを全く認識していなかったということです。13という数字は「創世記」にさえ出てきます。この本の著者によると数字の13は「変容」、「更新」、「再生」、「復活」を象徴する神聖な数字であるのだそうです。キッチリと整然とした綺麗な数字である「12」に続く数字であることも、13に神性を与えているのかもしれません。アメリカ建国の父たちが何度もこの数字を使っていたことについても本の中で触れられています。きっと建国の父たちはこの数字の神秘性を理解していたのでしょう。

7

特定の数字を悪く見せている主な要因として「迷信」があります。もっとも、「7」などの特定の数字が良い数字だと思われていることにも迷信が果たしてきた役割が大いにあります。

聖書には7という数字が繰り返し何十回も出てきます。大洪水の7日前、ノアには神から警告が出されました。怪力サムソンの髪の毛7ふさのエピソードもあり、出エジプト記には7人の娘がいるジェスロという族長が登場し、ヨシュア記第6章4節には7日目に七つのラッパを持った7人の聖者について語られ、マグダラのマリアに憑りついたという7人の悪魔のことや、使徒言行録第19章14節にはスケヴァ大司祭の7人の息子が登場するなど、「7」という数字が何度も目に入ってきます。

ヨハネの黙示録にも7の数字が繰り返し出てきます。七つの教会、七つの精霊、七つの金色の燭台、七つの星、天使、ランプ、封印、角笛、目、ラッパ、雷、王冠、疫病、怒り、山、王など。このように、ユダヤ・キリスト教では7は特別な数字とされていることがわかります。もちろん他の数字も出てはきますが、7に比類するほど繰り返し出てくるものはありません。秘教学においても「7」という数字は非常に神聖な数字と考えられており「すべて」を表す霊的な数とも言われています。

ユダヤ教徒にとっても7は重要な役割を果たす数字として見られています。ユダヤ教徒のための情報を提供しているウェブサイトにヤーコフ・ソロモン師が次のような言葉を寄せています[45]。

「トーラは7つの単語と28字（7で割り切れる）で構成された句から始まります。これは特筆に価することです。ただ、ユダヤ教徒で7という数が圧倒的なほど頻繁に現れるということに気づいた者にとっては、これは決して偶然ではありません。カバラでは7が〝全体性〟や〝完成〟を表す数字であると教えられています。世界は7日で完成しました。この世界には北、南、東、西、上、下の六つの方向がありますね。それにあなたがいる場所を加えてみてください。今、あなたは合計七つの位置情報を持っています」

ユダヤ教における「7」の例をいくつか挙げましょう。

●週の7日目は安息日

●「仮庵の祭り」は第7の月から催され、他にも「7週の祭り」がある

●死者を弔うために7日間喪に服すことをシヴァという

●モーゼの誕生日と命日は同じアダルの月の7日目

●メノーラー（燭台）は7枝ある

●ユダヤ暦には七つの祝祭日、ロシュ・ハシャナ（新年日）、ヨム・キプル（贖罪日）、スコット（仮庵の祭）、ハヌカ（光の祭）、プーリーム（エステル記の祭）、ペサハ（過越祭）、シャブオット（7週の祭）がある

●ユダヤ人の結婚式では必ず7回の祝詞《のりと》が唱えられる（シェバ・ブラチョット）

●モーセはアブラハムの7代目にあたる

●エジプトではペストが7日間続いた

●神は七つの天国を創った（これがセブンスヘブン［最高天］という表現の基になった）

●ユダヤ暦では19年に7回の頻度で「うるう月」が挿入される

●タルムードにはサラ、ミリアム、デボラ、ハンナ、アビゲイル、カルダ、エスターという7人の女性預言者が登場する

ピタゴラス教団は7を「完全数」、それを構成する3（三角）と4（四角）を「完璧体」と呼びました。キリストと同時代を生きたアレクサンドリアのフィロンは、音楽には七つの音階があることや、北斗七星や人間の一生には七つの段階があることを見て、「自然は7を好む」と述べました。人間の頭部には二つの目、二つの鼻孔、一つの口、二つの耳という合計七つの出入り口があります。7は英語でセブンといい1音節以上の単語ですが、同じ1音節以上の数字の中では最小の正の整数です。1787年にフィラデルフィアで起草された合衆国憲法は七つの条項から構成されていました。米国は1776年の第7の月に独立を宣言しました。

古代世界には「世界七不思議」があったとされていますが、その中で今なお残っているのはエジプトの大ピラミッドだけです。7が付く伝統はたくさんあります。七つの海、七つのチャクラ、七つの武士道の心得、七芒星（悪を退けるシンボルとされています）など。ラスベガスに来たらラッキー7を見ないと悲しい帰路につくことになります。ガーデニングをしていると見かけるテントウムシは幸運の虫とされていますが、背中には七つの星があります。

ところで、フリーメイソンも「7」を信仰しています。スコティッシュ・メイソンが身に着けるエプロンの両側には、七つの房が付いています。ソロモン王は神殿の建設に7年を要しましたが、その後第7の月に7日間続いたお祭りで、完成した神殿を神の栄光へと捧げました。自由7科[46]も、元々はフリーメイソンの概念でした。メイソンリーは皆、ロッジを完璧なものにするために、それぞれが7人の兄弟を必要とし、曲がりくねった7段の階段を昇っていかなければならないと言われています。アルバート・G・マッキーというフリーメイソンリーだったアメリカ人医師は『フリーメイソン百科（原題：Encyclopedia of Freemasonry）』という

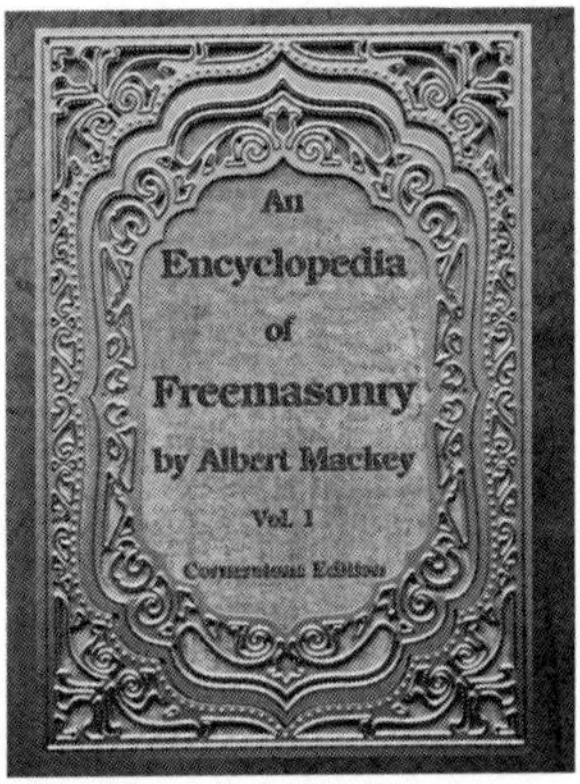

著書の中で、「7」の項目になんと2ページを割いて説明をしています。

コラム 「宗教や神話における7の重要性」

キリスト教

●キリスト教の七つの秘跡（ローマカトリックは洗礼、堅信、聖餐、告解、塗油、叙階、

結婚の七つ）

●ヨハネの黙示録に出てくる「アジアの七つの教会」

●七つの喜びの聖母（1．受胎。2．エリザベトに御子と聖母を讃えられる。3．イエス誕生。4．三賢者より礼拝と捧げものを受け取る。5．少年イエスが神殿で見出される。6．イエスの死後、聖母を慰めに来る。7．イエスとともに昇天）

●七つの悲しみの聖母（1．老シメオンの預言で我が子の受難を告知される。2．ヘロデ王の幼児皆殺し令から夫ヨセフとともにエジプトへ逃避。3．12歳のイエスが三日間行方不明になる。4．十字架を背負ったイエスがゴルゴダの丘へ連行されている途中で出会う。5．十字架にかけられたイエスの足元に佇む。6．イエスの亡骸を抱く。7．イエスの埋葬）

●七つの慈悲の行い（1．飢えた者に食べ物を与える。2．渇く者に飲み物を与える。3．旅人をもてなす。4．着るものを与える。5．病人を見舞う。6．囚人を訪問する。7．身寄りのない死者を埋葬する）

●十字架のイエスの最後の七つの言葉（「父よ、彼らを赦してください。彼らは何をしているのか解らないのです」「（十字架にかけられた他の罪人二人に対して）アーメン、あなた方は今日、私と共に楽園にあります」「（母マリアと弟子ヨハネに対し）女よ、そこにあなたの子がいます。そこに、あなたの母がいます」「神よ、なぜ私を見捨てられたのですか」「私は渇いている」「終わった」「父よ、私の霊をあなたに委ねます」）

●七元徳（知恵、勇気、節制、正義、信仰、希望、愛）

●七つの大罪（傲慢、強欲、嫉妬、憤怒、色欲、暴食、怠惰）

●煉獄山の七つの圏（七つの大罪の浄化）

●ルカ福音書の系譜図によると、イエスは直系77番目の子孫

●ヨハネの黙示録に出てくる獣の頭の数は七つあり、封印の数も七つある

●マタイの福音書第18章21節で、イエスはペトロに70回の謝罪を7回行いなさいと諭す

●聖書の中で自殺をした者の人数は7人

イスラム教

●コーランの最初のスーラ（章）は全7アーヤ（節）で構成される

●七つの天国

●七つの大地（地層）

●カアバ神殿の周りを反時計回りに7周する儀式「タワーフ」

●サファーとマルワというメッカにある二つの丘の間を7往復する儀式

●地獄の七つの業火
●七つの天国への扉と、七つの地獄への扉

ヒンドゥー教

●よく使われるサンスクリット語「サプタ」は、数字の「7」を指す
●インド音楽では独自の7音階「サプタ・スワラ」がある（ドレミファソラシではなくサリガマパダニ）
●7聖仙「サプタ・リシ」は七つの天の星を統べる存在
●インドの結婚式では七つの誓いをたて、火の周りを7回まわる儀式などがあり、7回の輪廻転生を信じている

●ヒンドゥー神話では宇宙には七つの界があり、世界には七つの海があると記されている

世界各地の神話

●インドのカシ族に伝わる神話によると、太古の昔に7人の神女が地球に残されて、のちの人類の祖先となった

●シュメール神話「イナンナの冥界下り」で、天界の女神イナンナは七つの門を通過する

●西暦250年頃にエフェソス郊外の洞窟内に隠れ、約300年後に姿を現したというキリスト教の伝承「7人の眠り聖人」

●シュメール神話で大洪水より前に賢神エアより遣わされた古の7賢聖「アプカルル」

●ヒンドゥー神話で大洪水を生き延びた7人の賢者、そして7人の女神「七母天」

●アトランティスには七つの島があったとされている

●アメリカ先住民のグアラニー族の神話には、7匹の怪物が登場する

●日本の「七福神」

その他7にまつわる伝説

●道教のシンボル「太極図」において、7は「陽」の部分を表す数字

●古代エジプトで使われた長さの単位「ロイヤル・キュービット」は7パーム分（手の指4本の幅）

●ミトラ教の秘儀は七つの位階を昇っていく

●アメリカ先住民チェロキー族の宇宙論では、7が重要な数字とされている

●仏教の伝承によると、仏陀は生まれてすぐに7歩歩いたとされている
●アイルランド神話の英雄クー・フーリン（キュクレイン）は両手足に7本の指があり、両目に七つの瞳孔があり、7歳でクランの猛犬を倒したとされる。息子のコンラがクー・フーリンの槍ゲイ・ボルグの一撃で死亡したとき、わずか7歳だったという
●イングランド・スコットランド国境発祥の民話「タム・リン」によると、妖精の女王は7年ごとに捕らえた人間を地獄に十分の一税として差し出しているという
●妖精の女王に見込まれた正直者トマスは、妖精の国で7年間女王と暮らしてから、予言の力を与えられて人間界に帰ってきたとされる

ここまで見てきましたが、なぜ「7」という数字がここまで人々を惹きつけるのでしょうか？

恐らく、「七つの惑星」という古代人たちの概念に関係しているものと思われます。天体は古代人にとって「神」であると考えられており、天体からは地上の人間の生活に大きな力と影響が及ぼされるものだと信じられていたのです。その後、さらに遠方の惑星が発見されてもなお、ほとんどの文化に「7」という数字が宗教、神話、儀式、祝典など生活のあらゆる面に深くまで埋め込まれていたのでした。先ほど言及した『アメリカ合衆シンボル』の本の中でも7がここまでいい評判を手に入れた理由と幾何学的な特徴について言及されています。曰く、「四角の周りを三角で囲めば天地を表すシンボルとなる。三角を四角で囲めば精神を内に秘めた物質、すなわち人間を表すシンボルとなる」ということです。他にも、「7は一つの周期を表す。1週間は7日間ある等」とも説明しています。

23

他にも人生を変えるほどの影響力を持っていたり、何度も何度も目にして悩ませてくるような数字があります。その一つが謎のナンバー「23」です。ジム・キャリー主演の映画『ナンバー23』の題材にもなりました。

「23エニグマ」とも呼ばれるこの思想は、この世のすべての出来事は23の数字を中心に展開し

ており、この番号が何らかの形ですべての人の人生のあらゆる出来事に関与しているという考えのことです。どうやらこの23の謎の根源は、ロバート・アントン・ウィルソンの『イルミナティ』三部作と著名なSF作家のウィリアム・S・バロウズに遡ることができるようです。バロウズは23年間事故を起こしたことがないというクラーク機長と知り合ったが、その直後クラーク機長の飛行機は墜落事故を起こすことになり、その救助活動に派遣された飛行機の番号は「23」で、パイロットが別人物で同名のクラークさんだったということがあり、以後23の謎について信じるようになったといいます。この世界のすべては不条理な混沌であるとする「不和主義者」たちにとっては、23は重要な数字であるといえます。彼らにとって、すべての出来事は観測者の「創意工夫」によってなんでも「23」の数字に帰結できるのだと主張しています。つまり、頭がいい人であればなんでも23のせいにできるのだということです。

コラム 「24も特別な数字?」

●1日は24時間

●人体には24本の肋骨がある

●八つの因数(1、2、3、4、6、8、12)を持つ数字としては最小の数字

●ギリシャ語アルファベットの文字数はα(アルファ)からω(オメガ)まで全部で24ある

●自分自身を除く正の約数の和に等しくなる自然数「完全数」(例えば6は1、2、または3で割り切れ、1+2+3=6となる完全数)は全部で24ある。ちなみに既知の完全数で最大の数字は12003桁の数字である

- ●自身の平方根より小さいすべての数で割り切れる中では、最大の数
- ●中国には1年を24で割る「二十四節気」がある
- ●ヘブライ語聖書「タナハ」は全24巻
- ●西洋音楽で使われる調（キー）は異名同音を除いて全部で24ある
- ●24をバイナリ表現（二進法）で表すと11000になる
- ●二つの素数11と13の和は24
- ●地球は24時間で2万4000マイル移動する

666

この数字は最も謎に包まれた数字の一つであると言えるでしょう。したがって我々が666の調査・説明をすることも義務であると言えます。この3桁の数字なのですが、非常に長い間プロの宗教学者たちや陰謀論者たちの間でも大きな論争の的となってきました。最もよく引き合いに出されるのが聖書の「ヨハネの黙示録」における次のような記述です。

「また、小さな者にも大きな者にも、富める者にも貧しい者にも、自由な身分の者にも奴隷にも、すべての者にその右手か額に刻印を押させた。そこで、この刻印のある者でなければ、物を買うことも、売ることもできないようになった。この刻印とはあの獣の名、あるいはその名の数字である。ここに知恵が必要である。賢い人は、獣の数字にどのような意味があるかを考えるがよい。数字は人間を指している。そして、数字は六百六十六である」

そして最もよくされる解釈が「これはイエスご自身が地上へ帰ってきて、裁きの日が来るまでの、反キリスト教の悪魔が社会を混乱させるときの数字だ」というものです。

でもなぜ6が3つ並ぶのか？　仮に「7」という数字がピタゴラス教団にとっての「完璧さ」を表す数だとすると、6という数はその完璧さを欠いた数ということでしょうか。666と聞くと人は堕天使ルシファーを思い出します。それだけ虚栄心と不完全性のために没落したルシファーの物語と「666」という数字が深く意識下で結び付けられているということでしょう。

コラム

「666は獣（ビースト）のナンバー？」

●666は過剰数、つまりその約数の総和が元の数の2倍より大きい自然数である。1から36までの自然数の総和でもある（1＋2＋3……＋34＋35＋36＝666）。このことから666は三角数であることもわかる。36は正方形の数字でありながら、三角形の数字でもあるということ。36は6番目の平方数62であり、また8番目の三角数8（8＋1）／2でもあるので、平方三角数である

●666は最初の七つの素数の2乗の和である。666の10進数の調和平均は整数で表す

と３／（１／６＋１／６＋１／６）＝６となる。この場合、６６６は54番目の数字ということになる。６６６は回文数であり、ゾロ目であり、スミス数（その素因数の各位の数字の和の合計がもとの数の各位の数字の和に等しい合成数）である

●東方正教会では６６６が象徴的な数字とされている。なぜならギリシア数字の６６６は「人間にとってのキリスト」を意味するから。人間は創世記の６日目に創造されたことになっているからである。蛇などは他の日に創られた

●ほとんどの市販製品で使用されているＵＰＣバーコードには最初のバーと中央、そして最後のものが２本の細い線になっている。ということは機械から見ると６６６を読んでいるということになり、これを黙示録の予言「６６６の刻印がなければ、人は売買することもできない」が成就した形だと解釈する者もいる

●ホラー映画『オーメン』の２００６年版リメイクは２００６年６月６日（06／06／06）の午前06：06：06に公開された

●ロナルド・ウィルソン・レーガン元アメリカ大統領のフルネームには三つの名前それぞれが6文字ずつある。数学者ゲイリー・D・ブレヴィンスなどはこれを見て「レーガンは反キリスト（悪魔信者）だ」と言っていた。大統領任期終了後にカリフォルニアに移った際には自宅の番地を「666から668に変更してほしい」と願い出ていたこともあった

●中国ではネットスラングで「666」が褒め言葉として使われている。それと関係があるのか中国文化では最高に縁起がいい数字の一つと考えられている。実際、中国の街中には666の数字が溢れているし、666を含む携帯電話番号を手に入れるために追加料金を支払う人だってたくさんいるのだとか

他にも次のような666にまつわる話もあります。

●バビロニアからエルサレムとユダに戻ったアドニカムの一族の人数は666人とされている

●ソロモン王の歳入は金666カル

●アーリアン・ブラザーフッドというギャングが入れているタトゥーによく666が使われている

●ルーレットの数字を合計すると666になる

そういえば人体も2本の腕、2本の脚、胴、そして頭で合計6とも言えますね。三位一体の「3」を2倍にした数字ですし、絶対に特別な意味を持つ数字のはずです。

コラム

「ゾロ目を出すなら37」をかけよう

ところで「37」を「3」の倍数にかけると、111から999までのゾロ目になるってご存知でしたか？　666もありますよ。

3×37＝111

$6 \times 37 = 222$

$9 \times 37 = 333$

$12 \times 37 = 444$

$15 \times 37 = 555$

$18 \times 37 = 666$

$21 \times 37 = 777$

$24 \times 37 = 888$

$27 \times 37 = 999$

さて、一体「666」のどこが「悪」なのでしょうか。「666」という3桁自体そのものが重要なのか、それとも計算過程に謎が隠されているのか。6+6+6=18で、数字18に大事な意味があるのか。数秘術的にいえば、1+8で「9」に意味があるのかも？

数学の達人じゃないと導き出せないような答えなのかもしれませんし、それだったら私たちのような凡人には一生わからないのかもしれません。私たちはそういった数字の謎に囲まれていても、それにほとんど気づかずに生活しています。

ですが少なくとも、生活のすべては本質的に数と結び付いていると言っても過言ではないでしょう。つまり、私たちはどうあがいても数字からは逃げられないのです。しかも、数字に意味を見出そうとするのは人間の本能でもあるのですから。

次の章では数字を使った未来予想の科学、いえ、「芸術」というべきでしょうか。それを紹介してまいります。

本当に「偶然」は存在しているのでしょうか？　さあ、一緒に考えてみましょう。

［注釈］

41　Enûma Eliš。マルドゥク神を中心とする神々に奉仕するため人間は存在するという、バビロニア神話

42　天国と地獄の間に位置し、生前の罪を償うための中間的な世界のことで、罪を浄化する炎に一時的に焼かれ苦しむところのこと

43　http://www.universalkabbalah.net/

44　古代ヨーロッパのゲルマン民族、ヴァイキングの間で、冬至の頃に行われた祭りのこと

45　Aish.com

46　リベラルアーツといい、人が持つ必要がある技芸の基本とされる7科である文法法、修辞学、論理学、算術、幾何学、天文学、音楽のこと

第6:6章

名前、階数、
シリアル番号

「数字マスターは数字をそのままでは読まなくなる。本を読むように、数字の真意から物語を読み取れるようになるのだ」

——W・E・B・デュボイス

「神ははじめから幾何学者である」

——古代ギリシャ　ピタゴラス教団の信条

数秘術の起源はピタゴラス

私生活や人間関係などもすべては「数字」に支配されているという考えは昔から根強くあります。こうした数字信仰がすでに土台として民間に広まっていたので、やがて自然発生的に数学の研究が確立されることになったのです。数学という学問は、数字と物質との間の神秘的または難解な関係を理論的に仮定するためのシステム、伝統、または信念体系によって構成されています。数占いはピタゴラスのように大昔の数学者たちの間でも人気がありましたが、現代においてはただの擬似数学と見なされることが多いです。

確かに現在主流となっている科学的教義で考えると数秘術は科学とは言えないかもしれません。数秘術は数占いというよりは「名前の字に対応する数字」がその人の運命を左右しているという「信念体系」であると言えます。占星術もそうですが、私たちが親からいただいた名前にちゃんと意味があるという考えはどの時代、どの場所においても根強いものです。占星術や数秘術には何世紀にもわたる歴史があります。人は仕事も住む場所も大切な仲間も自分の占星術チャートや星座の結果であり、それらを研究することで未来の情報を知り、多くの人生の選択肢を持つことができるように努力を続けています。

数秘術の起源はピタゴラスの算術であると言われています。繰り返しになりますがピタゴラスは数字と字を融合させて、人格や人生の目的などを知る手段を開発しました。ですが実際のルーツはもっと古いという説もあります。ピタゴラス以前には、例えば古代ヘブライ語で書かれた「カバラ数秘術」というものも存在していました。それを「芸術」と呼べるレベルにまで昇華させたのがピタゴラス教団ということです。その苗が現代まで生き残り、今ではここまで人々の間に「数字占い」として広く受け入れられるまでになりました。

数秘術の進化には他にも初期キリスト教の神秘主義、グノーシス主義、ヴェーダによっても促され、古代中国や古代エジプトの秘教学でも研究の対象となっていました。ローマ帝国時代のキリスト教の神学者、哲学者である聖アウグスティヌスは「神は真実を確認させる手段として、神の言語として、人間に数学を授けた」と言っていました。これはピタゴラスと同じように、すべては数字で成り立っているという考えに近い考えです。それが西暦325年のニカイア公会議の結果、当時のキリスト教の権威者は占星術などの異教の信仰や伝統と共に、この数字信仰を「魔術」の一種としてすべて禁止としたのです。

暗黒時代、教会の力が最高潮に達していた頃、無数の民間人が数字信仰を隠れて行っていました。それと同時に、怪しげなオカルト伝統も密かに広まっていったとされています。数学の研究も非常に制限されていましたが、中国などの外国文化では数学を「科学」としてさらに発展させてゆく結果となりました。中世の人々が慣れ親しんだタロットカードも数秘術と深く関連していることも知られています。22の大アルカナ・カードを出生時の名前の文字と生年月日に対応させるなど、数秘術とタロット占いには密接な関係があると言われています。

1920年代に入って最も注目されたのは、占い師ルイス・ハモン伯爵（ウィリアム・ジョン・ワーナー）は「チェイロ」としても知られる数字に関するスペシャリストで、この芸術を人々に普及させるに大きな役割を果たしました。

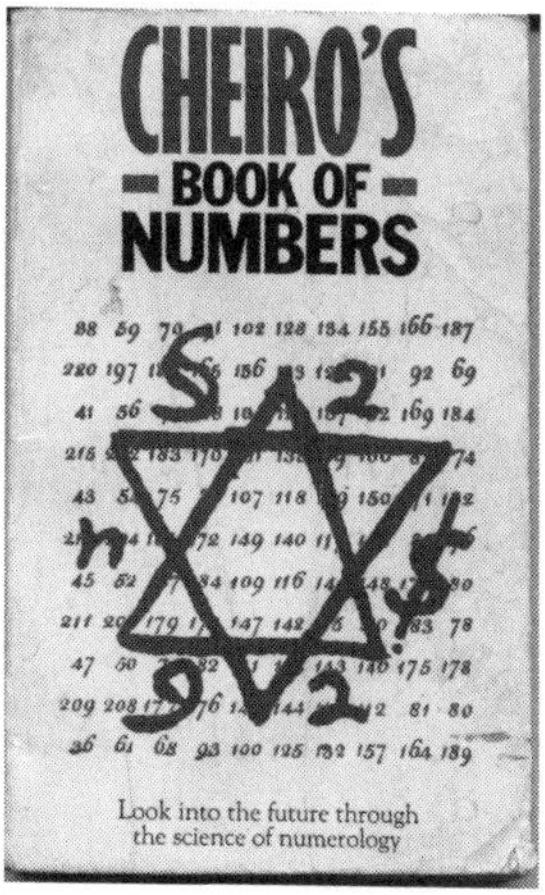

チェイロの著書『数の書（原題：The Book of Numbers）』で紹介された「ファディック数字」は有名になりました。生年月日の数字をすべて足し合わせていくと、その人の「運命数」を知ることができるというものです。[47] L・ダウ・バリエット夫人の1900年代出版の本や、フローレンス・キャンベルの1930年代の著作も、かつて「異端の教え」と蔑まれ続け

た疑似科学を復活させる大きな役割を果たすことになりました。

1960～1970年代は啓蒙と霊的教えの再発見の時代として、ニューエイジ運動で数秘術が大注目を浴びることになりました。2000年問題（Y2K）や2012年の謎、そして聖書に隠された暗号、キリスト教以外の宗教にも様々な数字にまつわる神秘思想や怪談が人々の好奇心を集めることとなりました。それまでは変わり者だけが騒いでいた限定的ブームでしたが、やがて関心がなかった層にも広まっていきました。今では結構な数の人が、自分の「運命数」くらいは知っていたりします。

今の数秘術は名前の運勢だけでなく、その人の「魂の使命」や恋人との相性など、さらに多くのことをリーディングできるようになりました。運命数などは簡単に知ることができますので、もし試したことがない方はぜひともお試しください。

例えばこんなシンプルなやり方もあります。マリー（Marie）さんとラリー（Laurence）さんを例にしてみましょう。あ、これは何を隠そう私たちの名前です。

● Marie Dauphine Savino は文字数ですと19となり、1＋9＝10、さらに1＋0＝1となるの

で、マリーの運命数は1です。

● Laurence William Flaxman は文字数が22なので、2＋2＝4となり、ラリーの運命数は4となります。

他にも、名前をアルファベットにして、それぞれに対応する数を当てはめ、それを合計して導き出すというやり方の運命数もあります。こちらも簡単なのでやってみましょう。

ご自身のフルネームの文字と一致する数字を次の一覧表を参考にしながら足し合わせることで、ご自身の運命数を知ることができます。ぜひお試しください。

こちらの場合、マリーの運命数がその前に出した運命数と違っていることがわかります。これはどちらかが計算を間違ったというわけではなくて、「占い方によって異なる合計数が導き出される」ということです。だから占い師によっては異なる人生の道筋、目的、運命になるという意味ですね。ラリーはどちらでも同じ運命数という結果になり、つまり私よりも統合された人格を持っているという意味なのかと早計しそうになりますが、そこはそう単純には言えないみたいです。

Marie Dauphine Savino	Laurence William Flaxman
M = 13	L = 12
A = 1	A = 1
R = 18	U = 21
I = 9	R = 18
E = 5	E = 5
D = 4	N = 14
A = 1	C = 3
U = 21	E = 5
P = 16	W = 23
H = 8	I = 9
I = 9	L = 12
N = 14	L = 12
E = 5	I = 9
S = 19	A = 1
A = 1	M = 13
V = 22	F = 6
I = 9	L = 12
N = 14	A = 1
O = 15	X = 24
	M = 13
	A = 1
	N = 14
Total: 204 = 2 + 4 = 6	Total: 229 = 2 + 2 + 9 = 13 = 1 + 3 = 4

A	*1*	*H*	*8*	*O*	*15*	*V*	*22*
B	*2*	*I*	*9*	*P*	*16*	*W*	*23*
C	*3*	*J*	*10*	*Q*	*17*	*X*	*24*
D	*4*	*K*	*11*	*R*	*18*	*Y*	*25*
E	*5*	*L*	*12*	*S*	*19*	*Z*	*26*
F	*6*	*M*	*13*	*T*	*20*		
G	*7*	*N*	*14*	*U*	*21*		

他にも、マリー・「D」・ジョーンズというふうにミドルネームを一文字にしたり、ニックネームを利用するといった方法もあります。現代の数秘術では名前だけでなく誕生日や日付も取り入れることが多いみたいで、なかなかフレキシブルな対応ができます。

半面、このようにバラエティに富んだ解釈法は科学者たちにとっては信憑性を欠くと考える要因にもなってしまっています。確かに、名前なのか日付なのか、それか何でもありなのだとしたら、それが運命であると断言する証拠にはならないでしょうということですね。ここまで見てきて、人は数秘術のことを疑似科学、よくて芸術的だとは考えているものの、科学として全面的な信頼を置いているわけではなさそうです。にもかかわらず、今日まで数秘術を使ってでも自分の運命を知りたいと思う人はこれほどまでに多いということですね。

出生名

出生時につけてもらった名前というのは、一生付き合っていくことになる大事な要素でもあることから、その人を表す記号としては最も研究されることの多い個人記号であり、数秘術的にも欠かせない要素であると見なされています。なにしろ、自分という肉体を表している言葉です。惑星などの天体の位置が自分たちの運命に影響を与えていると信じている占星術師と同様、数秘術師たちも名前をもとに導き出される数字には、その人の一生に関わるほど大事なことが書かれているというのが一般的認識なのです。彼らから言わせれば、名付け親は無意識のうちに子供に運命的な数字を、命名するという行為を通して与えているのだそうです。ジェーン、エリザベス、マイケル、ガートルード、そうした名前は自分の頭を捻《ひね》って考え出したと思っていたら、実はそうした裏事情があったという考え方ですね。「流行りの名前」などは年々変わっていくものですが、なぜその名前が流行っているのか？　それにも実は明確な理由があるかもしれません。流行っている名前をいくつか選び、当該者の職業や恋愛模様や性格などを研究していけば、もしかしたら共通するパターンが浮かび上がってくるかもしれません。どなたかお試しいただいてはいかがでしょう。

「マスター・ナンバー」とも呼ばれる運命数。それによって付与される性格には、良いものも悪いものも両方あると言われています。

しかし、結局というか読み手がどういう解釈をするかによって数字による姓名判断の結果も違ってきます。つまり、「この数字は大胆不敵だが他人への迷惑を省みない性格である」と告げられた人が「じゃあ自分はリーダーの素質があるのだ」と解釈してもいいことになるわけです。よくよく考えてみると、どの番号であっても同じような長所と短所が挙げられるのには、そうした理由があるのかもしれません。試しに近くの人に尋ねてみてください。その人の運命数が1や4で、その長所と短所を訊いてみたら、運命数3、5、8の人たちの言う長所短所と同じだったりしませんか。

結論としては、手軽にできる数秘術アプリや地元の書店のニューエイジコーナーに置いてある入門書などでは、真の数秘術に触れることはかなわないと思われます。本物の数秘術はもっともっと奥深いはずですから。

運勢や性格占い

占星術でもそうですが、占い師によっては性格や過去、現在、未来の運勢の記述に100ページ以上使う人もいます。これが実際の解釈なのかどうか、最終的な判断は自分の手に委ねられます。もしかしたらそれは自分についてではなく、占い師自身の運勢が書かれているのかもしれませんよ。

星座占いもそうです。人は生まれたときにどの星座や干支になるのかで自分の運命を知ろうとします。天秤座生まれと山羊座生まれ（干支では丑年と戌年）の人は、次に挙げるような特徴を生まれつき持っていると考えられています。

●天秤座は優柔不断だが、山羊座は判断が速く的確。
●天秤座は理想主義者で山羊座は現実主義者。
●天秤座は社交的で外に出かけるのが好きで、山羊座は同じ所に留まっているのが好き。
●牛は大胆で犬は意志が固い。
●牛は頑固で犬は忠誠心がある。
●牛は考えるよりも身体が先に動く、犬はその逆。
●犬も歩けば棒に当たる

……すみません、途中から冗談になってます。まだちゃんと読んでくれているかな～と思って。

というわけで、生まれたときの星座などにはこれだけ多くの特性が付与されているわけです。

そして、自分のサインと相性が良い数字やシンボルなどを持った他人とも仲良くなれると言われています。丑年と戌年生まれは両方とも負けず嫌いですが、タッグを組めば向かうところ敵なしになれるでしょう。そしてなにより、「自分が本当は何者なのか」という一番大事な問いに対するヒントを提供してくれます。まあ、それは宇宙自然を理解することと、文化を究めることの両方によって手に入れられる真実なのかもしれません。

嘘かまことか

そんな占いで言い伝えられた「相性」などもろともせず、お互いを愛し合いながら生きる人ならごまんといます。占いというのは本来、道に迷ってしまった人が最後の頼りにするべきものであり、占いにだけ従って生きるなどというのは愚行であると言えるでしょう。

Skepdic.com のウェブサイトには次のようなことが書かれており、ちょっと考えさせられます。

「読書をしているとき、自分に合わないと思った部分を飛ばし読みしていないだろうか。そして自分に合っていると思った部分にだけ集中する。それは自分に合うというより、自分がなりたい理想像なのかもしれない」

実はこれ、占い師たちが大事にしている信念でもあります。人は占いで本当のことを正直に伝えられるよりも、「自分が知りたいと思うことだけを知りたがる」のです。占い師は己の使命を全うするというより、クライアントが希望することを伝えないといけないという義務を負います。歴代の予言者、霊能者、千里眼を持つ人たちでさえ、人のこの心理的特性に訴えかけてきたのです。すなわち、「聞く準備ができている者にだけ伝えよ」ということですね。

では数秘術もその例に漏れず、気軽にやって信じたいことだけ信じていればそれでいいのでしょうか。単なる娯楽、気晴らしであると。Skepdic.com の管理人ロバート・トッド・キャロルでさえ次のように述べています。「もちろん数秘術は軽視されるべきではない。大事なのは、その基礎理論を徹底的に検証することだ」信じられないという人は初めから疑ってかかるものですが、数字には真の魔法があると知っている我々はもっと深く調べてほしいと願うばかりです。

科学者にとって数秘術を含む占い全般には重大な欠陥があります。第一に、整合性が全く取れていないという点です。さらには再現性も経験論的な証拠もなく、しかも精度そのものについても懸念があります。例えば使われる言語が一定ではない。英語、ヘブライ語、カルデア語、フォネティック語、中国語、インド語、ピタゴラス語など、文字に対応した数字を割り出す際に使われる言語はたくさんあります。カルデア語だと「W」という文字が「6」に対応します。英語のWは23番目のアルファベットであることから、2＋3で「5」です。言語だけ例にとっても、方法によってこれだけ結果が大きく左右されてしまうということが理解できますね。「あなたは将来、芸能界入りする」と言われてウキウキして、気がつけば葬儀屋さんになっていたくらいの落差です。まあ、その二つに大差ないという人もおられるかもしれませんが……。

ゲマトリア

冗談はさておき、数秘術には秘教学的な知識が元になった秘伝が組み込まれているとも考えられています。今からずっとずっと昔の話です。

その起源の一つに、ヘブライ語のカバラがあります。「ゲマトリア」として知られるユダヤ神秘思想は、数字をヘブライ語アルファベットの文字と関連付け、これらの文字・数字を組み合わせた単語に隠された意味を引き出そうとする試みなのです。ゲマトリアを使えばすべての単語は意味のある数字に変換されます。ここまでは数秘術でも同じですね。自分の名前を運命数に変換するという点です。

しかしゲマトリアではそれに加え、近似値や同音異義なども駆使して謎解きを試みることから、大変奥深いものになっています。古代ギリシャ人も夢解釈にゲマトリアを利用していたとされています。ギリシャ語アルファベットの文字に数値があてがわれるようになったのは、これがきっかけだったとも言われています。グノーシス主義者たちも、ミトラ神などの神名の裏に隠された意味を発見するためにゲマトリアを使用していました。初期キリスト教徒も恐らくヘブライ語聖書の影響を受けていたのでしょう「始まりと終わり」という意味で「Α（アルファ）でありΩ（オメガ）である」というギリシャ数字を用いた表現をしていました。さらに、キリストを示す象徴として「peristera」というギリシア語の単語を使用してもいました。これは「白ハト」という意味の単語で、「８０１」の数字で表されるそうです。

実際にゲマトリアを神秘思想や伝統、そして占い法として発展させていったのは一般市民ではなく、カバラ主義者の専門家たちでした。その本当の目的は、「神の本当の名前」を探し出すことでした。そうすれば神のすべてを理解でき、この世の理がすべてわかると信じていたのです。それができる方法として、聖書に書かれた言葉の裏にある数字の謎を解き明かすという方法を採用したわけです。

「gematria」という言葉はヘブライ語とギリシャ語の両方に由来しています。ギリシャ語ですと、幾何学を意味する単語に由来します。ゲマトリアはさらに二つの教理に分けられます。一つは「一般ゲマトリア」。こちらはユダヤ教のラビたちに多種多様に使用されています。もう一つが「神秘ゲマトリア」であり、こちらはカバラ主義者に教え伝えられています。ギリシャ語やラテン語、アラブ語にもゲマトリアの伝統が根付いています。ゲマトリアを最初に公的に使用したのはバビロニア王サルゴン二世だと主張する専門家もいます。時は紀元前8世紀、サルゴン二世は占いを頼りにホルサバードの壁を建てたというのが歴史的事実なのかもしれません。壁の全長は1万6283キュービット。これはサルゴン二世の名前をゲマトリアで割り出したときの数字と同じです。

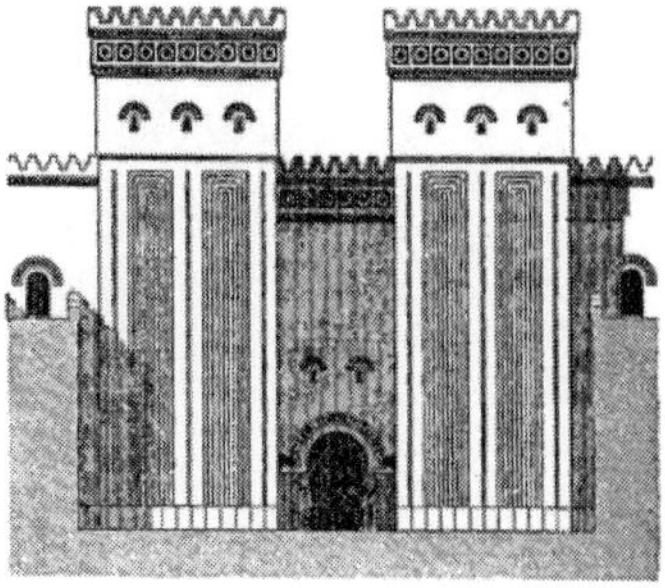

現在、最も普及しているゲマトリアは当然、一般ゲマトリアの伝統のほうです。タルムードとミドラッシュの両方の古代文献にルーツを持ち、それが後の世になって数多くの解説を加えられて洗練されていったのがこちらの伝統だからです。ヘブライ語アルファベットの各文字に数値を割り当てるというルールを厳守し、それによって文章から予言めいた深い意味のあるメッセージが浮かび上がってきます。

ですが現在も熱心に、広く研究されている伝統が神秘ゲマトリアのほうです。こちらは「神の10の火」であるカバラ生命の木と、22文字あるアルファベットの謎解きに焦点が当てられています。ゾハルの書によってここまでの深みを帯びたとされている神秘ゲマトリアですが、22文字のアルファベットを22の多角形とも結び付けて考えることも特徴です（22のうち、五つはプラトンの正多面体、四つはケプラー多面体、13はアルキメデス多面体で構成されています）。そして、多面体それぞれは一つの文字と結び付けられています。つまり、アルファベットそれぞれに対応した多面体が存在しているという考え方ですね。

13世紀頃のカバラ主義者たちは、「旧約聖書には隠された暗号があり、ゲマトリアが暗号解読の鍵だ」と信じていました。各単語に数値を当てて全体を解釈するというやり方を見事なまでに改良したのが先述したドイツ人学者ウォルムズのエリアザールでした。

しかしゲマトリアの真髄はあくまで「解釈」であり、そのため多種多様な読み取り方が存在しています。ということは、解釈法は一定していないということでありその分誤解も多いかもしれません。それに加えて現代には実に多様性のある計算法が存在しており、もはや結果は「計算者」つまり意味の翻訳者によって大きく異なってくると言ってもいいでしょう。

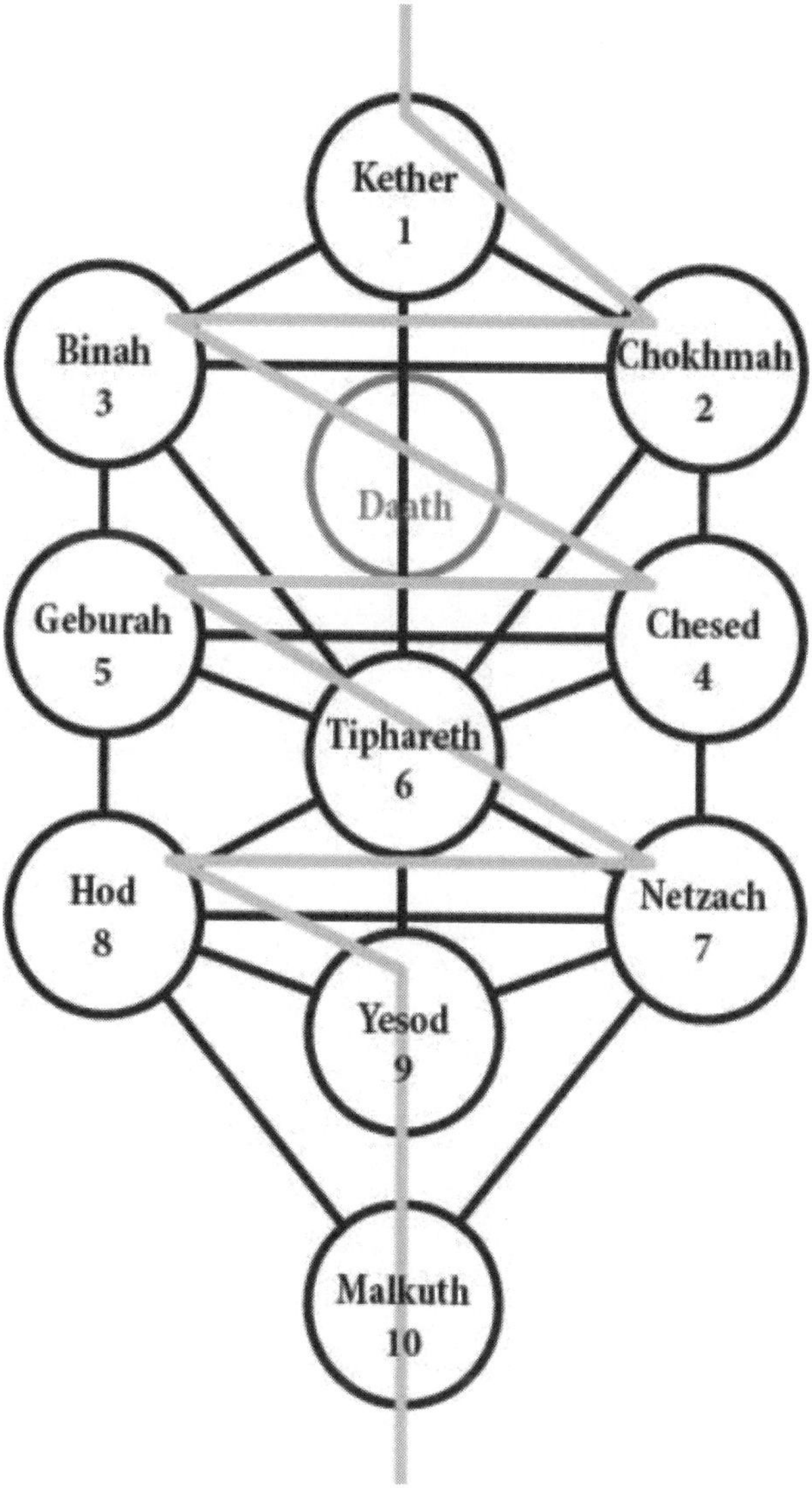
Kether
1
Chokhmah
2
Binah
3
Daath
Chesed
4
Geburah
5
Tiphareth
6
Netzach
7
Hod
8
Yesod
9
Malkuth
10

カバラとハシディズム（ユダヤ教超正統派運動）の権威者として知られるハラフ・イツチャク・ギンズバラはこのユダヤ教の神秘ゲマトリアの奥義を25年以上にわたって教えてきた経歴があり、その結果、等しい結果を導き出すには4通りの命題を遵守しなければならないと説いています。

1. 絶対値。各文字は割り当てられている数字以外の意味を持たない
2. 序数。1から22までの数字が割り当てられた文字は等価とする
3. 換算値。各文字は1桁の数字にまで目減りする
4. 整数換算値。各単語の数字もまた1桁にまで減らす

注意していただきたいのが、ここで紹介しているのがあくまで彼の解釈による一つのゲマトリア計算法だということです。他にも数多くの計算法があり、それぞれが独自の細かな計算ルールを持っています。「ノタリコン（省略法）」というゲマトリアでは、各単語の最初の文字（頭文字）だけを切り取って結合し、新しい単語を形成するという方法を使っています。もしくは、最後の文字だけを組み合わせて単語を作るという方法も。「テムラー（文字置換法）」というゲマトリア体系ですと、各文字を表にまとめて特定の数字を割り当てていくという、まる

で複雑なパズルゲームのようなやり方をとっています。

初期キリスト教徒でさえ古代ヘブライ人が考案したゲマトリアの影響を受けていました。新約聖書には、古代ギリシャやヘブライ文化の影響を受けた「神数学[48]」というある種の数学体系ともいえる学問があります。

1970年代にデル・ウォッシュバーン氏とジェリー・ルーカス氏の共著『神数学と至高の秘密（原題：Theomatics: God's Best Kept Secret Revealed)』では、聖書は神数学という神の直接介入によって書かれた神聖な書物であるということが説明されています。それぞれの文字に数字をあてがうことで、文字から明確なパターンが浮かび上がってきて、これが単なる偶然なわけがないという主張です。

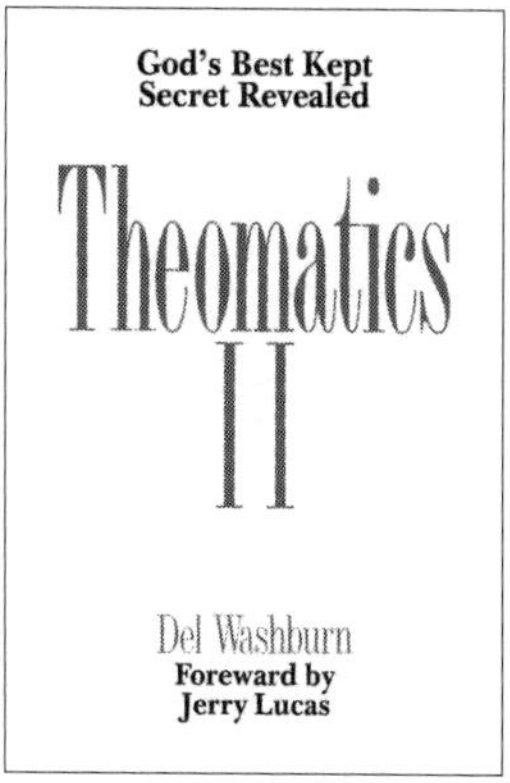

神数学の熱心な信奉者なんかは、神自身が数学的コードを聖書にテキスト入力したのだと主張して止みません。彼らにとって聖書に書かれた単語はすべて、過去、現在、未来からなる世界の全体像を文字通り「文書化」した非常に精巧な設計図であるとしているのです。

登場人物の名前、場所の名前、出来事が起きた日付、生誕日や時刻などもすべて、神数学者にとってはあらかじめ決められた定位置に正確に編成されて配置されて解釈されるのです。そしてすべての現象には、それだけのために意図された特定の数字が対応しているといいます。それゆえに世界は完璧な神のマグヌム・オプス（最高傑作）であると。

まめ知識

19世紀後半、世間からは悪魔主義者として広く知られていたW・ウィン・ウェスコットという人物がおりました。彼が残した著書『数字のオカルトパワーと神秘的特性（原題：Numbers:Their Occult Power and Mystic Virtues)』では、次のようなことが説明されています。

「ピタゴラス教団はこの世のありとあらゆる物体、惑星や人間、それに概念や本質などを数字と結び付けるということを行い、現代人にとっては極めて好奇心を強く惹かれるように見せたのだった。西暦300年頃、哲学者テュロス

のポルピュリオスは〝ピタゴラス教団は神秘数学結社である〟と述べた。そして近代になり、H・P・ブラバツキー氏も著書『秘密の教義』においてこれと同様、数字でこの宇宙を解き明かすという方法について世間に曝すことをした。曰く、〝数字こそが古代人たちの宇宙論の中心的な鍵でありました。それは広い意味で言えば、現代人の進化過程にとって、精神的にも物理的にも非常に重要です。あらゆる宗教、神秘主義の根底には数字があります。数字の神聖さは、「大いなる第一要因 great first cause」、即ち絶対者である「一なるもの」に帰結します。その帰還は数字の「0」で表されます。ゼロは無限の宇宙と無限性のシンボルなのです〟

占いとはそもそも、「もっと自分を知りたい」という個人的または集団的願いによって生まれました。根源的な欲求である以上、これからも私たちの興味は尽きることがないでしょう。もはや私たちの日常に、数字はなくてはならないものとして君臨しています。問題は、「なぜその数字なのか」という疑問のほうです。シンクロニシティという言葉と共に現れるその数字には、何か絶対に隠れた意味があるのだと思わざるを得ないのですから。

［注釈］

47　例えば1983年6月19日生まれならば1＋9＋6＋1＋9＋8＋3＝37、そして3＋7＝10、さらに

48　theomatics

1+0=1で、その人のファディック数字は1となります

第7:7章

意味のある偶然
シンクロニシティ

「たとえ確率が１００万分の１であったとしても、結局は起きるか起きないか二つに一つである」

――無名

ポリスのアルバムタイトルは「シンクロニシティ」

80年代に育った人にとっては、「ポリス」という音楽グループのベストセラーアルバム『シンクロニシティ』が当時の時代背景というか、渦巻いていた感情をうまく表現していたということに異論はないでしょう。

このような曲を作る人なのだから格段驚くことでもありませんが、スティングは歴史に名を残した偉大な心理学者カール・ユングの大ファンでした。だからこそ、大心理学者への尊敬の顕れとしてこの曲名を選んだのだと言われています。それほどスティングはユングに心酔していました。アルバムのカバーにはユングの作品を読む自分の姿を描いたほどに。当時のタイム誌によるインタビュー記事には、次のような彼自身の言葉が刻まれています。「人生には巡り巡る大きな周期があり、宇宙には混沌だけではない運命めいたものがある。ユングの言葉だ。俺たちの新盤『Synchronicity II』は、論理的にも因果的にも繋がっていない二つの出来事が、実は象徴的に言っ

て繋がっているということを歌にしたアルバムなのさ」

読者の皆様の多くも「シンクロニシティ」と聞くとまずカール・ユングを想起するものと思われます。ユングは「因果関係のない異なる出来事が一時的に一致して発生すること」とこの言葉を定義しています。他にも、「不意の繋がり」、「意味のある偶然」、「非因果的並列性」など、要は「単なる偶然以上のものと思われる出来事」を説明するためにいろいろな言葉が使われました。あのアルバート・アインシュタイン博士でさえこの概念を無視することはできませんでした。20世紀最大の科学者と言われた彼自身も、異なる出来事同士には神秘的な繋がりがあるのだということに気づいており、それを科学的に証明しようとしていたのです。

シンクロニシティと呼ばれる出来事が単なる偶然の出来事ではないことを主観的かつ客観的に述べようとしたという点で、ユングの学説は画期的でした。一見何も関係がなさそうな出来事の間には、目には見えない数学的な関係性が存在している。目に見える世界の裏には、複雑怪奇でありながら神がかり的な構造がある。いいえ、裏というよりは「中に」と言うべきでしょうか。物理学者デビッド・ボームの言葉を借りるなら、「一つの出来事が起きるとき、同時に複数の場所でそれと関連したことがまるで網目状になって発動している。それは時空間を超えた領域でグリッドとして発生している出来事なのだ」ということです。

エンシャント・アメリカン・マガジンの元編集長で、古代アトランティス文明の専門家であるフランク・ジョセフ氏は、ニュー・ドーン・マガジンに『シンクロニシティは運命の鍵である』という記事を掲載しました。そこで彼は「人は一生に一度は必ず数字を通したシンクロニシティを経験する」と語っています。彼に言わせれば数字を伴ったシンクロニシティとは、人間にとって驚きの結果をもたらしてくれる身近な奇跡体験なのです。

ジョセフ氏は、異なる出来事であっても同じ数字が絡んでいる出来事であれば何か必ず隠れた意味があるものだと考えられると言っています。例えば「11：11」を連続して見ることも単なる偶然の出来事以上のものであると言い切っているのです。無論、1度や2度であれば見間違いや偶然であると言い訳ができるものかもしれませんが、さすがに1日に7回、9回、12回も見ている人はあんまりいないですよね。これは偶然の一言で片付けるにはあまりにも奇妙であり、そんなわけがないと言いたいのでしょう。

ドイツ人の詩人で哲学者のフリードリヒ・シラーは言いました。

「偶然なんてものは存在しない。ほんの偶然のように思えることも全部、運命から生じているのだ」

著名なフランス人作家アナトール・フランスは言いました。

「偶然というのは、恐らく神が自分の作品を悟られたくないときのために使うペンネームなのだろう」

このように見えざる神の手が介在することで人々は運命に突き動かされているという思想は、この世に偶然が存在することに反対意見を突きつける人たちの原動力にもなっているようです。「意味」というものは、自分たちから私たちのところにやってきて自己主張をしてくれるわけではありません。意味を見出すのは常に私たちです。考えてもみてください。1日に9回も「876」の数字を見たとか、さっき1時間の間に何度も「62」を見たとか、そんな出来事を不思議に思い、意味を持たせようとしているのは私たちの心です。「意味」とはこの世界の中に暮らす私たちが経験したこと同士を結び付けるための、要素に過ぎないのです。

コラム 「18だらけ」

18にまつわる私の奇妙な体験をお話しします。

私は1962年5月18日生まれです。1＋9＋6＋2＝18です。9：54AMに生まれました。9＋5＋4＝18です。生まれたときの身長は18インチでした。

私が生まれたのはケンタッキー州ルイビルです。ルイビル（Louisville）は10文字で、ケンタッキー（Kentucky）は8文字で、つまり18文字です。

私は生後18か月目（1963年11月13日）で正式に養子に出されました。

占星術で言えば数字の18は9になるそうです。1＋8＝9だからです。

私は1980年5月18日に18歳になりました（1＋9＋8＋0＝18）。私の身分証明証番号の下4桁を足していくと18になり、郵便番号の下2桁は18です。

私はもともと海運部門の荷送人として雇われて今の仕事に至りましたが、荷送人番号が18でした。2000年に会社が初めてタイムクロックを導入したときも、自分用のタイムカードに刻まれたバーコード番号を足すと合計18になりました。

——ジム（仮名）さんからの投稿

自分の人生を振り返ってみると、まるで常にある種のパターンが繰り返しているように見えてきたことはありませんか。そして起きた出来事すべてが、まるでジグゾーパズルの完成を待つようにピッタリとはまるような感覚になったことはありませんでしょうか。カール・ユングは情動障害や精神障害と診断された患者たちの研究や治療過程で、患者の「夢」と起きているときに体験した出来事との間に、切っても切り離せないような深い関連性があることを突き止めました。そのことで最も有名なのが「コガネムシ」の事例です。治療を受けていた女性がコガネムシについての奇妙な夢について語っていたまさにその瞬間、目の前にコガネムシが一匹部屋に飛び込んできたのです。おまけにそのあたりではあまり目にしないような珍しい種類だったと言います。このような奇妙な出来事を目の当たりにしたその女性患者は、以後不思議な出来事にも心を開けるようになっていき、目に見えて治療がスムーズに進んだと言われています。

彼女にとって夢の中ではなく、起きているときに経験する必要があったということですね。それはまるで、見えない高次元の力が働きかけてきているようにも聞こえる出来事です。

パレイドリアとアポフェニア

人間の脳は複雑な状況を理解するために、混沌の中から可能な限り決まったパターンを探し出そうとするメカニズムを持っています。これは有史以前の祖先がすでに持っていた機構であり、いわば生存本能とも言えるでしょう。ジャングルで雄ジカとヤギを見分けることができなければ話になりません。このように視覚刺激や聴覚刺激から本来存在しないところに自分がよく見知ったパターンを描き出すという現象は「マトリキシング」、または「パレイドリア」として知られており、人類の普遍的な生理的反応なのです。

要は、意図が曖昧というか無意味だったり完全ランダムだったりする物事が、あたかも意味ありげに見えたり聞こえたりするという心理的現象のことですね。動物や顔に見える雲を無意識のうちに見つけようとしていたことは誰にでもあるはずです。月面に人の顔に見える部分があるとか、逆再生された音に隠されたメッセージがある気がしたりなど。ティーを飲んでいて、カップの底に残った液体が見覚えある形になっていたことなんかも、経験があるのではありませんか。

アポフェニアという用語もあります。一見何もないところから意味や重要性を探し出そうとする人間の心の働きを指す言葉です。

この用語はクラウス・コンラッドが１９５８年に作った新語であり「おかしい部分や意味を発見しようとする心理的働き」や「無意味な出来事の行間に不意に意味を見出そうとする心理的働き」であると定義されています。パレイドリアもアポフェニアも、不可解な現象や心霊現象を論理的に説明しようとする人が好んで使用する傾向にあります。実際、誰しも一度は経験したことがある現象である

と思われます。

マルティーナ・ベルツ・メルク博士はそうした一方的にも見える決めつけについて慎重な意見を述べています。

「今のところ、異常な体験が精神異常の症状であるのか、または精神異常がそうした体験の後遺症であるのか、それとも精神異常者が異常体験をしやすい、または無意識のうちに探し出そうとしているのか、議論の余地があります」

Skepdic.com にもこの二つの用語について長い記述があります。

「一見無関係に見えるものや考えの間に関連性を見つけようとする心の働きは、精神病と創造性の二つを結び付けることを理解するためのヒントになっている。パレイドリアとアポフェニアは表裏一体である。世界で最もクリエイティブな才能に恵まれた人の中にはよく見られることだが、精神分析医やセラピストによる〝ロールシャッハ・テスト〟という投影テストの結果や、感情的問題の背景として、過去に児童虐待を受けた形跡が見られたりすることは多い。

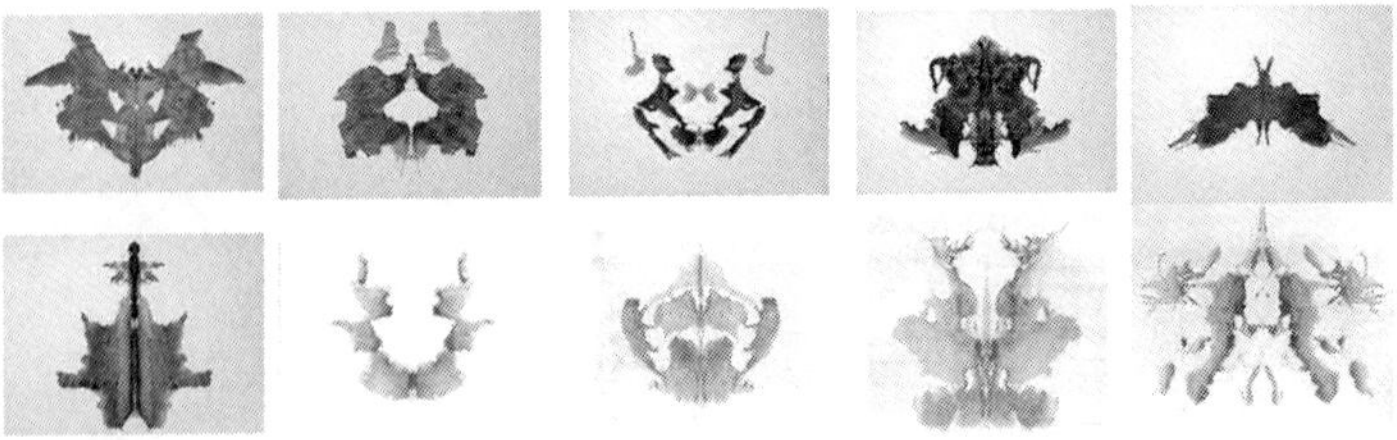

テストの後、持っていた鉛筆を返さずにそのまま持ち去った女性が男性よりも多かったことから、ペニス羨望説を支持する研究者も存在する。それと権威ある科学系雑誌で掲載された説だが、歩道のひび割れを膣、足をペニスであると無意識に捉える心の働きがあり、年寄りが若者に〝ひび割れを踏まないように〟と警告するのは〝不用意に女性に近づくな〟という警告になっていると9ページにもわたって説明していた研究者もいた。

ブラッガー氏の研究によると、脳内でドーパミンが放出される量が多いときほど、何もない場所で意味やパターン、重要性を見つける傾向があるという。つまり超常現象を信じる人が置かれた心理的状況もこの現象に大いに関係していると考えられる。

統計学ではアポフェニアは〝タイプⅠエラー〟と呼ばれ、実際には何も存在しないのに一定パターンを見つけるという現象を指す。異常経験や心霊現象の多くは実はアポフェニアによるものだったという可能性は常に高い。その他、数秘術と呼ばれるものや聖書に暗号が隠されているという考えや、ノストラダムスの大予言や、遠隔透視などの超能力なども、そうである可能性は高い」

アポフェニアは人類が普遍的に経験する現象なのですが、懐疑論者に言わせると「超常現象などというものは存在しない。関係ないことを関係あると思い込んだり、大事だと思い込んでいるだけだ」ということで、一切受け入れようとはしない姿勢を見せています。

ですが、「どうやってそれが超常現象であると証明できるのか？」という疑問自体は、至極真っ当と言えます。これに対する答えとしては「体験が個人的なものではなく普遍的な意味を持つものであるのならば、ユングの原型説で説明されているようなシンボル的、原型的な体験をしたのかもしれない」が良さそうですね。これなら体験の意味が曖昧だったとしても、「体験自体が無意味」と決めつけることができなくなりますから。個人的な心理的働きだとして体験を否定してくるというのなら、潜在意識下に由来する普遍的意味について取り上げればいいのです。これなら懐疑論者の否認の姿勢を一旦止めることができるはずです。お互い、推論や決めつけばかりだと議論が進まなくなってしまいますからね。それに合理的な話だけでなく非物理的なことにも目を向けて大局的に物事を捉えることが哲学的理論には肝要です。

11：11の時間ピッタリ現象が本当に「目覚めコール」だと心の中で認める場合、これが単なる個人的体験であるという考えは捨て去らないといけなくなります。これは個人と集団の両方のレベルで起きていることであり、両方にとって重要な意味がある現象であるという考えを受け入れなければ話が行き詰まってしまうでしょう。

「シンクロニシティは原型への入り口である」という大心理学者ユングの言葉を信じるのならば、数字のシンクロニシティのことも信じることができます。したがって「数字はすべての人間にとって意味がある」という考えも受け入れることができるようになります。

異なる個人二人が同じ数字によるシンクロニシティを経験している場合や、特定の期間に同じ数字や出来事を何度も経験しているといった場合、それは各人の心が奥底では繋がっているという意味だけでなく、考えや知覚までも繋がっている可能性があるということが示唆されているのです。

知覚しているこの世界全体の根底には、ある一定のパターンが非常に現実感を伴って存在している。「私たちが普段見るもの、聞くもの、触れるもの、味わうもの、感じるものの下には、

隠された超現実がある」という概念を思い起こさせてくれます。1951年のユングによる講演で、この現実を超えた現実について詳細が説明されています。または『自然現象と心の構造―非因果的連関の原理』という書籍でこのことについて深くまで語られていますので読んでおくのも良いです。共著者のW・パウリはノーベル賞作家です。

コラム

「シンクロニシティ夢日記」

夢の中、大きくてきれいな学校にいて、私は美術教師でした。美術室の番号は11。白い服を着た管理人に教室から呼び出され、彼は廊下の壁を指さしました。部屋番号11の隣にもう一つ11が印刷されていました。彼は「どうするの？」とでも言いたげにじっと私を見ていました。

私はその部屋の鍵を探し始めました。鍵は金でできた豪華なものでしたが、夢の中では少し安っぽく見えました。鍵を代理の先生に渡します。ミルウォーキーの近くにあるこよりも大きな学校に行って授業をする予定があったので、小さな丸い白い車に乗りました。車両は空中に浮かんでいて、マウスのような小型装置で操縦しました。高速道路を下っていきます。

この夢を見たのは私がジュネーブ湖の学校で芸術科の先生の仕事を辞めた日の直後でした。夢から醒めてから、あちこちで「11：11」を見かけるようになりました。デジタル時計、車のナンバープレート、道路標識など。気になってGoogleで検索してみると、この現象について詳しく書かれたウェブサイトを見つけました。それ以来、11が二つ一組になっているのを見ると、何か深遠で大きな、クレイジーで常識外れな奇妙な感覚を覚えるようになりました。４４４４などは、なんというかスピリチュアルな何かを感じますね。

私にとってそれは、神が宇宙そのものであるということを思い出させてくれるリマインダーのようなものだと思っています。「聞く耳」を持っている私のような人のために。

ちなみにですが、このあと私は教職に復帰しました。もう少し小さめの学校ですが、その学校のすぐ隣の高速道路はハイウェイ11号で、校舎近くの標識に11：11と書いてあるんです。つまりは、毎日11：11を目にしているというわけです。

——作家　リンダ・ゴッドフリー

「時間ピッタリ現象」の物理学観点からの考察

オーストリア生まれスイスの物理学者パウリ博士は量子物理学の分野の専門家でありながら、物理学と心理学という全く別の学問の間に共通点を見出そうと日々努力していました。スピンの理論の研究や、物質の構造と化学性の間の共通点となる物理原理を発見した人物として知られている科学者です。彼はまた、人の心というものには客観的な心と主観的な心という「二元性」があることに着目し、さらに客観的な心のほうは「非人間的な性質」を持っているということを強調していました。ユングなどは個人の心はもともと集団意識と集団的原型にその起源を持っていると主張しています。シンクロニシティなどもそこから来ていると述べていたことは先述していましたね。

もしかしてユングは自身の唱える説に固執しているあまり、シンクロニシティの意見についても少し頑固になってしまっていた可能性だってあります。もしかして、本当にただの偶然以外の何物でもなかったという可能性だって決してゼロではないのです。ただ、あまりにも可能性として極めて薄いはずの出来事が起きてしまったときには、何かしらの説明を欲するものです。それに説明はできるだけわかりやすくシンプルにしてほしいですよね。「こうこう、こういう理由でこの出来事が起きたのだ、なるほどね」と納得できるような簡潔な説明が望ましいです。

中世イギリスの哲学者であり、フランシスコ会修道士であったオッカムのウィリアム（1285年～1349年）は言いました。「Pluralitas non est ponenda sine」現代語訳するなら、「必要でもないのに多くの仮定をすべきではない」でしょうか。これは中世哲学にとっての共通の教訓となった名台詞です。思考節約の原理として有名な「オッカムの剃刀」という指針にもなりました。

Skepdic.com では次のように紹介されています。

「オッカムの剃刀は極限まで無意味な思考プロセスを省くための原則とも呼ばれている。最近だとこれは『説明は単純であればあるほど美しい』とか『不必要に仮説を掛け合わせて話が複雑にならないようにすべき』といった意味で引き合いに出されることが多い指針である。真意がどうだったかはともかく、オッカムの剃刀はオントロジー、つまり何かの知識体系を確立する過程で使用されることが多い。例えば哲学者たちが自説を確立させるために、既存の説の中から自分たちで厳選した説を組み合わせて一つの基準となる知識体系を作り上げる行動をする際に好んで使用される。人々にとって、説明は必要最低限の学説だけで組み立てられていたほうがはるかにわかりやすいものだからだ」

確証バイアス

すべては偶然だと信じれば、出来事にいちいち裏の意味や反証なども目に入らなくなってきます。反対意見をすべて無視して自説にのみこだわる状態を心理学用語で「確証バイアス」と言います。人は誰でも、自分が信じたいことだけを信じたくなるものです。自分が好むこと、望ましい話だけに耳を傾け、都合の良い真実だけを見ていたいと思い、その上で自分の世界観を保っています。ですが自分の真実が他人の掲げる真実とは似ても似つかないことが後になってわかってくるのは、当然の成り行きと言えます。それが他人との衝突の原因になるのも世の常です。個人的な人間関係だけならまだしも、国と国同士の間で起きる大きな宗教戦争や政党争いの遠因となっているのが、これなのですから。気にしないでおけばいい問題とは言い難いですよね。

パウリ博士の場合ですと、彼は確証バイアスにならないようにユングの研究を自説の土台としていました。科学者の多くは偶然の一致を意味のないものとして説明しようと苦心していますが、事実、こうした出来事が「偶然」の一言では片付けられないケースがあまりに多く、「やっぱりただの偶然なわけないよね」と途中で自説を曲げることも珍しくありません。

宇宙的いたずら

観察すればわかることですが、自然界には一定の「パターン」が存在しています。そのパターンが組み合わさって複雑な自然構造を創り出しています。ここまでは先述した通りですが、「自然は常に対称性を見せる」というのはまだお話ししていませんね。自然は組み合わせを好みます。著名な作家であり、哲学者兼民族植物学者であるテレンス・マッケンナ氏は、こうした自然界の謎を「宇宙的いたずら」と表現しました。彼はシンクロニシティなどを自然界にランダムに出現しては消える「統計的異常ゾーン」であると考えたのです。移動式非常識領域にたまたま立ち入った人が不思議体験をするということです。『オズの魔法使い』をピンク・フロイドの『狂気』を聴きながら観れば、その神のいたずらの鱗片に触れることができると言われています。

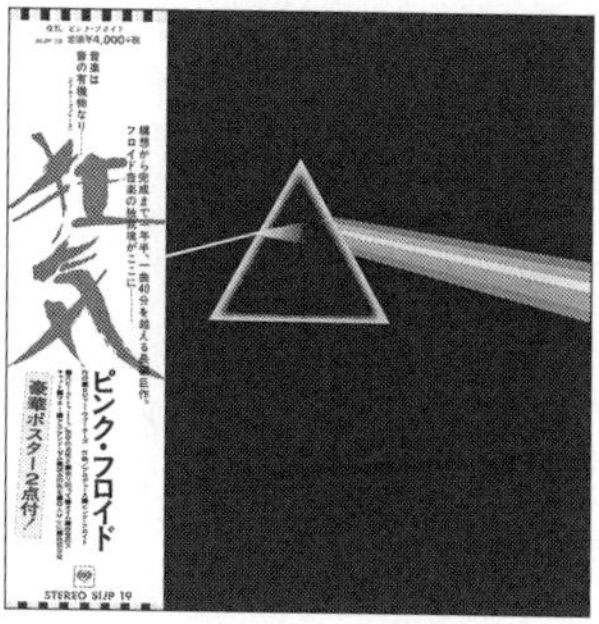

どういうことか？　私も昔やってみたことがあるのですが、なんと二つの作品が見事にシンクロしているのです。これはわざとやったのか、本当に偶然の産物であるのかわかりませんが、恐らくピンク・フロイドのメンバーの一人が知っててわざとやったと考えるのがまあ普通でしょう。ただの偶然にしてはあまりに出来すぎていると思いませんか。問題は、古い映画にいちいち合わせて音楽を調整するなんて非常に手間な作業を本当にやっていたのでしょうか。真実はいまだに不明のままです。

時間ピッタリ現象

初めてシンクロニシティや時間ピッタリ現象を経験したときは驚いて「奇跡だ！」と思っていたものですが、そもそもこれって本当に驚くほど珍しい現象なのでしょうか。先ほどお話ししたアポフェニアやパレイドリアなどの用語を思い出しながら、少し冷静になって考え直してみましょう。

ケンブリッジ大学のJ・E・リトルウッド教授は、「リトルウッドの法則」として知られる斬新な「法則」を発表しました。これは「平均的な人でも毎月1回は奇跡と呼ばれるほど意義深く珍しい経験をしている」という法則です。

詳しくは教授の著書『数学者の雑記(原題:A Mathematician's Miscellany)』で説明されていますが、端的に言えば「奇跡」と思われている出来事は本当は奇跡でもなんでもない、ありふれた出来事であると説明している法則なのです。第9:9章でもっと深くまで論述してまいりますが、その際にこの法則についても触れることになるでしょう。要は「参考にする人数が十分多ければ、どんなことだって起きる可能性は常にあるのだ!」ということを論理的に説明してくれる法則なのです。

どんな理由があるにせよ、実際に奇跡と一般認知されるような出来事を経験する人は世界のどこかにいつもいます。経験した人は、そうした珍しいと言われる経験に何か意味を与えたがります。11:11などの数字が人気なのは、多くの人々がこの数字を目にしていると知った人たちがこの数字に「選ばれし一部の人類にのみ見える」などの意味づけをして特別感を演出しているからです。

さらにこの数字と付けられた意味を知って、「運命」の存在を信じるようになる人もいます。つまり人生はあらかじめ決められたシナリオがあるのだと、この数字を通して理解するようになるのです。そうするとシンクロニシティとは物事の必然性を思い出させてくれるリマインダーだと解釈するようになります。ですが極一部に「これは原因と結果、つまり因果の産物である」と解釈する人もいます。いずれにせよ、どんな珍しい出来事にも必ずそれに対応する原因があるのだという考え方をするわけですね。ですが当てもなく考えていってもキリがありませんし、あらかじめ敷かれた線路の上を歩む必要も特段ありません。

しかも因果論一つとっても疑問に思うことはありませんでしょうか。なぜ原因と結果はこれほど結び付いているのか。なぜここまで、お互いに影響し合っているのか。

量子もつれ

因果論をとことん突き詰めていくのなら、目に見える物事だけでなく、分子レベルあるいは原子レベルにまで話を持っていく必要性があると考えます。その場合、見ていかなければならないのは理論物理学や量子物理学といった分野になるのが自然の流れでしょう。量子物理学においては「量子もつれ」という理論があります。互いに存在する時間も空間も大きく離れているはずの粒子が、実は（もつれた状態で）繋がっているという理論です。

奇妙な話ですが、物理的には繋がっていないのに量子的には繋がっていて、どんなに離れていても瞬時に相手に影響を与えることができるということです。アインシュタインでさえこの理論を耳に挟んだときに背筋がゾッとしたらしく「そんなバカな」と、にわかには信じられなかったそうです。物事には普通に考えている以上の宇宙レベルでの「原因と結果」があるということになりますね。我々の日常生活で経験するあらゆる出来事は、実は宇宙規模で起きている原因と結果の産物でもあるわけです。

量子テレポーテーションの原理

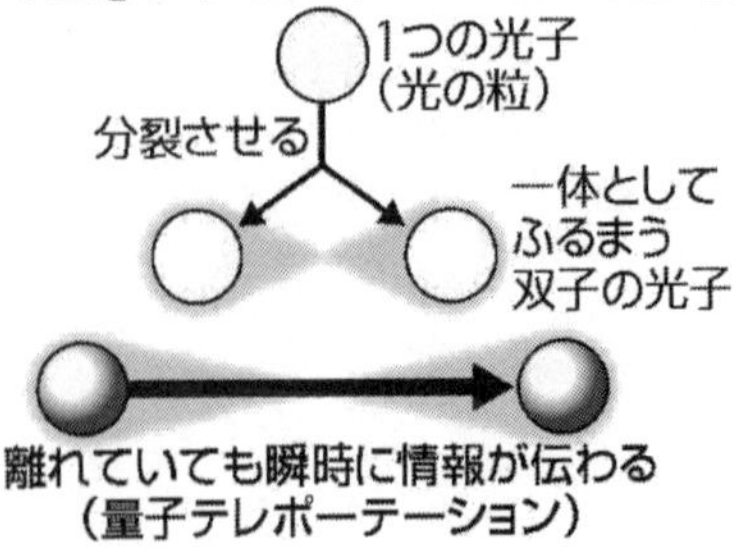
1つの光子
（光の粒）
分裂させる
一体としてふるまう双子の光子
離れていても瞬時に情報が伝わる
（量子テレポーテーション）

もし物理学者デビット・ボーム氏が述べたように、現実というのは一枚板ではなく様々な階層で構成されているのだとしたら？　この現実の裏側には、全く認識していなかったもう一つの現実の側面があるとわかったら？　もしかしてそこには「神」と呼ばれるような存在が実際にいて、私たちの運命を司っているのだとしたら？　そうなると、これまで「ただの偶然」と思っていた全ての考え方がひっくり返されることになりますね。

現在の主流科学とされている理論物理学や量子物理学では、このような理論が普通のこととして扱われるようになっています。異次元や平行宇宙についても同じ理屈です。A次元で起こっている出来事が、B次元で起こっている出来事と同じように起こっている。一見ランダムに起きた出来事も巨視的に観れば必然であった。ただしA次元では具体的に何が起こっているのかわからない。よって、この現象にちゃんと理由があるということを証明できない。しかし最初の原因がわからないからといって原因が全くないわけではなく、どこかに必ず原因は存在している。というわけです。

メイ・ワン・ホウ博士の著書『生命は虹色ワーム（原題：The Rainbow and the Worm）』では、量子的に繋がっている時空間という現象を踏まえた上での「新たな現実像」について、次のように説明されています。

「このようなコヒーレントな時空構造においては、時空間に依存せずに瞬間的な通信が可能となります。これは完全未開拓の領域であり、そこから理解されていくであろう時間の非線形構造は、従来の西洋の科学的概念とは相容れないものです」

共鳴

さらに主張されている革新的な概念として「共鳴」というものがあります。二つの物質――それが粒子であろうと人体であろうと――周波数さえ同じであれば共鳴してお互いに影響を与え合うことができるという考え方です。これを使えば理論的には離れたところから魔法のような超常現象を発生させたり、極端に言えば「現実」を作り変えたりできるというスケールの大きな話です。今我々にとって主題となっているシンクロニシティなどの不思議現象もこの理論で説明が可能です。しかしこの概念は量子の世界では理論的には可能でも、それ以上の規模の世界の話としては科学的に受け入れられるには至っていないのが現状です。

「共鳴」が物質やエネルギーの構造、そしてなにより、私たちの日常生活でも認識できるほどの影響力を持っているのか。理解が深まるにつれて、不思議体験の謎が共鳴の理論によって解明される日は近いのかもしれません。振動周波数によっては調和だけでなく不調和も作り出せることがわかっていますので、もしかして幽霊騒動などの怖い現象もこれで解説できるかもしれませんね。

対称性

量子レベルでの粒子の基本的な性質として「対称性」というものがあります。実はこの性質、シンクロニシティなどの不思議現象においても非常に重要な役割を果たしているのです。量子力学の父と呼ばれたウェルナー・ハイゼンベルク博士は、自然を理解する上で最も大切なのは粒子を理解するのではなく、粒子の対称性を知ることであると断言していました。

F・デビッド・ピート氏は著書『シンクロニシティ』の中で、「対称性とはすべての物質の原型であり、物質の存在の根拠である。素粒子とは対称性を物質にしたものに過ぎない」と述べています。

ハイゼンベルクによれば、対称性こそが我々の現実そのものを構成しているものであり、それは単なる光子や電子といった概念を超越したものであり、ピート氏の意見同様「内側から世界を創り出している世界」なのだそうです。

ピート氏はさらに、「この対称性の特性は、人の心の内部構造にも現れるのだろうか」と自問しました。見事な発想と言えますね。外界と内界がお互いに影響し合い、お互いを創り出している。どんな不思議な出来事だって、もとを正せば人の心に由来する出来事なのだとわかっていくのではないでしょうか。

もちろんこれは理論なので、「あくまで理論上ありうる話」に過ぎません。対称性は数学的にしっかりと定義された空間でのみ、邪魔されることなく数学的に存在しえます。ところでピート氏は「粒子はほうっておけば勝手にパターンを形成していくのではない」としています。そうではなく、「それぞれ特技を活かして活動をし、団結できたときに初めて数学的な変容が起きる」と述べています。彼のこの発言はあくまで量子物質学についての見解ではありますが、これと同じ理論で大宇宙におけるシンクロニシティ発現についても説明ができるのではないでしょうか。そのことを示唆しているような彼の発言もあります。「このように、厳密に言えば精神と物質には区別がないということがわかる。シンクロニシティは深宇宙の何らかの秩序が反映されたものであるかもしれない」

数字とは「記号」です。誰にでも理解できる記号であることから、世界のどこに生まれようが誰の不思議体験でも登場してくるのはわかりますね。

再びピート氏の本からの引用です。

「集合的意識の一部が何かに気づいたとき、それは様々な文化のイメージや象徴に包まれた形で、心の中に浮かんでくる」

特に有名でもない曲が心の中で浮かんできた次の瞬間、ラジオから同じ曲が流れてきたという経験は、こういう仕組みなのかもしれませんね。

そう、音楽も数学と同様、文化や言語関係なく普遍的な「記号」として存在しています。表層的なことに囚われず存在できる、いってみれば一つの「原型」として扱われているわけです。

最後にもう一度ピート氏が奥深いことをとても簡潔に述べているのでご紹介します。

「シンクロニシティとは、普遍的なことと個人的なことが出来事において一致することを指す」

この場合の「普遍的」というのは、ピート氏に言わせれば「個々人の事象が相互接続されることで形成されるパターン」であり、これが自然界に見られるパターン、対称性、そして数学の法則となっていると言えるのかもしれません。そして、そのパターンの裏にはもしかしたら「客観的知能」とピート氏が呼ぶ創造的秩序が存在する可能性もあります。

客観的知能

自然界のいたるところに存在し、既知の法則を貫き、単なる機能性以上の働きを見せる神秘的な何か。神性溢れるこの客観的知能とは一体、何者なのでしょうか。

どの建物もそれを建てた建築家がいます。量子の世界もこの物理的宇宙も、存在するために「観察者」と「意思」を必要としています。シンクロニシティも例外ではなく、背後には必ず集合的観測者が存在しているはずです。個々人の知性が集まり集合的知性という溜まり場となって、そこから個々人の「経験」が形作られます。またその意識の泉において、出来事Aと出来事Bの間の関係性が形成されます。そしてその関係性を経験し意味を与えているのが、主観的知能です。この定式に沿って、混沌から秩序が生まれます。私たちはそのパターンを理解しようと、自分のレベルに合わせた解釈を他の人たちに提供していきます。時間ピッタリ現象のような超常現象と呼べるほどにまでに頻発すると、ますますその意味を知りたくなるという仕組みです。

物理学者クロード・スワンソンは、『シンクロ宇宙（原題：The Synchronized Universe:New Science of the Paranormal)』という著書の中で、量子スケールと宇宙スケールの両方におけるシンクロニシティの役割と、超常現象との関係について論述しています。

この分厚い本で超常現象、幽霊、遠隔透視が余すところなく語られていくわけですが、彼はこの「現実」のことを精神というフォルダーに挟まれた何枚もの「宇宙紙」であるという自説についても述べています。スワンソン博士によると超常現象とは、場のランダム性や量子ノイズを変化させた結果事象の確率が変化した挙句に起きるのだと仮定しています。

彼の言っていることを理解するにあたり「量子ノイズ」という用語についても説明が必要と思われますが、そこは一旦省略していきたいと思います。とりあえず、このポテンシャルのことは「超常現象を理解し説明するための現在物理理論の拡張要素」であるとだけお伝えしておきましょう。さらに博士は物質、形、エネルギーのすべてがそこから生まれる「量子現実」の場として、零点場（ゼロポイント・フィールド）の存在についても論じています。これについ

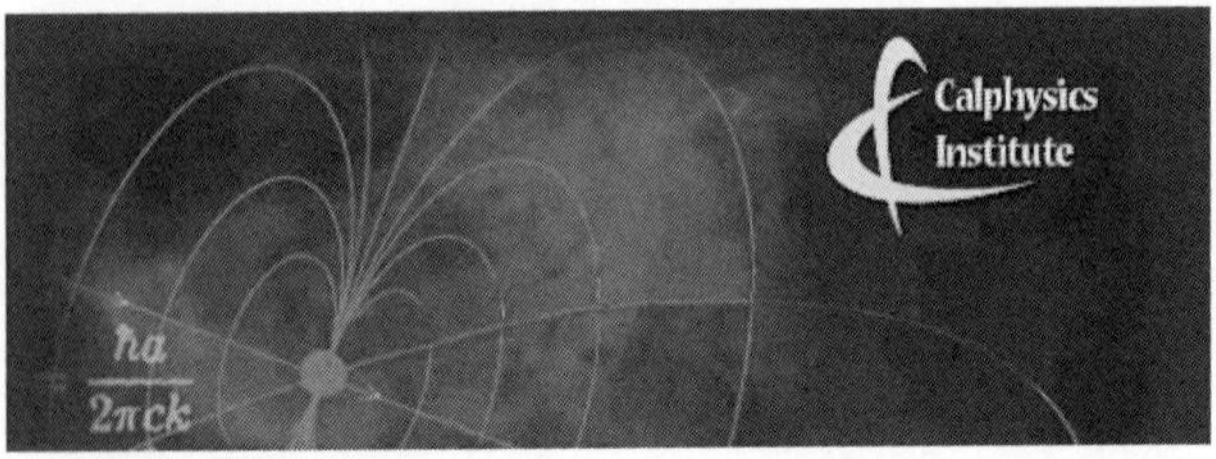

てカルフィジックス研究所は次のように描写しています。

「量子力学では、強い相互作用、弱い相互作用および電磁相互作用に対する、通称〝零点場〟エネルギーと呼ばれるものの存在を想定しています。ここでの『0点』とは、T（温度）＝0における系のエネルギー、あるいは量子力学系における量子化エネルギーが最低になっている状態を指します。零点エネルギーとは他のすべてのエネルギーが系から排除されたときに残るエネルギーのことです」

この分野における権威はなんといっても工学者ハロルド・パソフでしょう。氏は、大学側からの資金援助の下で遠隔透視（リモート・ビューイング）の研究を行った研究者グループの初期メンバーの一人でもありました。そこでも客観的知性と目される存在がいかにして現実の形成フィールドを操っているのかが研究テーマとなっていました。彼らはまず、宇宙全体が実在したりしなかったりするランダムな光子の変動エネルギーで満たされていると仮定し、異常現象の潜在的温床になっているという可能性を示唆していました。このあたりは作家ディーパック・チョプラが「潜在場」と名付けていますが、その領域ではシンクロニシティが起きるために必要なすべての情報が含まれているのだといいます。さらには、過去、現在、未来が同時にその場には存在しているという仮定の下、この場についての理解が「デジャヴ」現象の謎の解明に繋がるかもしれないという予想もされています。

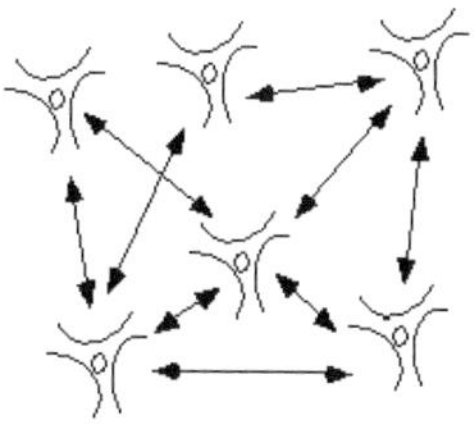

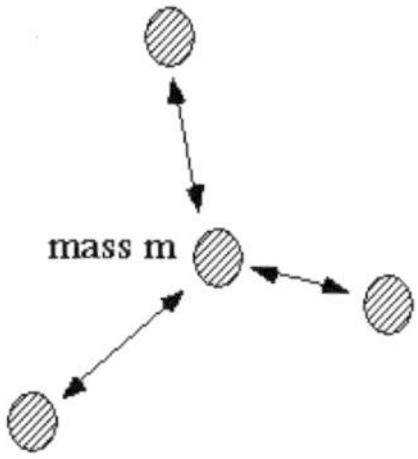

スワンソン博士によると、異なる現実の階層同士は先述した「共鳴」によって同調しているのだといいます。この「同期化」によって、宇宙は常に同期しているという世界観が提唱されています。理論的に言えば、宇宙は常に各階層同士でお互いに瞬間的な通信をし合っているということですね。「宇宙のすべては相互作用している」とも言い換えられます。物質同士は、それを構成している電子同士が光子の働きを介して連絡を取り合っているということです。「マッハの原理」という局所的慣性と局所的力を決定する遠隔物質を、具体化したものと言えます。

ところで、「1日に50回も同じ数字を見る理由を知りたかったのに関係ない話になっていないか？」とご心配されているかもしれません。

実は関係ありまして、スワンソン博士によればマッハ原理は現実や物質、エネルギーの「結合」に関する基礎理論だと説明しているのです。局所的な力に思える力も、実は離れた時空間から飛んできているという考えです。

それら力やいくつもの現実の層が、お互いに共鳴することで「同期」しているというのです。その際に離れたところにある物質やエネルギーが宇宙を行き交い、ここにも飛んでくるというわけです。超常現象と呼ばれる現象もそのときに起きます。その現象を起こせるだけの潜在性がその空間に「同期」されて生成されたことができ、奇跡と呼ばれる現象が実際に起きたりするのです。11：11を目にするとき、この宇宙の異次元の異なる時空間で何かが起きているのかもしれません。

スワンソン博士はこれをわかりやすく説明するために宇宙が積み重ねられた印刷用紙の束に喩えています。

「紙の一枚一枚は、それぞれ固有の周波数（位相）を表す。用紙の束という系は、それぞれの用紙を構成する電子によって同期がされる。用紙は同じ時空間を共有しながらもそれぞれの一枚が独自のパラレル現実であり、互いに混じり合うことはない」

お互いに干渉し合わないはずの平行宇宙も同期はされるというわけですね。もし同期がなければ、この世界はもっと平凡で退屈で面白いことが何もない生活が延々と続く世界になっていたでしょう。

「意識も平行次元をまたいで作用する。このことは、量子ノイズを低減するという効果もある。意識を別次元に繋げて同期することも理論的には可能である。したがって高次元に意識を繋げて、そこから霊的なパワーを得るということも不可能な話ではない」

その「用紙」の上にある粒子は、その用紙の物理法則に従います。しかし、もし粒子が別次元の「超常現象が当たり前の世界」と同期したのなら？　量子物理学と理論物理学の両方とも親和性が高い、興味深い理論であることは間違いありません。不思議現象が発生場所と時間を選ぶという理由もこれで説明ができます。これがもし真実であるなら、事件は偶然起きるのではなく、深い意味を持った宇宙の深淵なる意図によって起こされた「必然」として振り返ってみるようにするべきですね。意識も大宇宙と同じ働きをするはずですし、客観的知性から主観的意識への伝達や解釈も同期されていくのだと考えられます。情報はそのように全方位から飛んできます。その中から必要と思ったものを受け取って、どのように解釈するかは私たち次第なのです。情報の多くは、とりあえず社会で生きていくという目的のために使用されるでしょうけれど。確かに、社会生活のために人生の限られた時間のほとんどを費やしている我々現代人ですが、時折ふと目が覚めるような出来事がありますよね。こうした話を聞いていると、この現実の裏にはそれ以上の「何か」があるということを、思い出させてくれます。

第8：8章

宇宙を支配する六つの数

「神は整数をお作りになられた。後のことはすべて人間の仕業である」

——数学者　レオポルト・クロネッカー

宇宙を数字で表す「情報理論」

宇宙全体は非常に小さく細やかな数字の群体であるという理論は、興味がある方なら一度は耳にしたことがある話ではないでしょうか。あるいは宇宙を華麗に鮮やかに、完璧に美しく描写できる数式がこの世には存在しているとか。いわゆる「万物理論」です。重力、電磁気力、そして強い核力と弱い核力という自然界に存在する四つの基本的な力を統一的に結び付けてくれることを期待されている試みのことですね。

宇宙を数で表すという目的なら他にも試みはあります。例えば情報理論がそうです。宇宙はある種のコンピューターのようなものであるという考えであり、そこでは情報が常に処理されていき、処理能力は時間と共に増大していき、処理済みになって吐き出された情報は新たな情報として、我々にとっての現実として知覚されてゆくという説です。以前は異端でファンタジーの舞台設定のように考えられていたこの情報理論も、最近になってようやく科学者たちの会話の中に真実味を帯びた形で登場するようになってきました。

この情報理論によって現実がいかにしてコンピューターで生成されたシミュレーションのよ

うなものかを説明するにあたって、まずは「数字」がいかに大事なものかを理解しておく必要があります。

「たった六つの数」理論

ケンブリッジ大学の王立学会教授であり、王立天文官でもあるマーティン・リース氏の著書『宇宙を支配する6つの数（原題：Just Six Numbers）』では、「六つの基本数だけで物理宇宙のすべてを説明できる」という大胆な主張が展開されています。

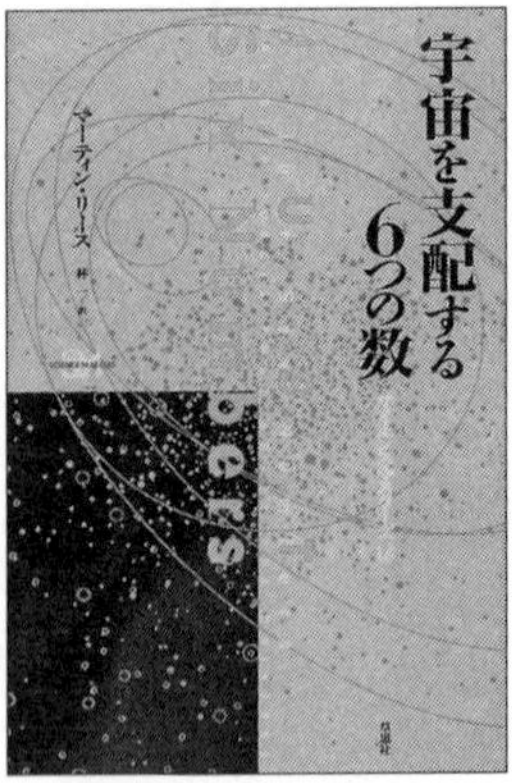

その六つの数字によって、原子の結合から宇宙の総物質量まで、ありとあらゆるものを記述および定義することが可能なのだそうです。ビッグバンの最中にそこにあった六つの数字は、これまでの宇宙の進化を導いていきました。星々が形成され、銀河ができていき、私たちが知る物質の形や性質、いろいろな種類の力などもすべてこの六つの数字によって創られるよう調整されたものなのです。

「数学の法則は、我々の住むこの宇宙の構造すべての基盤となっている――原子、銀河や星、それに人間も。科学は自然界に見られるパターンや規則性を識別することによって進歩してきた。これからももっと多くの現象が、わかりやすい法則で説明されるようになっていく。我々科学者の究極の目標とは、なんでもそれ一つで説明できるシンプルで完璧な数式を発見することである」

もしそれら六つの数字が少しでも違う数字であったらこの宇宙に星は存在していなかったでしょうし、我々が知るような「生命」も存在していなかったことでしょう。リース氏によると、これらの六つのうち二つの数字は宇宙の大きさと全体的な「質感」を決めている非常に重要な数字なのだそうです。さらに、この二つが宇宙の見た目が永遠にこのまま続くかどうかも決定しているといいます。それからもう二つの数字は空間自体の性質を決めています。ですから、この六つのうち一つでも違っていたら生命の全く存在しない宇宙となっていたかもしれないのです。

さて、気になる宇宙を形作っている六つの数字とは、次の通りです。

1．「N（ニュー）」。10の37乗（1,000,000,000,000,000,000,000,000,000,000,000,000）という非

常に大きな数値です。原子を保持している電気力（斥力）の強さを、原子間に存在する重力（引力）で割ったときの比率がこれです。もしこの数から0を一つでも取ってしまったら、宇宙全体の寿命が生物進化が起きるほど長くはならなかったと言われています。重力が大きすぎて我々のような生き物は自重で潰れてしまうのです。リース氏は「寿命の短い宇宙では、生物が昆虫以上のサイズにまで進化する時間もなかった」と言っています。まさに、「バグ」だらけの世界になっていたと。

2．「Ε（エプシロン）」。0・007。核力の強さ。水素が核融合してヘリウムに転換するときに放出されるエネルギーの割合です。原子核の結合の度合いを決定している数字であり、地球上のすべての原子もこの数字によって定義されています。この数値以上の力がないと核融合ができません。ですから太陽から放出される力を制御している数字もこれで、水素を他の周期表の原子に変換しているのもこの数字です。この惑星で結果的に炭素と酸素が多く、金やウランはレアな原子となったのもこの数字のおかげです。「もしこの数字が0・006だったら原子が安定せずすぐ崩壊し、0・008だったら水素がすぐ枯渇し、我々人類は存在しなかった」とリース氏は述べています。

3．「Ω（オメガ）」。宇宙数1。宇宙内の銀河、ガス、暗黒物質を含む総物質量（密度）はこの数字によって決められています。宇宙における重力と膨張エネルギーの関係性もこの数字で定義されています。「この数字が高すぎたら宇宙はとっくの昔に崩壊していた。低すぎると銀河も星も何も形成されなかった」とリース氏は説明します。ビッグバンのインフレーション理論ではΩ＝1としていますが、天文学者たちはもっと正確な数字を見つけようとしています。この初期設定や微調整を行った存在こそが「創造知性」であると指摘する科学者もいます。

4．「Λ（ラムダ）」。宇宙反重力。1998年に発見された非常に小さな数字（ゼロ以上ではある）であり、宇宙の膨張を制御していると考えられています。ただし10億光年未満の尺度で見てもほとんど影響がないようです。もしこの数字がもっと大きければ銀河や恒星の形成が止まってしまい、宇宙の進化も「始まる前に終わった」状態になっていたことでしょう。

5．「Q（コッパ）」。10万分の1。重力と静止質量エネルギーの比。恒星や銀河、銀河団などの宇宙的構造物にとっての基本となる宇宙定数。この数字がビッグバン時の「さざなみ」に埋め込まれていたことで、星々は現在の形と質感を持つに至りました。この数字がもっと小さかった場合、構造を何も持たない宇宙が誕生していたでしょう。逆にもっと大きかった場合、巨大なブラックホールが太陽や惑星を誕生させる前に飲み込んでしまっていたでしょう。

6.「Δ（デルタ）」。我々が住む空間次元の数、「3」です。リース氏は、我々のような生命体は3次元空間でしか存在できないと主張しています。3次元については何百年も昔から知られていましたが、現代では超弦理論の11次元などの全く新しい宇宙の見方がされています。

今のところはリース氏ら先鋭的科学者にもこれらの数字を結び付けるような「大統一理論」は見つけられていません。ですが、発見された暁には数学的な万物理論となることは間違いないでしょう。今はこれらの数字や比率は別々に存在しているようにしか見えず、お互いの力を組み合わせて壮大な「宇宙の設計図」を作り出しています。宇宙のジグゾーパズルのピースであるこれらの数字の設計者は、一体どんな計画を持っているのでしょうか。我々人類が宇宙に存在しているということも、彼らの目的を静かに物語っているのです。

コラム　「宇宙はどれだけ細かく微調整がされているのか？」

何か少しでも違っていたら自分たちはここに存在していなかった。そう考えると少し怖くなってきますが、どれだけギリギリで生存しているのかを知ってみたい気持ちもありますよね。

例えば「強い核力」がもっと大きかったとしたら……まず水素が生成されません。ほとんどの生命体にとって不可欠である元素の原子核が常に不安定な状態になってしまいます。端的に言えば、生命が存在し得ません。もし小さかったならば、水素より重い元素が生成されません。この場合も生命が存在し得ません。「弱い核力」のほうが大きかった場合水素が多すぎてしまい、ビッグバンでヘリウムに変わってしまいます。恒星は物質を重元素に変換しすぎてしまい、ここでも生命の誕生が不可能になってしまいます。これがもし小さければヘリウムはほとんど生成されなくなり、重元素に変換される物質が皆無となり、やはり生命の誕生は不可能になります。

もし「重力」が大きかった場合、どの星も熱すぎて何でもすぐ燃えてしまい、生命誕生のための化学反応などは無理でしょう。もし小さければ星が核融合を起こすには冷たすぎて、結局生命誕生の化学反応に必要な元素がほぼ形成されません。

もし電磁力定数と重力定数の比率が今より大きければ、今の太陽よりも40％以上重い星々ばかりになっていたはずです。恒星の燃焼も生命にとっては短すぎ、しかも不均一です。比率がもし小さければ恒星は今の太陽より20%ほど質量が小さくなり、これでは重元素が生み出されないでしょう。

陽子に対する電子の質量の比率が今より大きかった場合、生命を保持できるほどの化学結合がされません。逆の場合も然りです。

電子に対する陽子の比率が大きければ、重力は電磁気に支配されてしまいます。すると銀河や惑星の形成が妨げられます。逆に小さかった場合も同様のことが起きます。

宇宙の膨張率が今より大きければ銀河は形成されなかったでしょう。もし小さければ宇宙は星々が形成される間もなく崩壊していたでしょう。

――参考資料　ヒュー・ロス博士著『宇宙の起源――かくも美しく秩序を持つ宇宙その誕生の神秘を探る』

宇宙の理由

リース氏によると六つの数がこの宇宙を複雑に成立させているということなのですが、それについては3通りの説明をしています。

一つ、この宇宙が偶然の産物であることは排除できない可能性としてあること。つまり、私たちが存在していることにも明確な理由があるわけでもなく、ただ六つの数字が偶然にも私たちを生み出したのかもしれないという考え方です。

二つ、神はいるかもしれないという説です。これだけ人類の想像を絶するような奥深い設計を目の当たりにし、これに知的生命体の手が加わっていないと考えるほうが難しいということです。進化論に代わり、この「インテリジェント・デザイン」理論を指示する科学者たちも目立ってくるようになりました。

『ＩＤ』(intelligentdesign.org)の公式サイトではこの説について次のように説明しています。

「インテリジェント・デザイン（ＩＤ）とは、自然界に見られるシステムが知性ある何かによって設計されたということの証拠を追求する科学者、哲学者などの研究者による知的コミュニティ、または科学研究プログラムのことです。ＩＤ説では、宇宙や生命の特徴は自然淘汰の過程ではなく、知的な何かによって設計されたと説明されるのが妥当というのが一般認識としています。ＩＤ理論家は宇宙や生命のシステム構成要素の研究と分析を通じて、自然構造が偶然の産物なのか自然法則の産物なのか、それとも知的設計の産物なのか、あるいはその組み合わせによって出来上がったものなのかを特定します。宇宙における知的行為の跡と呼ばれるようなものを観測することが主な任務です。我々も知性によって動いている生命体である以上、同じような情報特性を持った物体を見つけることは可能です。これらの科学的手法を応用することで、これまでに複雑な生物学的構造や、ＤＮＡ中に記録された情報量、生命や宇宙の持続的構造、約5億3000万年前のカンブリア紀の爆発の間の化石記録で得られた生物多様性などに、インテリジェント・デザインを見出すことに成功しています」

この説の提唱者たちは、創造主が少なくとも私たち人類が誕生することを望んでいたと考えています。宇宙は人間のような知的生命体をいずれ生み出すというゴールを念頭に置いて、創造主によって調整されていったものだという考えです。リース氏はこのように述べています。

「六つのダイヤルを微調整しながら宇宙を望ましい環境へと育成していく。そんな設定は優れた知能でなければ不可能だ」では、この創造主というのは何者なのでしょうか？　この章ではいろいろな角度からその正体を探ってまいります。気になって仕方ない方は第10：10章を先にお読みいただいてもかまいません。

それと忘れてならないのは「ビッグバンを経験した唯一の宇宙」は我々の住むこの宇宙だけではないかもしれないという考えです。他にも宇宙があった、もしくは存在しているかもしれないのです。そして、それぞれの宇宙が独自の冷却速度、独自の微調整、独自の物理法則を持っていて、それらを表す数式も異なるのかもしれないのです。リース氏は次のようにコメントしています。

「多元宇宙論は一つの宇宙の中で物事が完結しているという考えより何でもありの贅沢に思えるが、これは既知の観測や観察の下で導き出された理論であり、この宇宙が無限大に広がる多元宇宙のうちの原子に過ぎないという新しい予想でもある」

例えばΩ（オメガ）は宇宙の密度を調整する役割を持っていると一言で説明されていますが、この数字だけで全生命体を存続させているほどの、単純にいって人知を超えた精妙な調整が必要なわけです。

この値がほんの少しだけ大きければ、すべて終わっていたのです。宇宙はいつまで経っても膨張を始めなかったかもしれないし重力もおかしくなって、しっちゃかめっちゃか。「ビッグバン」ではなく「ビッグ・ピンチ」と呼ばれる現象に発展していたかもしれないということです。もし存在する質量の量がこれより少なければ、重力は決して粒子を結合させ、相互作用させ、物体を形成させ、最終的には生命を生み出す機会を与えなかったでしょう。

このような超絶チューニング・テクを、ビッグバンの最中に物質とエネルギーが爆発した結果起きた「偶然」で片付けてしまったら、なんだかすごくもったいない気もするでしょう。かと言って、本当に誰かがビッグバンにこの複雑なコードをあらかじめ記入していたと断言してしまってもいいものでしょうか。さあ、この計画はいつ、誰に、どうやって書かれたものなのでしょう?

まずは手がかりの一つとして「N」について詳しく見てみましょう。

N（ニュー）

数値「N」は宇宙がどれだけの大きさを持つことができるかを決める命令です。規定値を超えたり下回ったりすると、重力が電気力を上回ったりして、宇宙はそもそも存在しなくなります。重力が私たちが知っているよりもはるかに強かったら、私たちの日常は今と大きく異なっていたでしょう。周囲は多くのブラックホールで囲まれていたでしょうし。それって結構、サイアクな世界ですよね！　電磁力と重力との関係性は、知れば知るほどあまりにも精密に調整されています。極小の世界から極大の世界まで物事を均一に保ってくれる、ありがたい法則なのです。世界を大混乱に陥れたい悪者が狙うのはまず「N」でしょうね。

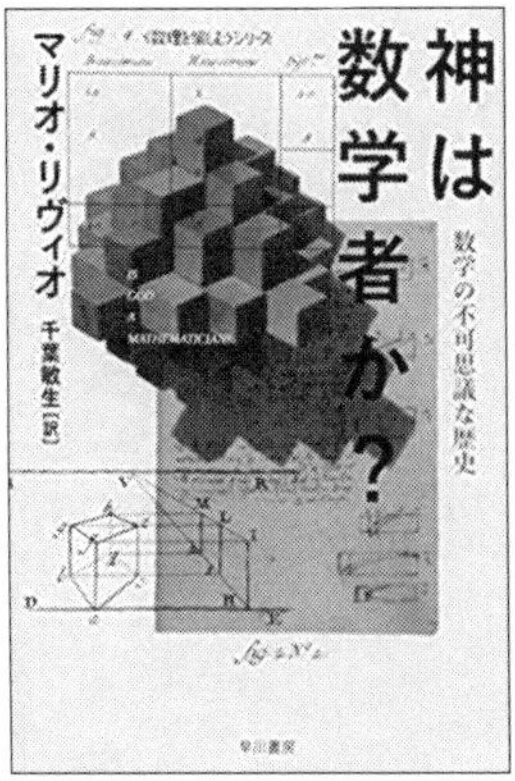

これら六つの基本数はそれぞれ、そのままでまさに「完璧」なのです。これが宇宙の絶対的「正義」と言えます。少なくとも私たちが住むこの小さな惑星においては、これら六つの数字のおかげで生命が誕生し、日々の生活を送ることができているということになります。

FRATRIS
ROGERI BACON,
ORDINIS MINORUM,
OPUS MAJUS
AD
CLEMENTEM Quartum,
PONTIFICEM ROMANUM,
Ex MS. Codice Dublinensi, cum aliis quibusdam collato, nunc primum edidit
S. Jebb, M.D.
LONDINI,
Typis Gulielmi Bowyer.
MDCCXXXIII.

天体物理学者マリオ・リヴィオ氏の著書『神は数学者か？——数学の不可思議な歴史』では、イギリス人天文学者ジェームズ・ジーンズが「この宇宙は数学者が設計した」と結論づけたエピソードについて描かれています。なぜなら重力や天体の動きでもなんでも、あらゆる物事が決められた数学的ルールに従って動いているからです。「天文学」という用語はそもそも「星の法則」を意味する言葉です。法則なのだから当然、数学に基礎を置いています。13世紀の著名な学者ロジャー・ベーコンでさえ、自然界は数学法則であることを認めていました。ブリタニカ百科事典によると、ベーコンの代表作『大著作（原題：Opus Majus）』では次のような興味深いことが書かれているそうです。

「大著作の第四部では、数学に関して入念に書かれた論文〝哲学のアルファベット〟がある。すべての科学は根底に数学がある。したがって真実は数学的原理で包摂できるときにのみ進歩が可能になると主張されている。そして自然界が幾何学で成り立っていることと、それら幾何学的図形の物理的な力と法則について示すことで論証がされていく。その対象は多岐に渡り、星の光や潮の干満、天秤の動きといった長らく未解決であったことまで数学で説明しようという試みがされている。さらに神学にも数学的知識が不可欠であることが主張され、至極まともではあるものの当時としては異端的とも考えられなくもない論調で言葉が紡がれていく。章の締め括りには再び地理学と天文学についてが包括的に論じられる。コロンブスもこの本を愛読していたということも興味深いことである。コロンブスは神学者ピエール・ダイイの『イマゴ・ムンディ（世界像）』という地理百科事典がきっかけで人間の理性について深く考えるようになったという」

物理学者ポール・デイヴィスは著書『幸運な宇宙』の中で、「自然の複雑な構造には、数学的なコードが隠されている。宇宙を動かしているのはこの宇宙的コードである。古代人は正しかった」と述べています。

デイヴィス氏は『神の御心（原題：The Mind of God)』の著者でもありますが、ガリレオやニュートンなどの昔の科学者たちも自然の構造とパターンを知的に明らかにすることによって、同じく「神の心」を垣《かい》間《ま》見ることができると思っていたのだと考えられます。

科学と宗教は全く相容れないというわけではないということを、自然は教えてくれます。科学者は宗教家である必要はありませんが、「自然界には人間にもわかるようなコードで記入がされていると信じられなければ、研究などやってられない」とデイヴィス氏の言った通りだと思います。

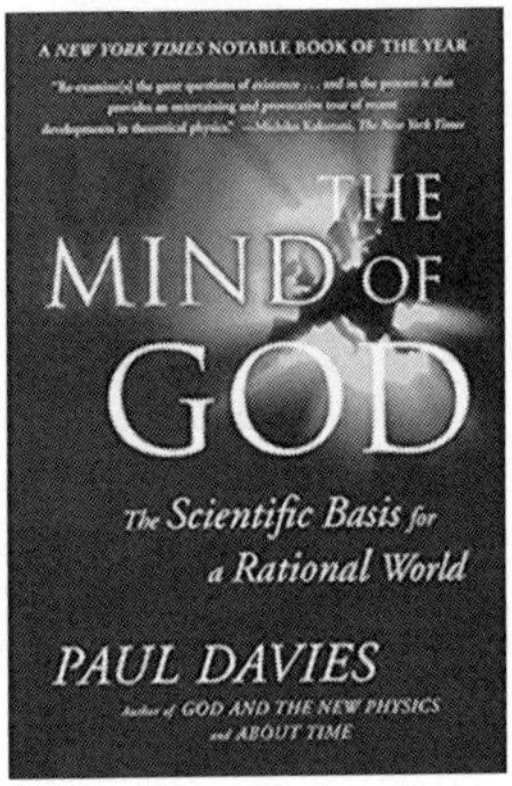

デイヴィス氏は科学がなければ秘密の数学的コードの発見もなかったと考え、他の動物と違い人間だけが宇宙の深淵へと突き進んでいることを強調しています。「なぜならそれが人間の役目だから」と人間だけが持つ論理的説明能力を賛美しています。

宇宙の本質については数えきれないほど多くの理論があります。何事にも、始まりがあれば終わりがなければなりません。いつか誰かが完璧に宇宙を合理的に説明してくれると信じたいものです。たとえ地球が亀の背中にのっていて、その亀の下にも亀がいて、それがずっと続いていたとしても、いつかは終わってくれるはず。もしかして、デイヴィス氏が言っていたように一番下には空中浮遊する亀がいるのかもしれませんし。このようなあまりに突拍子もないトンデモ現象が新たに見つからない限りは、何事も論理的に説明が可能だということは歴史的にも証明されています。

コラム「数字かカメか」

バートランド・ラッセルや19世紀のアメリカ人哲学者ウィリアム・ジェームズに関する有名なお話があります。宇宙の全容についての講義をしている途中、教室内の後ろのほうに座っていた女性が講師を非難し始めます。

女生徒　「宇宙がどうなっているか、あたしは知ってますよ！」

教　授　「どうなっているんですか？」

女生徒　「地球は大きなゾウの背中にのっていて、ゾウはもっと大きなカメの背中に乗ってるんです」

教　授「ではそのカメは何の上に乗っているのですか？」
女生徒「引っ掛けようとしてるんですか？　カメの下はカメに決まってるじゃないですか！　ずっと続いているのよ」

宇宙の向こう側

宇宙論の研究と理解を進めるためにも、他にもいろいろな数字の秘密を見ていきましょう。

先ほど述べた宇宙を成り立たせている六つの基本数ですが、ここで多元宇宙論や平行宇宙の存

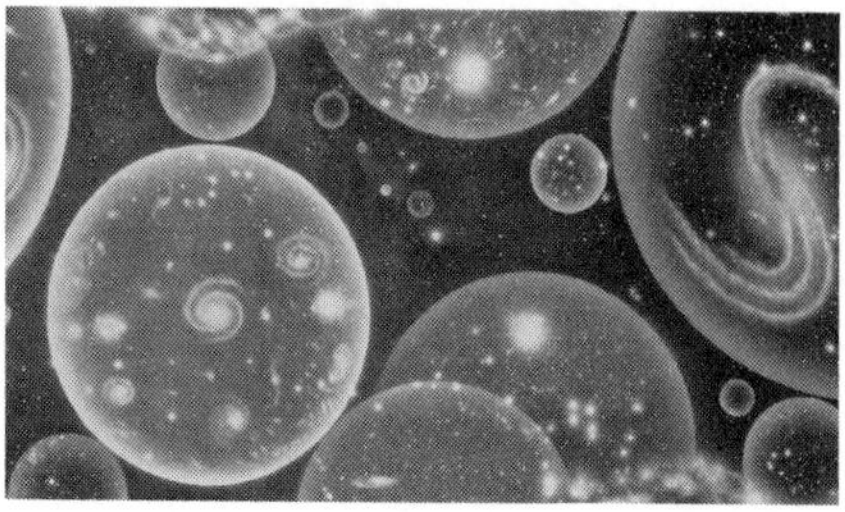

在についても示唆されていましたね。提唱者のリース氏自身も多元宇宙論の支持者であり、この考えは現代の多くの理論物理学者や量子物理学者の間で支持されつつあります。

高エネルギー物理学国際研究誌（International Journal of High-Energy Physics）に掲載されたオレリアン・バロー教授の記事でも「宇宙が他にいくつもあるというアイデアは素晴らしい。いくつもの理論でも示唆されていることから、これからの主流派となるべき宇宙論である」という具合に大絶賛する傍で、次のような警鐘を鳴らしています。

「しかし、多元宇宙論を正解とするのなら大勢の物理学者は大きな路線変更を強いられることになる。例えば、ほとんどの宇宙存在論の入門書などは捨てなければならなくなる。他の宇宙では他にも数々の物理法則や定数があり、存在する次元の数すら違うだろうから、私たちの世界の物理法則などはその中のほんのごく一部に過ぎないだろうから。コペルニクス、ダーウィン、フロイトに続く4度目のショックが起きるかもしれない」

実際、異なる宇宙はここと は異なる速度で形成されたでしょうし、異なる速度で冷却され、異なる法則、数、比率で動いているのでしょう。私たちの知る「ビッグバン理論」もこの宇宙の統一理論の一部ではあるのかもしれませんが、あくまでこの宇宙限定の数学的要素なのかもしれないのです。それにしても六つの数字には改めて感謝です。おかげで変な宇宙に住んでいませんから。適切な時間に、適切な場所にいられることは幸せなことです。

ですがやはり疑問は残ります。その中でも一番の疑問はこちらでしょう。

「これら六つの数字を決めたのは誰?」

他にも「本当に安定しているの?」とか「エントロピー増大とかで混沌とした宇宙になる可能性は?」など訊いてみたい質問ならいくらでもありますが、とりあえず「宇宙が数字で調整されているのはわかった。じゃあ誰がどうやって調整しているの?」という疑問に尽きますよね。

六つの数値があまりに人為的に見えるので、もしかして宇宙は巨大コンピューターで創られた現実システムじゃないかという疑いまで出てきます。そうだとしても結局、質問内容は変わりません。「じゃあ、プログラマーは誰？　最初にコンピューター言語を開発したのは誰？」

宇宙がコンピューターだとしたら

多くの最先端の数学者、宇宙学者、天文学者、物理学者が口にする疑問は次のようなものです。

「宇宙は巨大量子コンピューターなのか？」

宇宙の複雑さを説明するため、科学者は宇宙を満たしている膨大な量の「何か」を説明しようと量子テクノロジーを駆使しようとしています。量子コンピューター理論の基礎として、粒子とその相互作用はエネルギーを伝達するだけでなく、「情報」も伝達するという考えがあります。情報が「ビット」となって粒子と共に運ばれるという考えです。

「宇宙は存在しているなかで最大の情報であるとしたら、ビッ

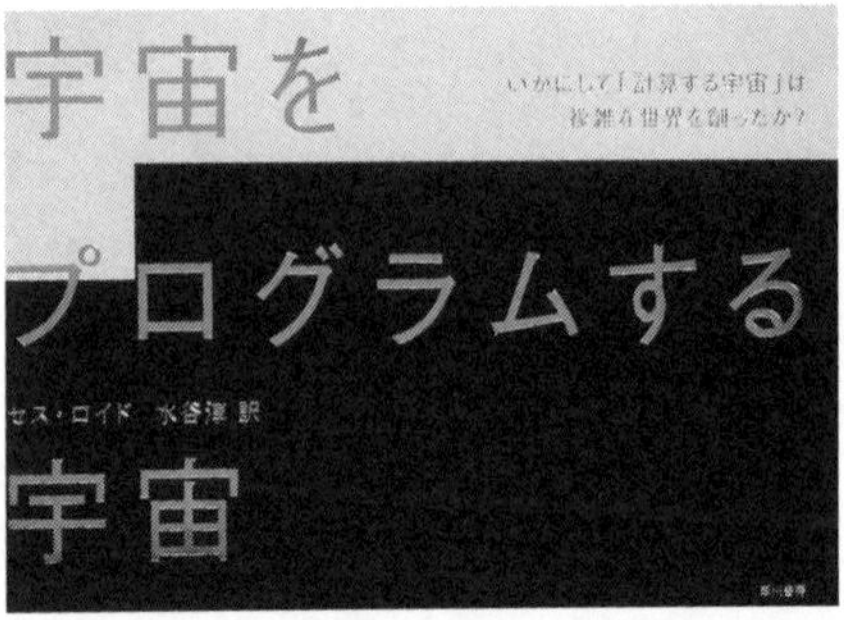
宇宙をプログラムする宇宙
いかにして「計算する宇宙」は複雑な世界を創ったか？
セス・ロイド　水谷淳 訳

トは最小の情報です。宇宙は無数の情報小片が集まってできています。それらすべての分子、原子、素粒子は情報を記録します。つまり宇宙の断片同士の相互作用は、情報処理でもあるのです。このように、宇宙は量子コンピュータです」以上はセス・ロイド教授の著作『宇宙をプログラムする宇宙』からの引用です。

エッジ財団によるインタビューで、ロイド教授は次のように述べています。

「マクスウェルの悪魔の難問が提唱されて以来100年以上経ち、すべての物質は情報を内包し、処理することができるということが知られるようになりました。例えばこの小さな虫の中にはアヴォガドロ数[49]ほどの原子を内に含んでいます。これをボルツマンの原理[50]で考えると、エントロピーはビットのアヴォガドロ数に準じることになります。つまり、この虫を虫たらしめている原子や粒子などを完全に知るための情報量は、アヴォガドロ数ほどの内包されたビットを見ればわかるということです。このようにすべての物理的な系には、進化の過程で情報操作や改定、処理などを行う能力が備わっているのです」

宇宙が巨大情報処理システムなのだとしたら、宇宙はビッグバンを通して「計算されて」誕生したということになるのでしょうか。最初のプログラムが完了したら次のプログラムが作動して……全部完了したらまた最初からプログラムが起動し直すと考えるのが普通ですね。つまり、この宇宙は決められた「周期」を繰り返していることになります。結果として雪だるま式に万物が創造され続けてゆき、多様性も無限に拡大し続けます。

原子や素粒子といった小さな世界の構成要素は、「ビット」の情報によって形成されていきます。こうして生成された物質にはそれぞれ物理法則や化学、生物学的法則が適応されていきます。私たちのよく知る世界の構成要素ですね。このように「宇宙の台本」があるということを知ると、ロイド教授が「この宇宙のどこか遠く、異なる惑星上で、我々と全く同じ生き方をしている生命体がいてもおかしくはない」と言ったことも首肯できます。

「宇宙量子コンピューター説」では、エントロピーは原子や分子のランダムな動きを特定するのに必要な情報として作用するものと考えられています。原子などの運動は小さすぎて見ることも測定することもできないため、つまり「エントロピーも物理的な系においては不可視のものとして扱われる」とロイド教授は説明します。エントロピーは系における熱エネルギーの量を決定するので、これを利用することで測定をします。エントロピーは熱力学第二法則に従うのであれば宇宙の総エントロピーは減少ではなく、増加し続けることになり、よって利用不可のエネルギーも増加していくことが示されます。ここでエントロピーの概念について、原子の運動量がビットの総量で上下するものと考えてみましょう。運動エネルギーは熱エネルギーです。つまりは原子の動かし方は情報が決めていて、エントロピーはその元気のもとになっているというわけです。

巨大なコンピューターとしての宇宙は、それそのものを構成するために必要な情報を処理しながら、肉眼でも観測できるように情報を具現化していきます。惑星などもその一つです。言わずもがな、この宇宙には数え切れないほどの惑星が存在しています。物質を物質たらしめるには電子が必要ですが、電子を構成するにも莫大な量の「情報」が必要です。つまり、宇宙はこれでも「目には見えないが存在している」物事が大量にあるということになるのです。ロイド博士は情報とエネルギーの相関性について次のように述べています。「情報とエネルギーは宇宙において相補的な役割を果たしている。エネルギーがないと物理的な物事は起きず、情報がないとエネルギーは何を起こすべきかわからない」

物理現象と情報はこのように密接に結び付いています。お互いどちらが欠けてもうまくはいかなかったというこの関係性は、宇宙そのものの「創造の舞」ならぬ、「宇宙コンピューターの舞」とも言える様相を呈しています。

20世紀半ばにはハリー・ナイキスト博士、クロード・シャノン博士、ノルベルト・ウィーナー博士などの著名な科学者たちが、この相互作用の背後にある数学的性質を理論化し、定式化するという偉業を成し遂げました。それが「あることをするのに必要な情報を求める式」である「情報理論」です。例えば誰々に電話をかけるにはどのくらいの情報エントロピーは平均何ビットである、というふうに表すことができます。後にこの情報理論をさらに洗練させていったのがジェームズ・クラーク・マクスウェル博士やルドウィッグ・ボルツマン博士らです。

『Jason's Cosmowiki of Strange Ideas』というウェブサイトを作ったセス・ロイド氏はインタビューの中で「この宇宙は1台の大量子コンピューターによるシミュレーション世界である」と言っていました。この宇宙におけるすべては、あまりにも精巧に映し出されているので人々はそれが現実であると信じてやまないというのです。なるほど、いかにも「マトリックス風」な考え方ではありますが、宇宙が量子コンピューターであるということは、私たちが見ているこの世界が現実かどうかを特定するには、「量子デコヒーレンス」が鍵となるでしょう。つまり、物体が形成されるのは情報処理の過程で量子ビットがデコヒア（消失）したり違う道を選択したりした結果生ずるという考え方です。量子宇宙論者にとっては、これが「宇宙はそうプログラムされている」という証拠に聞こえるようです。コンピューター内で行われていることと同じで、処理を命じるための情報ビットがそこにあったから宇宙のすべては今のような姿をしているのだということですね。これが少しでも違っていたのなら、原子もブラックホールもすべて今と違う運命を辿っていたでしょう。

『宇宙をひもとく新科学、それが〝情報理論〟脳もブラックホールも理解できる！（原題：Decoding the Universe:How the New Science of Information Is Explaining Everything in the Cosmos, from Our Brains to Black Holes)』という本を書いたチャールズ・サイフ氏は、宇宙量子コンピューター説の支持者の一人です。余談ですが、この本の題名は世界一長いタイトルと言われています。

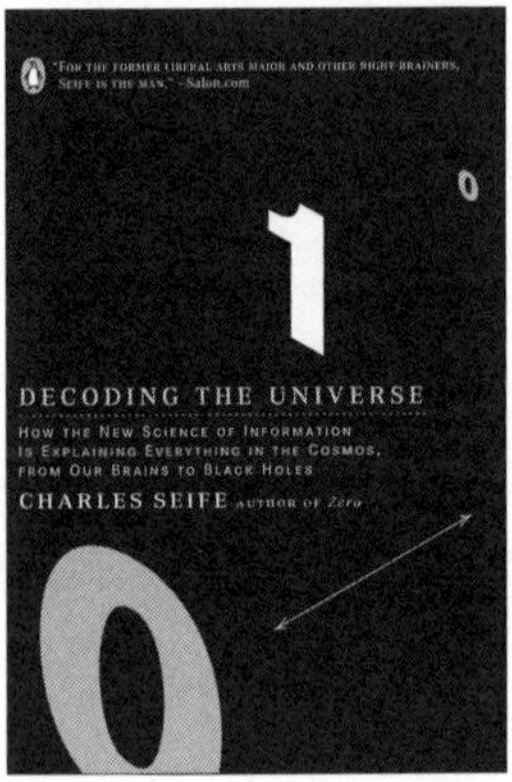

例えばサイフ氏は、自分やこの現実は全部宇宙コンピューターの創り出したプログラムなのだと声高に宣言する科学者の一人です。ここまではっきりと確信できるのはすごい度胸だと思いませんか。サイフ氏は情報理論を通して「情報の物理的性質」に焦点を当てることによって、宇宙

ムーアの法則

半導体の集積率は18か月で2倍になる

ゴードン・ムーアが提唱した半導体の経験則。半導体回路を1/k分の1に細かくすると
動作速度がk倍、回路の集積度はkの二乗、消費電力が1/kになる。

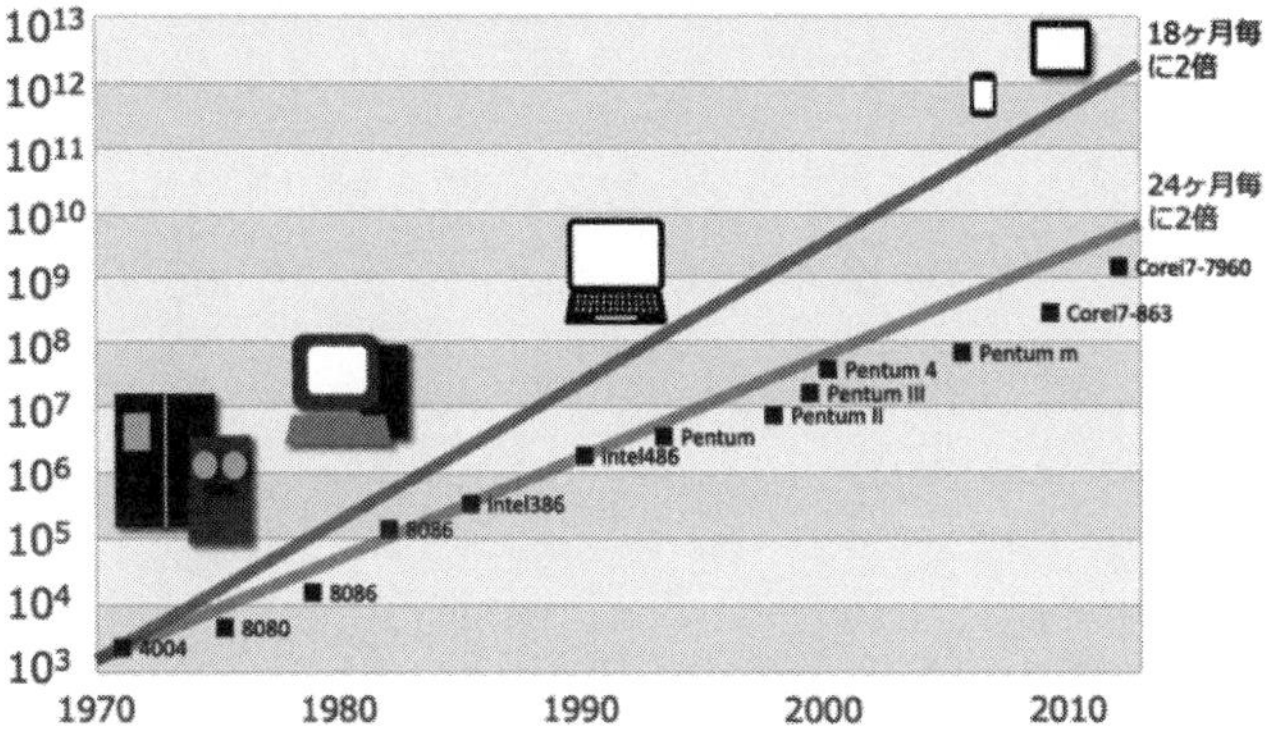

の奇妙な原理を具体的に理解しようと試みています。「情報とは物質やエネルギーとして具体化した特性のことである。その特性は量子化されており、測定することも可能である」しかし、いかに量子といえど情報はあくまで物理法則に従うようになっています。自然科学の他の分野と同様に情報は物理法則によって質量とエネルギーのふるまい方を決定づけられます。

　すべての情報は伝達され、物質化していきます。情報はその伝達を決定するプログラミング・コードであるといえましょう。情報はプログラムされた通りに伝達され、エネルギーが前提通りに使用され、惑星などが具現化していきます。宇宙がこのように最速かつ最効率に成り立っていったという説が正しいと感じる方にとっては、「ムーアの法則」についてもすんなり

と受け入れることができるはずです。

ムーアの法則は1965年にインテル社の創業者ゴードン・ムーアによって提唱されました。その法則によると、集積回路（IC）上のトランジスタの総数はICが発明されて以来毎年2倍に増加し続けているというのです。つまり、コンピューターの計算能力が2年ごとにほぼ2倍になるということです。このような凄まじい速度を保ったまま私たちの使っているコンピューターの情報処理能力が倍増し続けていったら、どうなってしまうと思いますか？　増大した情報がさらに雪だるま式に増大し続けていくわけで、一度に手に入る情報もそれに伴って増大し続けていくことになります。コンピューターの将来は一体どうなってしまうのか。私どもには想像もつきません。

宇宙量子コンピューター説に話を戻しまして、一体誰が、もしくは何が、この宇宙構造のプログラミングを行っているのでしょうか。

例えば多元宇宙論者にとってはそれぞれの宇宙に専任のプログラマーがいると考えているのでしょうか。それともオズの魔法使いの劇のように、黒幕がいてすべての流れを管理しているというのでしょうか。情報理論家たちは今日も壮大なテーマに挑戦をし続けています。

Π（パイ）

六つの数字や量子ビットなどの他にも、宇宙の深淵なる秘密について語っていると思われている数字があります。それが、学校では円周率3・14として習うπ（パイ）です。円周率とはおなじみ、円の円周の長さの円の直径に対する比率のことです。πはギリシア語アルファベットの16番目の文字で、「80」の数価に値します。

Ππ

πの読み方は「ｐ・ｉパイ」であり、ギリシャ語で「円周」を意味する「periferia」がその語源と言われていますが、あまりにも古い起源であることから正確な由来はわかっていないと言われています。πは無理数であり、小数点以下に続く数字の列には終わりも繰り返しもないと言われています。「超越数[51]」の一つにも数えられています。

πが最も興味深い数字として扱われているのには、それが歴史上で最も古くから伝わっている数字であることにも起因しているようです。この数字を最初に理論的に研究したのはかのアルキメデスであるとも言われていますが、ここまで深淵な数字となったのはアルキメデス以外の数学者たちの貢献もあるという意見もあります。πが便利なのは、その計算精度の高さです。小数点以下が無限に続く分、精度が高いということであり、どんなに大きくてもそれが円であれば正確に計算ができるのです。

先ほど紹介したリース王立天文官などは、πやω（オメガ）やδ（デルタ）などの特殊な数字は地球由来の数字ではないとも考えています。どういうことかというと、円周率は宇宙のどこにいても、対象となる円がどれほど巨大であっても関係なく同じ比率になるという数学的事実から、そのような印象を抱かされるという意味です。確かにπはどこに行ってもπのままでしょうし、宇宙人的な印象ですね。もしかして無限と思われている宇宙の構成要素にもなっているのかもしれません。

πに関してはいくつもの異なる解釈が唱えられています。マイケル・ヘイズ著の『DNAに隠された錬金術的暗号（原題：The Hermetic Code in DNA: The Sacred Principles in the Ordering of the Universe)』によると、πはただの数字ではなく、音楽やハーモニクス、それにDNAなどとも関連する凄い数字なのだそうです。

ヘイズ氏はここで円周率を22／7の数字で代用していますが、この数字は古代エジプト人た

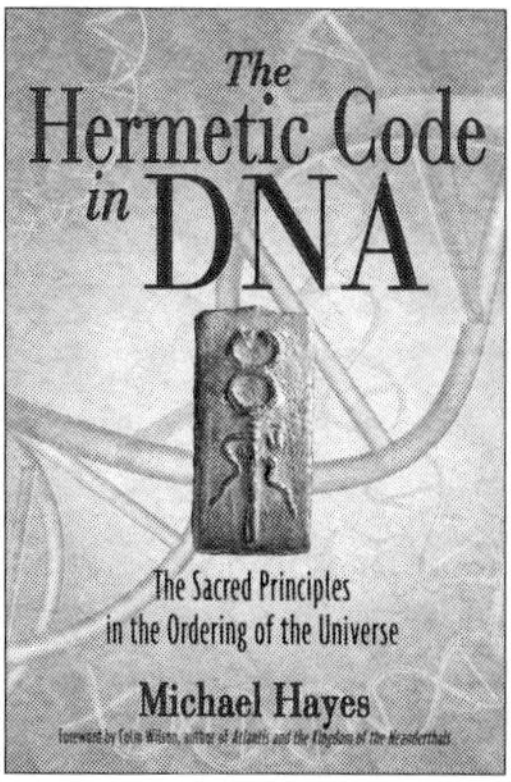

ちが「3音階（トリプル・オクターブ）」に値する神聖な数字であるとしてピラミッド建設にも使用していた数と同一であると述べています。同じ数はメキシコのテオティワカンにあるピラミッド構造にも見られる数であり、ヘイズ氏によるとさらにイギリスのストーンヘンジにもこの数が使われた跡があるとのことです。これ以上、この数字がいかに神聖なものか説明は不要でしょう。

「22は音符の数。一つの音程にはド、レ、ミ、ファ、ソ、ラ、シの七つ音があり、最後のドは次の音階の最初の音符になる。よって三つの音階で合計22の音の数になる」

ヘイズ氏はπにも同じ音楽的特徴があると説明しています。三つの音階にはそれぞれ三つの小音階で成り立ち、つまり全部で九つの小音階で成り立っていると考えました。そして音符の数は九つの小音階にそれぞれ七つの音があり、9×7＝63で最後にドを加えて、合計64になります。64は8の2乗にあたる数字です。ヘイズ氏は64を錬金術的暗号であると定義しています。なぜなら、我々のＤＮＡを含む宇宙のそこかしこにこれと同じ数字が見え隠れしているからです。

数学的に言えばπの値は3・14159……になりますが、「古典的」に言えば3・142857……とされています。いずれにせよ、πはDNA塩基配列のパターンにも見られるとも言われています。それについては第10：10章で詳しく説明してまいりますが、ヘイズ氏の言葉を借りて簡潔に説明いたしますと「この錬金術的暗号は3重の法則、すなわちすべてが三つの構成要素から成り立っているという法則で示される暗号である。πも例外なく三つの音階がそれぞれ三つに分かれ、つまりは九つの小音階があり、合計64の音符があるということになる。64は遺伝暗号、つまりRNAコドンの種類と一致している」ということです。

非常に重要なことに迫っているような感覚を覚えます。ヘイズ氏は著書にさらに次のようなことも書いています。

「所詮我々には推測することしかできない。しかし、我々の細胞という小宇宙の遺伝的暗号と、人間の精神が知覚するこの大宇宙の錬金術的暗号が奇妙なまでに完全一致を見せているという事実は、疑いようのないほど確かなことなのだ。ヘルメス・トリスメギストスが残したという伝説のエメラルド・タブレットに刻まれた言葉〝上が如く、下もまた然り〟という言葉を噛み締める想いである」

そう、ＤＮＡらせんもヒトの脳も、単にスケールが違っているだけで本質は「同じもの」なのではないでしょうか。もし人間の脳が形而上学的な「宇宙らせん」の一種だと解することができたのならば、無限大の多次元生物である我々は銀河という生き物にとって不可欠な構成要素として存在しているのかもしれません。銀河の「細胞核」として。

改めて、πは素晴らしい。目に見える範囲でもそうでない場合でも、あらゆる物事の背後には数学的原理があり、その構造を測定することができるということを私たちに教えてくれるのだから。世界の構造や基盤、そして知覚しているこの現実を測定するには数字を使うことは避けては通れない道なのです。真実を知りたければ最後は数字に頼るしかありません。ですが、それはつまり数字の達人である「世界の仕掛け人」がどこかに存在していて、いつか出会うことになるという伏線でもあるのです。

［注釈］

49　１モルの純物質中に存在する分子の数

50　統計力学によるエントロピー定義式

51　代数的整数でない複素数

第9:9章

数字を巡る危険性

「理性は最後、理性を超えるものが無限にあるということを認識せねばならない」

——ブレーズ・パスカル

宇宙はたった六つの数字で記述できる！

これまで語ってきた通り、宇宙や私たちの存在そのものは数字によって成り立っています。数学的法則はいわば、「現実の基礎」です。なにしろ宇宙はたった六つの数で記述することができるのですから。私たちの知る物理法則は、実際には私たちの住むこの宇宙だけの法則なのかもしれません。数字はこの宇宙における自分自身の存在についてもいろいろとヒントをくれます。日々のやることにかまけて、自分自身について思いを馳せることを疎《おろそ》かにしていませんでしょうか。その特性や意味をそのまま受け取ることができれば、数字は人生をもっと……そうですね、人生をもっと楽なものに変えてくれるかもしれませんよ。

といっても、数字を理解すれば人生が魔法のように楽しくなるというわけではありません。重要性に気づいた人の中には、その価値を利用して悪魔の代弁者になろうとする者もいます。そういう人は数字と神秘性を結び付けた魅力的な話でみんなの気を引こうとしてきます。ですが、人生を楽なものにしてくれる法則ならば他にもたくさんあるのだということをあらかじめ理解しておけば罠に引っ掛かりません。「オッカムの剃刀」の法則を覚えていらっしゃいますか。「ある事柄を説明するには、必要以上に多くを仮定すべきではない」という考え方のことでしたね。正しい説明とは常に単純な説明になるはずということです。複雑な法則をたくさん知っているからといって、その人が必ずしも正しい説明をしているとは限りません。

世の中に溢れかえった複雑な「法則」の多くは、数学者や科学者の単なる好奇心から発見された大したことのないものです。そうした法則の多くは解き明かされる途中で放棄されてしまったために、かえって説明困難な難問として残されてしまったのです。

パスカルの三角形

ここで、数字の幾何学的配置である「パスカルの三角形」について考えてみましょう。

1
1 1
1 2 1
1 3 3 1
1 4 6 4 1
1 5 10 10 5 1

これは二項展開における係数を三角形状に並べたものです。数学における二項係数は、二項冪《べき》（1＋x）nの多項式展開におけるxkの項の係数のことです。組合せ数学では、「nとkの選択関数」と呼ばれます。n集合とk集合の「部分集合」ということです。n要素を持つ集合とk要素を持つ集合のうち、包含関係を持つ部分のことを意味

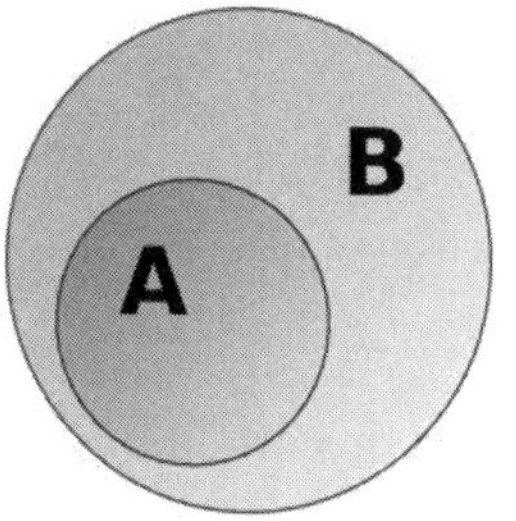

します。

とまあ、ここまでは教科書に書いてあるようなことを述べてまいりましたが、ここで「パスカルの三角形」への興味が尽きないようにお願いします。

まだまださらなる謎がこの三角形にはあるはずなのです。1655年、確率論の問題を解くためにブレーズ・パスカルがこの方法を使用したことから、この三角形には彼の名が冠せられています。ですが実はこの三角形の歴史はそれよりはるかに古く、10世紀の古代サンスクリット語である「チャンダス・シャストラ」で書かれた文書にも描かれています。それよりさらに昔の紀元前5世紀からこの三角形は使用されていたようですが、後にインド人数学者バットパラがこの三角形の列を拡張していきました。その後953年から1131年の間にペルシャ人数学者アル＝カラジと天文学者ウマル・ハイヤームがさらに詳しく理解を深めていったという経緯から、この三角形は「ハイヤームの三角形」という別名もあります。

さらに13世紀の中国人数学者楊輝の業績もあって、中国では「楊輝の三角形」としても知ら

古法七乘方圖

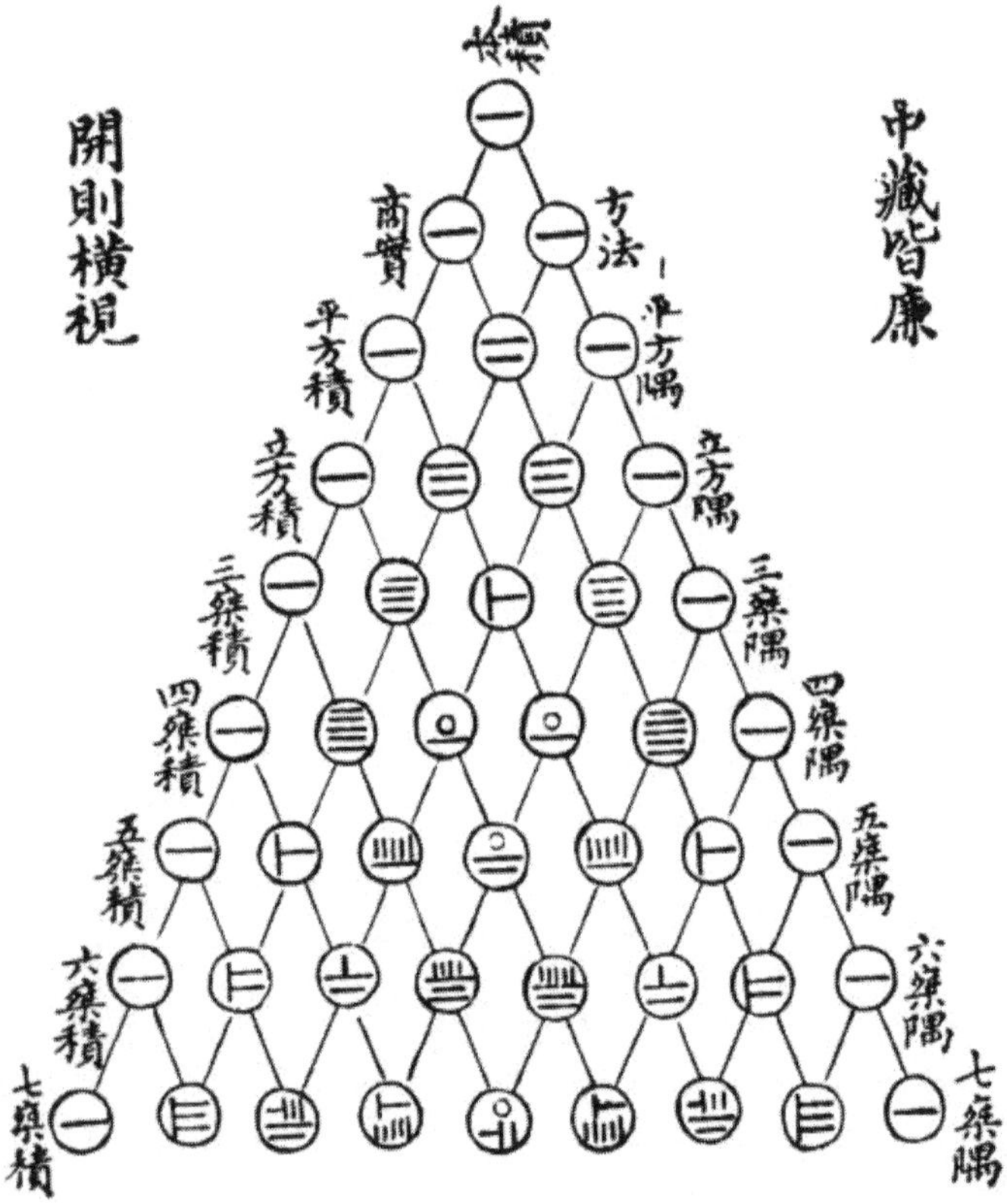

本積	方法	上廉	二廉	三廉	四廉	五廉	六廉	七廉

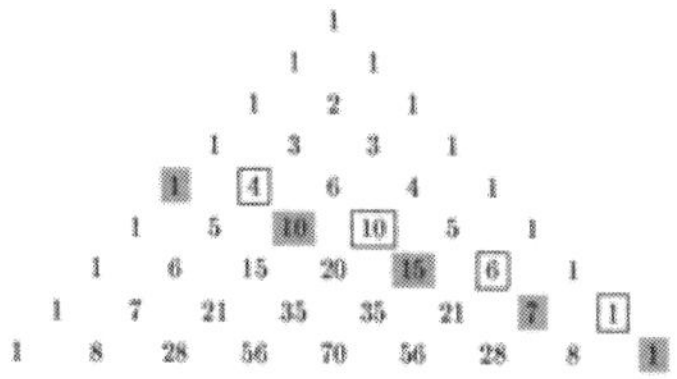

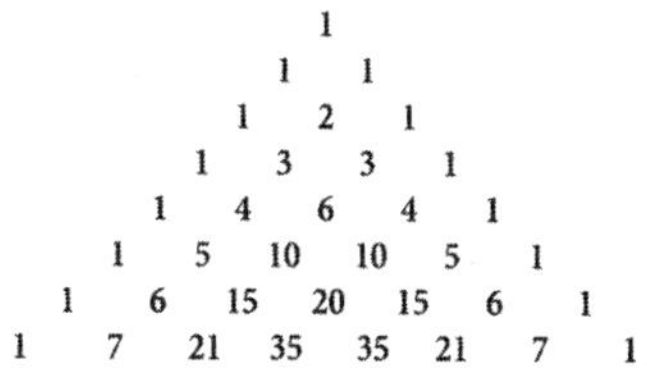

れています。

その後、イタリア人数学者ニコロ・フォンタナ・タルタリアが三次多項式の解法としてこの三角形を使用したことから、「タルタリアの三角形」とも呼ばれるようにもなりました。パスカルが研究を始める１００年前のことです。

それはともかく、興味深いのはこれが「定型表現」、つまりπと同様に自然界の各所に見られる数字の慣用表現であるという点です。さらに古代の数学者たちは、この三角形の中にフィボナッチ数が埋め込まれていることを発見しました。

このように古代からパスカルの三角形は「神秘の数字群」として数学者たちの好奇心を惹きつけ続けてきました。確かによく見ると目を見張るようなユニークな特徴が見えてきます。

●奇数だけを黒く塗りつぶすと「シェルピンスキーの三角形」と呼ばれ

るフラクタル図形に非常によく似た三角形になる。正確には、この図形のn→∞の極限がシェルピンスキーのギャスケットになる。

●各行の値を並べた数字は、11の冪乗となる。5行目以上の2桁の数は繰り上がりをしていけばやはり11の冪乗となる。つまり11は重要な数学的パターンであることがわかる。

●特定の角度で切り取った数字の和がフィボナッチ数になる。

$$
\begin{array}{ccccccccccl}
 & & & & 1 & & & & & \longrightarrow & 1 = 11^0 \\
 & & & 1 & & 1 & & & & \longrightarrow & 11 = 11^1 \\
 & & 1 & & 2 & & 1 & & & \longrightarrow & 121 = 11^2 \\
 & 1 & & 3 & & 3 & & 1 & & \longrightarrow & 1331 = 11^3 \\
1 & & 4 & & 6 & & 4 & & 1 & \longrightarrow & 14641 = 11^4
\end{array}
$$

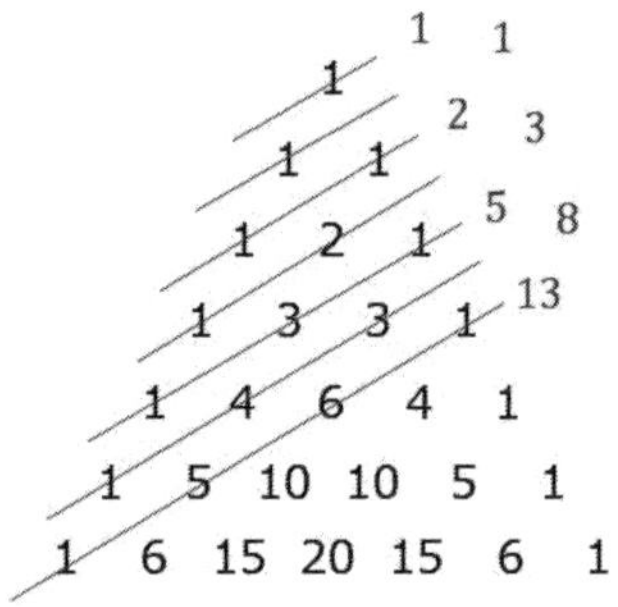

●三角形の左右の辺は1でのみ形成される。
●辺の内側の辺は自然数の数列で形成される。
●素数の横にある数字はその素数の倍数。

Goldennumber.netというウェブサイトにもパスカルの三角形について面白い情報がありましたので転載します。

●横の行はすべて2の累乗の数になる（2、4、8、16と続いていく）。

●1－3－6－10－15－21－28……と続いている対角線の隣り合わせになっている二つの数の和は、どれも平方数（四角数）になる（1、4、9、16など）。

●確率問題の組み合わせを見つけるのに便利（例えば、五つの項目のうち二つを選ぶ場合の可能な組み合わせは10通りあるということが、5行目の2番目の数字に書いてある）。

●1の右側の数字が素数の場合、その行のすべての数値はその素数で割り切れる。

フィボナッチ数を知ったときと同じような、背後に高度な知性を持った存在がいるような感覚をパスカルの三角形からは感じることができます。ですが数学者や科学者の大多数はそうした「神秘的な力」と聞くと途端に懐疑的になります。視野が狭いのかもしれませんね。まあ確かに、こういう法則を一つか二つだけ目にして全体を見なかったら「たまたま一致しているだけの例」だと捉えられてもおかしくないですから、その気持ちはわからないでもないですけれど。それとも私たちのほうが熱くなっているだけで、本当はこんなの大したことない法則だから彼らも全然驚いてくれないのでしょうか。

ここで、『Plus Magazine』というウェブサイト[52]で見つけた思考実験を紹介させていただきます。世界のどこかにある河川の長さや、ペルーの人口でもいいので、とにかく自然界に存在する数を調べて集めてみましょう。それらの自然の数の「最初の数字」はなんでしょうか。集計してみましょう。次に、1から始まる数、2から始まる数、3から始まる数といった具合にグループ分けをしていきます。

ベンフォードの法則

実際にやってみるまでは恐らく、確率としては数字の割合が1／9になると予想されたのではないでしょうか。1から9までの数字のどれかで始まる数字になるはずなので、妥当な考え方ですね。ファイナルアンサーでよろしいでしょうか。

残念、間違いです。驚いたことに、確率は1／9ではないのです。「ベンフォードの法則」によれば、最初の桁が1である確率は全体のほぼ30％になるのです。逆に9は最初の桁に現れる可能性は最も低くなります。「そんなバカな」と感じられるかもしれませんが、これを表す

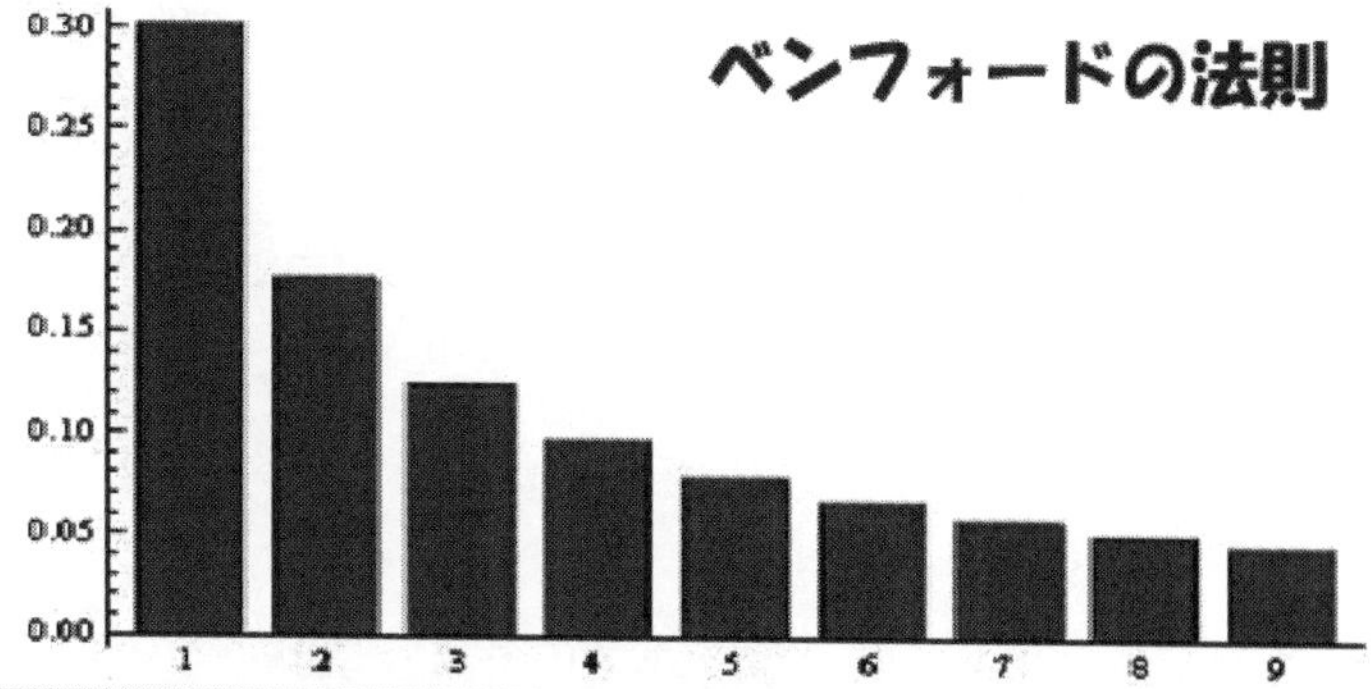

最高位	1	2	3	4	5	6	7	8	9
法則値	0.301	0.176	0.125	0.097	0.079	0.067	0.058	0.051	0.046
割合	30.1%	17.6%	12.5%	9.7%	7.9%	6.7%	5.8%	5.1%	4.6%

数式が実際にありますし、これが自然法則なのです。

　実はベンフォードの前に、カナダ系アメリカ人の天文学者で数学者のサイモン・ニューカム（1835年～1909年）がこの驚くべき法則を最初に発見していたとされています。1881年の論文『自然数において各数字の表れやすさについて』では、このことについてが詳しく論じられています。ニューカムの優れた観察眼によって発見されたこのパターンを、1938年にさらに発展させたのが物理学者フランク・ベンフォードだったのです。ベンフォードはこの法則が後々自分の名前が冠されることになることを目指して、ありとあらゆるデータを世界中から収集しました。その膨大な量のデータの中には『アメリカ人科学者名士録』に最初に登録された342人の住所まで含まれていました。その結果、約30％が1から始まる数字であり、18％が2から、

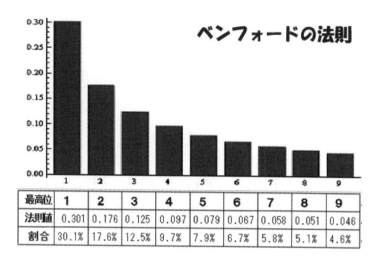

その後は大きな数になるほど確率は小さくなっていくとわかったのです。このパターンは、野球試合のスコアでも、死亡率でも株価でも電気料金でも同じ結果となりました。しかし、分析したベンフォードでさえ「なぜそうなるのか」が理解できませんでした。

その後1961年頃になって、アメリカ人数学者ロジャー・ピンカムがこのパターンについて興味深い説明をしました。彼は「数字の頻度」の法則が実際に存在していると仮定し、どこから持ってきた数字であってもこの法則は普遍的であるということを示しました。金額でもインチでもキュービット、メートルなどの異なる単位であってもこの法則は普遍です。これを「スケール不変」と言い、つまりは対象のスケールを変えてもその特徴が変化しない性質が発見されたのでした。ですがわかりやすくするために以降は「ベンフォードの法則」で通すことにしましょう。

その後もビジネス統計や年間離職率から物理定数に至るまで、あらゆる数字がベンフォードの法則で検証されてきましたが、実はこの法則はいくつかの制約がかけられます。宝くじの当選者と同じで（おっと失言！）。制約のせいで使われる数字は実質的にはランダムではありません。かといって、極端に可能性の幅を狭めるような強い制約でもありません。ベンフォードの法則を熟知していても来週の5000万ドルの当選くじを手にしたりはできませんが、重要なことを知ることもできます。

この法則を利用すれば納税申告書や財務データの不正を検出したり、臨床試験の不正をチェックしたり、人口統計モデルを検証したりすることができるのです。なかなか人の役に立つ有用な機能が備わっているわけですね。

大抵の「良いこと」には代償となる条件がつきものですが、ベンフォードの法則もその例にもれません。結局はデータの数字を選ぶのは人であるということです。完全ランダムではなく、人が選んだ数字にしか適用できません。それにもかかわらず、他の数字よりも現れる頻度が高い数字があるという「不可解な現象」があります。そしてその謎がこうして実在しているということを人に理解させるために使用される数式の一つがこれというわけです。確かに興味深いですよね。

法律、規則、および状況

このようにコンピューター処理から人間の行動まで自然界のあらゆることをカテゴリー分けし、定数化できる法則などは片手では数えられないくらい多く存在します。今から全部を説明

パレートの法則のイメージ

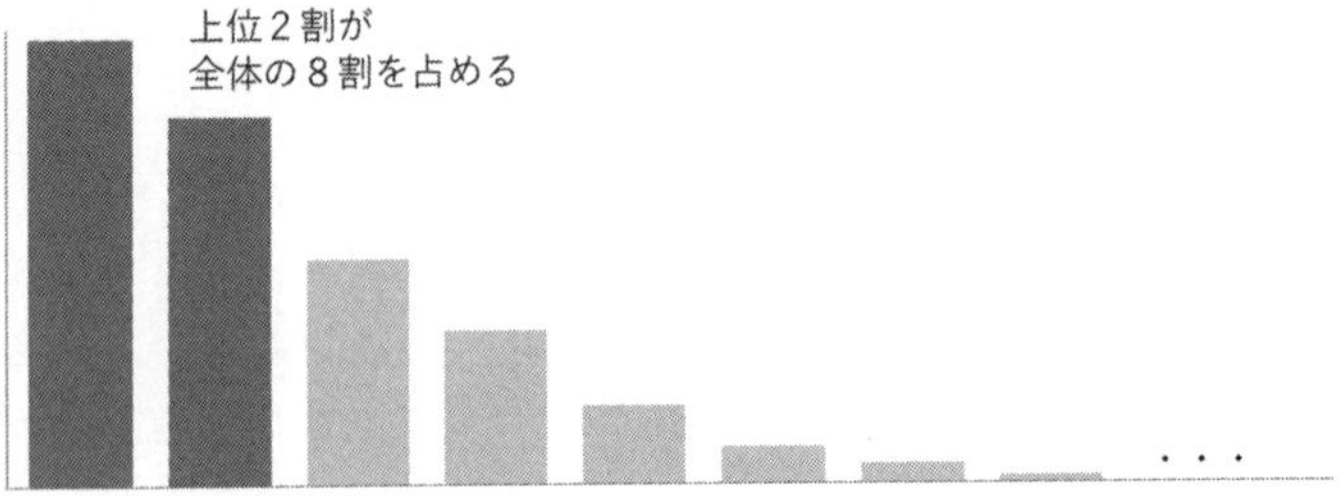

していってはページ数が全然足りませんが、いくつかピックアップしてみましょう。

●アペリーの定数―さまざまな物理的現象で発生する謎の数学定数。無理数だが、コンピューター時代の到来とともに飛躍的に解明が進んだ。

$$\zeta(3)=\int_0^1\int_0^1\int_0^1\frac{1}{1-xyz}dxdydz$$

●パレートの法則―経済学者ビルフレド・パレートにちなんで命名された本原則は、経済において全体の数値の大部分は、全体を構成するうちの一部の要素が生み出しているという「80：20の法則」である

●冪乗則―スケール不変のある多項式で、自然現象や社会現象にもスケールの大小関係なくその形式は保存される。重力、クーロ

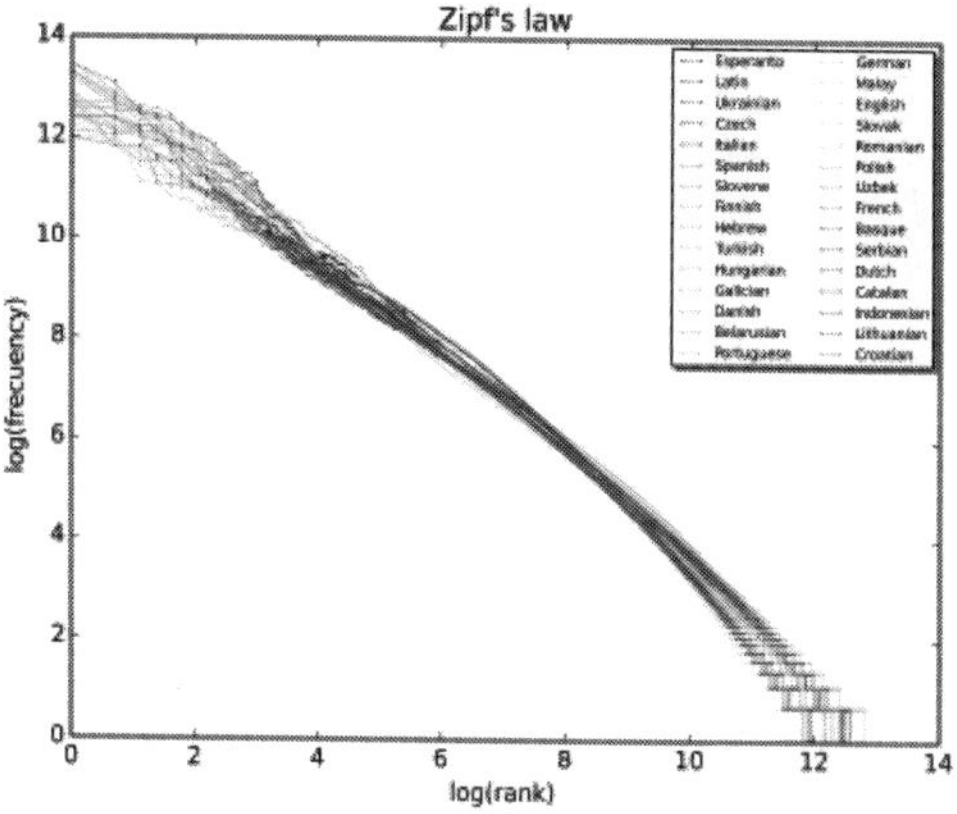

ン力やパレート分布（80：20の法則）などはその一例。

●ジップの法則─言語学者ジョージ・ジップにちなんで名付けられた法則で、出現頻度がk番目に大きい要素が、1位のものの頻度と比較して1／kに比例するという経験則。特定の文字や数字の出現率は他のものと比べて明らかなばらつきがあるということ。

繰り返しになりますが、これらが当てはまるのは科学、コンピューター処理、ビジネス、物理学、それから地震の頻度などの人が選んだ数値となります。本書ではシンクロニシティなどの特定数の特別な配列などを重視していますので、その主旨にピッタリの法則にフォーカスしていきます。

7：7章で紹介した「リトルウッドの法則」を思い出してみましょう。これによると、毎月1回くらいは奇跡が起きるという法則です。もともとはケンブリッジ大学教授J・E・リトルウッド氏が『数学者の雑記』で発表した法則は、奇跡と呼ばれる現象が日常的なことであると証明するために編み出された主張なのです。リトルウッドの法則は「大数の法則[53]」と直接関係しています。例の数が大きければ何でも起こりうるという主張がかぶっているわけですね。数学界の「マーフィーの法則」とも言えましょう。

リトルウッド氏の主張を再確認してみましょう。

「奇跡とは100万分の1の確率で起きると言われる極めて例外的な出来事のことを指す。しかしながら、人は一日の間に数え切れないほどの物事を経験している。コンピューターの画面を見たり、キーボードやマウスを触ったり、ネットで記事を読んだり。さらに、人間は1日に約8時間起きてその間はずっと注意を払っているわけであって、35日間で約100万8000の事柄を経験している。したがって、35日あれば一度くらいは奇跡が起きてもおかしくはないということになる」

これを聞くと、奇跡は思ったほど奇跡ではないような気もしてきますね。確かにこれほど多くの人々が多くの奇跡的な出来事を経験しているのだし、それが毎日のようにどこかで起きていることをどう説明するのかとなると、リトルウッド氏の言っていることがもっともらしく論理的な説明のように感じてきます。こうなると冷めてしまって、「超常現象」と呼ばれるような一生に一度起きるかどうかの奇跡を求め続けている宗教団のようには熱くはなれなそうです。

ですが考えてもみてください。この法則は本当なのでしょうか？　私たちは年に3回も宝くじに当選したくても、できませんよね。奇跡は容易に起こり得るのだと説明する目的の研究ならいくつかあります。その中でも注目に値するのは、パーデュー大学の統計学者ステファン・サムエル氏とジョージ・マケイブ氏による調査です。ある日、ニューヨークタイムズ紙で宝くじに2度も当選したある女性についての記事が掲載されました。この件について彼らが調査したところ、宝くじに2回当選する確率は4か月間で30分の1となり、7年もあればもっともっと高い確率になるということがわかりました。これなら理解しやすいですね。確かに考えていたほど奇跡とは言えないかもしれません。宝くじというのは往々にしてたくさんの枚数を買うものですから。つまりそれだけ勝率が高くなりますし。

地球上には60億人以上の人がいます。もしかすると、1000万人もの他人が今夜、あなたと全く同じ夢を見る可能性があるのです。同じ夕飯のメニューを楽しむ人ならもっといるでしょう。同じ誕生日の人だって数え切れないほどいます。人が多ければ多いほど「偶然の一致」

も頻繁に発生します。考えてみたらこれは驚くべきことです。だって数百万人が同じ出来事を経験しているのですから。もしかして出来事について同じ意味を考えている人の数だって少なくないかもしれません。

リトルウッドの法則で考えれば時計で11：11を見たり1日の間に何度も23の数字が出てくることも至極もっともらしく説明ができるでしょう。私たちの脳も最初にこの数字が大事だと捉えた瞬間からは、さらにその数字を見かけるように注意力が向いてしまうことでしょうから。では時間ピッタリ現象はこれにて解決、でいいのでしょうか。

偶然性

心理学者デビッド・マークスは著書『超能力者の心理学（原題：Psychology of the Psychic）』の中で「偶然とは類似性が見られる二つの異なる事象が奇妙に一致しているように発生した場合のこと」であると書いています。しかしこれまで見てきたように、リトルウッドの法則などでは、そんな偶然という出来事も常に発生しているはずであると説明しているのです。

偶然の出来事は毎日起きていて、それを超常現象や陰謀だと誇張して主張する声が絶えないのは、歴史が繰り返しているという事実に他ならないということです。私たちはずっと「これは奇跡だ」という思い込みを繰り返してきただけなのかもしれません。統計学的には偶然ではなく、必然なのだと証明されているのです。

人類だけが偶然性にこれほど多くの意味を与えたがっている理由は、「マトリキシング」に頼っているところがあるからなのかもしれません。前章で説明した通り、何もないところに意味を見出そうとするのは私たち人間の本能なのです。見慣れないものから見慣れたものを探しだそうとする人間の習性「パレイドリア」についても説明してきましたね。私たちは、自分が見たいものや聞きたいものだけを無意識に選択して見聞きしているのです。

バイアスと信念

夫婦生活をしていて相手から、あるいは恋人から「あなたは自分にとって都合のいい話しか聞きたがらない」と怒られたことはありませんか。まあ、ない人は恐らくいないでしょう。私たちは根っから、相手の話していることの全部を詳細まで覚えていない性分なのです。話のいくらかは耳を素通りしてしまったり、警告されていても言われた覚えがないことはよくあります。これは前に説明していた「情報バイアス」の典型例です。超常現象を巡る議論にはよく見られることです。誰しも、自分の信条の根底が覆されそうになったら抵抗するために不都合な情報をシャットダウンします。心理学としては常識です。

「歴史は繰り返す。それが歴史が犯す間違いの一つだ」

――弁護士クラレンス・ダロー（1857年～1938年）

心理学や認知科学では「選択バイアス」、「情報バイアス」、「交絡バイアス」とも呼ばれているこの種の「先入観」はしばしば裏付けとなる証拠を欠いていますが、何も関係がない物事から関係性を見つけ出すという心理作用を表しています。不足している証拠についても、「研究が進めばいつか十分な証拠も出てくる」というマーフィーの法則で説明できます。

これは政治学でいう「分極効果」に類似しています。既存の偏向した政治的思想があり、どちらのサイドもできるだけ「中立」と言われている表現を使って自分が支持するほうの思想を補強するよう試みます。そのように自分の命をかけてまで信念にしがみつこうとしていると、二極化はどんどん進行していくものです。

ここでもやはり、脳と五感の働きによって人間は情報が「どっち派」か素早く評価しようとします。その過程で多少の情報の過不足については無視されていきます。これが潜在意識の仕事だからです。脳が一旦その情報をバイアス化して処理すると、情報は当人にとって「真実」として受け入れられます。そうなると、他にもっと真実に近い情報が提示されたとしてもすでに築き上げたバイアスを切り崩すことは思っている以上に困難になります。これ以上ない証拠を突きつけても決して認めようとしない人に説得を続けたことはありますか？　あれと同じ、壁に話しているような無意味な行為となるのです。

このことは、霊能者、幽霊、ＵＦＯ、そして「11：11」に何か神秘的意味合いがあると期待する我々と無関係であると言えるでしょうか。

遺伝学者デビッド・パーキンスは、このように賛成意見のみを提示しながら自分の意見をただただ主張する心理的傾向のことを「マイサイド・バイアス」という用語を使って説明しています。このような思考は妄想癖や偏執症、さらには自己顕示欲などのあらゆる負の心理学的特性をもたらしうるとしています。どなたも身に覚えがあるお話ではないでしょうか。

この種の心理的バイアスの危険なところは、純粋な証拠を突きつけられてもまだ「正しいのは自分だ」という意地になってしまい、結果的に集団となって不正解の道を突き進んでしまうことがあるという点です。

本書の著者二人は超常現象研究者という立場である以上、常にこの現象を目にしてきました。自説にこだわりすぎて真実を見ようとしない人はたくさんいます。既存の科学では説明できないような現象を目の当たりにした科学者にも、そういう人は大勢います。「UFOは空中に浮かんだ塵か何かを見間違えただけだ」とか。「同時に幽霊を見た目撃者が多数いる」ことも「明らかなタイムスリップ現象」であっても、「天使と遭遇した」体験でも、断じて認めようとしない頭の固い科学者なら配り歩けるほど存在しています。

もっとも、ピタゴラス教団も言っていたように、本当に数字に魔力があるのかを見分けるには何でも少しくらいは疑ってかかるべきだと言えます。自分の支持する説であってもその姿勢は保っておくべきなのでしょう。どんな不思議な法則を見ても疑ってばかりいる人は、そのような法則を考え出したのもまた本物の「天才」と呼べるほどの頭脳を持った一握りの限られた数の人物であり、説明も聞かずに全否定すべきではないということを忘れてはいけません。数学的法則は確かに恐るべき正確性を表しています。

ここまできました。改めて自分自身に問いましょう。

「神は数字なのか？」

［注釈］

52　plus.maths.org

53　独立同分布に従う可積分な確率変数列の標本平均は平均に収束することを示す法則

第10:10章

神は数字なのか

「自然という書物は、数学という言語で書かれている」

——ガリレオ・ガリレイ

人間を統べる究極の力の存在

「神は数字なのか？」これは「神様は男性か、女性か？」という問いくらい難しい質問であると言えましょう。なぜなら西洋の宗教的伝統がすでに神は男性だという答えを「常識」にしてしまっているからです。そこで、一旦その考えを頭から外して社会宗教的な視点から探究をしていこうではありませんか。まずは「神」という概念の根底にある概念を認識し、それを理解してあげることが大切と思われます。マハトマ・ガンディの詩『神の意味』には、神は永遠なる「自然」であるという美しい描写がされています。

「何にでも宿る不思議な力。
見えなくても感じられる。
目に見えないことで
証拠はどこにも見つからないものの
存在していることを感じさせてくれる力。
感じる。
しかし五感を通して感じるいずれの感覚とも異なるそれは

まさに超感覚と呼べるもの。

まさに神と呼称するに相応しき力、霊。
私は知っている。
死の最中に出るは生
不正の中には真実が
闇の中には光が
いつも居てくれるもの。

だからわかる。
神は生命なのだ。
真理なのだ。
光なのだ。

神は愛であり、最高善である。

知的好奇心を満たしてくれるだけの存在を神とは呼ばない。

心を満たし、変化を加えてこそ神である」

——モーハンダース・カラムチャンド・ガーンディー
（1928年10月11日、週刊新聞ヤング・インディアより抜粋）

地球上にある文化のほとんどが人類を統べる究極の力の存在を信じています。その力はヤハウェと呼ばれたこともあれば、ヨーダとかフォースとか呼ばれたこともありました。神の顔は時間と場所によって変化しますが、私たち人間を見守り、導いてくれる大いなる力であるという信念は変わりません。

信仰の程度は異なるものの「神」や「創造主」への信仰はいたるところにあります。人類にとって神を求めるのは本能であるとも言えるでしょう。人間にとって文明を創るのも壊すのも神の所業であると信じてきたのです。それもあって「私とあなたの神同士の戦い」は終わりが見えないのです。

神を信じる人は神を説明したり定義したりしようと努力します。大抵は神を「実体化」しようとしますね。象徴を作ったり偶像を使って「これが我々を監督しておられるのだ」という自分自身の欲求を映し出そうとします。全知、全能、遍在ということはどの伝統でも共通する神の概念ですが、文化によっては愛情深い父親として表現されたり、情動的で無情な裁きを下す存在として描写されることもあります。

そして数字の中には「神」に帰属するものがあるという考えが生まれました。特に、1、7、40、66、180、360などは神聖な数字とされることが多いです。3という数字は神の「三位一体」の性質や、現実世界の三位一体性質をも表す神聖な数字として、世界中のあらゆる宗教的伝統や創造神話の中に見られます。見えるものも見えざるものも、万物は自然界の三つの力の相互作用の結果生み出されたという概念です。

一方で、やはり神を数字などで表現しようという行為は冒瀆にあたるという声も少なからずあります。科学と宗教を融合させようという試みは、人によっては決して混じり合わないはずの水と油を融合させるという考えと同じような、異端的な考えに聞こえるようです。それでも、他の数字よりも重要性が高いと思われる数字というものは確かに存在しています。その証拠に、自然界はいずれも物理法則に従った働きを見せています。物理法則は数字で表します。だから神を表すのに数字は欠かせない要素なのです。

宇宙定数

第８：８章で宇宙と生命を作っている六つの定数について述べましたね。宇宙を傍聴させている未知の力も定められた「宇宙定数」のルールに従って動いているのです。その定数のおかげですべての物質、はてまた生命も現在の形で存在できているのです。

重力、電磁気力、強い核力、弱い核力という現在判明している宇宙の四つの基本力に加え、電子と陽子の比率などの宇宙普遍の物理定数は何者かによって微調整されたはずなのです。というより我々は、これが単なる偶然であってほしくないと思っているのかもしれません。星々や銀河や生命は、数学に誰よりも精通した天の住人によって作成された方程式に沿って創られていったのだと、私たちは信じたいのかもしれませんね。

古来、傑出した科学者の多くは、神が数字で宇宙を生み出したと結論づけてきました。

●フレッド・ホイル（イギリス人天体物理学者・ＳＦ作家）

「常識的に言って、化学も生物学も物理学も人智を超えた何者かによって作られた法則に従っているに決まっている。自然界は偶然そうなったのではない。自然界にこうして存在している数字を見てみればいい。この結論には疑問の余地がない」

（97年12月27日付けのウォール・ストリート・ジャーナルの記事『科学は神を復活させるか』より抜粋）

●ジョージ・エリス（南アフリカ共和国の宇宙物理学者）
「この複雑性を実現するには、法則の常識はずれな微調整を行う必要がある。それはほとんど、奇跡という言葉を使わざるを得ないほどの精密さであるのだ」

（93年G・F・R・エリスのエッセイ『人間原理』より抜粋）

●ポール・デイヴィス（イギリス人天体物理学者）
「宇宙の背後にはすべてを操作している何かが居るということを示す、証拠があります。それはまるで、自然のファイン・チューニングとも言える微調整具合なのです。本当に見事な仕事です」

（『宇宙の設計図（原題：The Cosmic Blueprint:New Discoveries in Nature'3 Creative Ability to Order the Universe)』より）

●アラン・サンデージ（アメリカ人天文学者）
「このような宇宙秩序が混沌から生まれたとはとても考えられません。秩序が作られるには、何らかの原則が必要です。神が存在するかどうかは私にはわかりませんが、奇跡がこうして存在していることが神が存在していることの何よりの説明でしょう」

（91年3月12日付けのニューヨークタイムズの記事『宇宙の大きさを知る』より抜粋）

●アーノ・ペンジアス（アメリカ人物理学者）
「天文学を学べば興味深いことがわかってくる。それは、生命を維持するのに必要な条件が絶妙なバランスで与えられるような超自然的な天の計画が、何もないところから創られたものであるということである」

（『宇宙、生命、神について（原題：Cosmos, Bios, Theos）』より）

●スティーブン・ホーキング（イギリス人宇宙物理学者）
「なぜ宇宙や生命が存在しているのか。それを解き明かした瞬間が、人類の理性の勝利の瞬間となるでしょう。なぜなら、ついに人類は神の御心を知ることができるということになるのですから」

（『ホーキング、宇宙を語る』より）

●アレクサンドル・ポリャコフ（ロシア人物理学者）
「なぜ自然が最高峰の数学で記述されているか？　それは神がそうしたからに違いない」

（『フォーチュン（原題：Fortune）』より）

●エド・ハリソン（イギリス人宇宙論者）
「ウィリアム・ペイリーが説いたように、放っておいても複雑な設計の時計は自然に創られることはない。そこには知性ある何者かの設計が必要である。それこそが、神が存在するということの宇宙論的証明ではないだろうか。宇宙が偶然の産物か、科学者が目的を持って創ったのか、どちらのほうが可能性として高いと推論できるか考えてみるといい」

（『宇宙の仮面（原題：Masks of the Universe）』より）

●アーサー・ショーロー（アメリカ人物理学者）
「宇宙や生命の驚異に直面したとき、どうやってではなく、なぜかを問わなければならないように思える。疑問に対する唯一の回答とは、宗教的なものではないだろうか。私個人としても、宇宙と人生には神の存在が必要なのだ」

（『宇宙、生命、そして神（原題：Cosmos, Bios, Theos）』より）

●ヴェルナー・フォン・ブラウン（ドイツ人ロケット技術者）
「宇宙の背後にある神のような知性の存在を認めない科学者を理解することは、科学の進歩を否定しようとする神学者を理解することと同じくらい困難である」
（『常識を疑え（原題：Skeptical Inquirer）』より）

以上、この宇宙が人智を超えた知性によって設計されたと考える一流科学者も少なくありません。そのほとんどは、設計と調整には優れた数学的知識が使われているということを認めています。少しでも違っていたら我々が跡形もなく消滅してしまうほどに繊細な微調整です。

ルービックキューブ

宇宙は数字を使って設計されたというより、「宇宙は数字である」と言ったほうがいいのかもしれません。物理法則も何でもすべては数字があってこそ存在しているわけですから。ではさらに単純化するために「神は数字である」と言ってしまってもいいのでしょうか。もしそうであれば、どんな数字なのでしょう。

「神の数」を見つけ出すにあたり、面白いお話があります。ルービックキューブというおもちゃはご存知でしょうか。立方体の同じ面をすべて同じ色にするという目的のパズルゲームですね。世界キューブ協会によると、２０１９年現在の世界記録は3秒47だそうです。

ノースイースタン大学の研究チームによると、ルービックキューブの最短攻略法はなんと43京通りの方法があるのだそうです。そんな中、攻略法について研究をしていた博士課程生ダン・カンクルとコンピューター科学教授ジーン・コッパーマンの二人が、数字の「26」が「神の数字」であると突如発表したのです。この26という数字は、パズルがいかなる状態であっても各面が揃った状態にできる「最小手数」のことであり、この二人はアメリカ国立科学財団から助成金を受けて研究した結果、わずか26手で誰でもパズルを解く方法があることを発見したのです。でも、なぜ「神の数字」と呼ぶのか？　それは、全知全能であればルービックキューブの最短の解き方を知っているはずだという考えからです！（神様が人間のおもちゃで遊ぶのかは知りませんが）

この二人によると、最小手数を見つけるには数字にこだわるよりも問題解決への最もシンプルで最速の方法を見つけることに専念すべきだということです。そしてもちろん、自分が宇宙の創造主であるならどのようにテクノロジーを使って発明するかという「神様視点」を持つことも大事です。

その他の可能性

おもちゃの話はこのへんにしておいて、もう少しシリアスな話をしてみましょう。物理学者スコット・ファンクハウザーは「神の数字」は想像を絶するほど大きな数字「10^{122}（10の122乗）」であると考えました。氏によるとこの数字は重要な宇宙現象の数々に現れているようで、1990年後半にダークエネルギーの存在について解明するための研究が始まった頃に観測されたのが初めてだったそうです。例えば宇宙の膨張加速速度の背後にも、この数字があると考えられています。宇宙の観測可能な事象の他にも、観測不可な最小の量子の質量（6×10^{121}）にもこれと同じような数字が現れています。この宇宙空間で粒子の配置先を決定しているエントロピーも、この数字と同じ2.5×10^{122}が使われています。

同じ数字がこうも繰り返し現れるというのは、何度も言うようですが熟練の物理学者や宇宙学者にとっても驚きの事実なのです。だからこそ、これが偶然である可能性が非常に低いと思われているわけです。天体物理学の創始者であるジェームズ・ジョイス卿も「宇宙は精密機械というより、神の知性が具現化したものに思える」と述べたことがあるほどです。
やはり我々の好奇心は尽きません。「一体誰なのか、この驚きの知性の正体とは？」

目的論

自然界の秩序に気づき、それを設計した創造者の存在の証拠を見つけたいという欲求を「目的論（テレオロジー）」と言います。この言葉自体はギリシャ語で「目的、終局」を意味する「τέλος テロス」に由来しています。この説は以下の四つの論説から成り立っています。

●自然の仕組みの精巧さや精妙さは人間の思考力を超えるほどに整然としていて、複雑で、目的があり、決してランダムであったり偶然であったりしないように見える。
●自然は知的で賢く目的を持った存在によって創造されたに違いない。
●神は知性があり、賢く、目的を持っている。

●神は存在する。自然がその証明である。

しかし、この議論が「知性とは何ぞや」という範囲にまで及び、また宗教的な意味合いも含むようになると、問題が生じてきます。そこで「情報理論」が妥協点を提供してくれました。「宇宙は秩序があり目的があるように見えるが、それは実は巨大なコンピューターだからだ」という説ですね。これなら神様がどうとかで議論が横道に逸れたりしないはずです。コンピューターはコンピューターですからね。

目的論者は「人間原理」を支持しています。それは「宇宙が人間に適しているのは、そうでなければ人間は宇宙を観測し得ないから」的な論理の、人間あってこその宇宙という考え方です。つまり宇宙定数や法則はすべて、進化した人間という知的生命体にのみ理解できるように設計がされているのだと、論者たちは言いたいわけですね。
人類原理の推進者といえば、『宇宙論的人間原理（原題：The Anthropic Cosmological Principle）』の著者ジョン・D・バロウや、数理物理学者でインテリジェント・デザインの支持者フランク・ティプラーでしょう。

彼らにとって、生命を生み出す自然界の複雑なデザインは全く偶然にできたものではなく、必ず「目的」があって創られたものであると考えています。全く反対の結果になっていた可能性は無限大にあったにもかかわらず、今の宇宙の姿になっているには、意図的な何かがなければならない。したがって生命は理由があって存在しているということです。

この説に反対する科学者の中には、「それは単なる統計学の誤った解釈による誤解であり、実際には奇跡と呼ばれる事象は日常的に起きている」と主張する人もいます。では生命に適した惑星上に出現した人類は単なる「ラッキー」な生き物ということで片付けてしまってもいいのでしょうか。

　このように目的論者によると宇宙は高次元知性によって創造されたものであり、それに反対する論者は数学の力は認めつつも設計者がいるとは信じていないとして、両者の意見は対立しています。『神は妄想である』や『盲目の時計職人』などの著者であるリチャード・ドーキンスは、「設計者がいるとすれば、これほど複雑な設計を意図的に使用できるだけの理解力を求められるものである」と述べています。つまり神ほど全知全能ではないにしろ、非常に高度な知性を誇る存在であるということを示唆しているわけです。フランスの有名な哲学者ヴォルテールも目的論者ではありましたが、「設計者は恐らく宇宙一賢い存在というわけではない」と信じていたようです。

　人々が想像する設計者の性格についても意見は様々です。『人類という偶然性。悪意の存在と有神論の反証』という論文の筆者であるクエンティン・スミスによると、宇宙の知的設計者が善人だという考えは捨て去るべきだといいます。それどころか、神は存在しないと考えたほうがいろいろと好都合なのだと氏は主張しています。というのは、もし神が全知全能であるのなら自然界に悪の要素は何も存在していないはずだという理由からです。一方で、もし神が悪者であったのなら宇宙はとっくに悪人だらけで滅んでいたでしょうから、それも考えにくい。宇宙は単に「環境」として存在しているものの、とりあえず全生命に優しい快適な環境に調整されているわけではないということを述べています。

生命に対し敵意を持った環境という考え方については、私たちの惑星上で起きている自然淘汰や食物連鎖といった自然現象を観察すれば理解いただけるはずです。全くの無慈悲無道徳で共食いし合ってばかりいる修羅の世界というわけではありませんが、サメは魚を捕食し、シマウマはライオンに狩られ、人間は節操なく何でも食べている世界であることは間違いないでしょう。この宇宙には生命が全く存在不可能な環境の惑星だってありますし、これでも地球はまだ生命に優しいほうだと言えましょう。

自然に宿る高次元の性質

宇宙が目的と意図を持っていて、知性体によって設計されたのかどうか。化学と宗教の間の衝突は激しさを増していきました。しかし進化論とインテリジェンス・デザインは両立できると考える科学者や宗教指導者なども登場してきて、地球上の生命は「神的存在」から進化という繁栄方法を与えられたものであるという考え方を持った人も近年では出始めています。

それでも、神の存在を巡る争いや論争は絶えることなく続いています。そんな中で神の本質、特にそれを数字で定量化しようという試みは極めて困難なものに思えます。そのような争いの歴史を尻目に「112358134711が神の数字である」と主張した数学者などもいます。この数字は前述したカバラやフィボナッチ数列とも関係があるらしく、前後にはマスター・ナンバー「11」が見えます。算出の仕方は、数字の1から開始して、その前の番号に足して次の数字を出すというものです。0＋1＝1、1＋1＝2、2＋1＝3、3＋2＝5、5＋3＝8というように、最後は7＋4＝11になります。11を終わりの数としないのなら、繰り返しと無限大を表す数字「8」で終わることもできます。11が何度も現れても気にせず計算を続けていくと、最後の数はカバラやゲマトリアやタロットでも神の魔法数字と言われている「10」の数字になります。数秘術の専門家たちはこの数字についても本をたくさん書いて出しているようですが、その数字が特別な意味を持つかは当の本人が決めることでしょう。

333

キリスト教徒にとって「333」という数字は神聖な数字です。それとは対照的に「666」は悪魔教の「獣の数字」であると一般的には思われています。なぜ333が神聖かというと、自然界には三位一体の性質がいたるところに見られるからなのでしょう。前の章で述べましたが、3という数字は数字界の中でも高い地位を誇る特別な数字であり、これが三つ揃えば向かうところ敵なしというわけですね。イザヤ書第6章3節では「聖なるかな」の祝詞を3回繰り返し唱えていました。

777

もしかしたらこの「神の数字」、意外と身近に存在しているのかもしれません。本書の導入部では「時間ピッタリ現象」の説明の一つで、ジャンクDNAと思われている未知の遺伝情報を再活性化するための「目覚めのコール」として数字の並びが送られてくるという人々の体験についても述べました。宇宙が巨大なコンピューターであるとしたら、それも説明できますね。宇宙コンピューターが出力した情報を私たちというDNAコンピューターが処理し、さらに情報を出力しているということです。

聖書の暗号解釈をしている専門家によっては神の数字が「777」であると唱える人もいます。私たちにとってはラッキー7のことですね。

幾何学ハーモニー

作家サラ・フォスは自著の『神の数字（原題：What Number Is God?）』で、神聖数字とは直接的な表現ではなく比喩的な表現なのかもしれないという持論を展開しています。

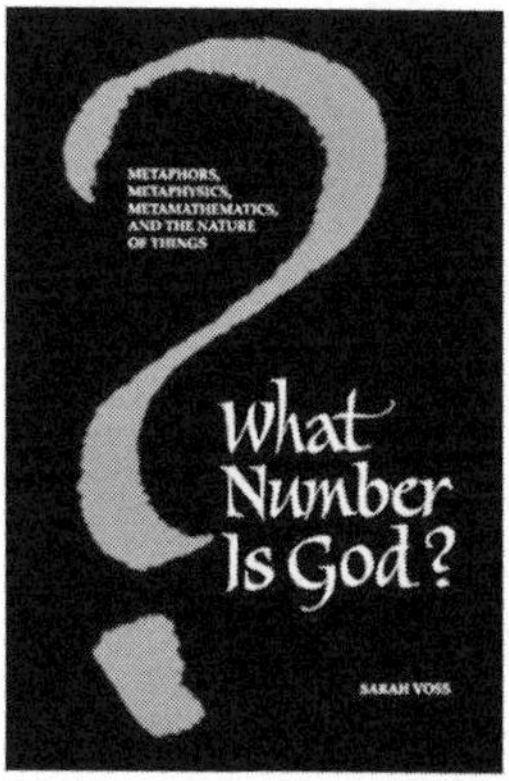
METAPHORS, METAPHYSICS, METAMATHEMATICS, AND THE NATURE OF THINGS
What Number Is God?
SARAH VOSS

自然界は数字や幾何学などの法則で創られているということは疑いようのないことですが、それらの創造主をも理解するにはただ数字をそのまま読むのではなく、比喩表現の中に含まれた神意を読み取ることが鍵であると、彼女は考えました。本の中では数字を神聖視していたピタゴラス教団と、オランダ人数学者B・L・ファン・デル・ヴェルデンの研究も引き合いに出されています。

「数学は彼らにとっての宗教でした。その教理は、神が数字によって宇宙を秩序づけたということです。神は一なる存在ですが、世界は単一ではなく複数であり、それぞれが対照的である要素から成り立っています。お互いに相容れない要素から成り立っているものの、どこかで一体性を取り戻すようになっており、よってそれらのハーモニーによって宇宙が形作られています。調和こそが至高。その天の計画は数字で表されます」

フォス氏はこの幾何学ハーモニーについてさらに論じていきます。

「自然界に見られる対称性や特性もすべては調和した幾何学なのです。これら幾何学を構成する絶妙な比率は大宇宙の映し鏡であり、花からオウムガイのらせん状の殻まで、すべては宇宙的幾何学シンボルです」

同じことはピタゴラス教団やプラトンなどが推察していたことでもありますが、フォス氏によると古代の賢人たちは実はこれら幾何学的比率を、宇宙を表現するための「比喩」として使っていた可能性について示唆しています。古代の哲学者たちが想像していたマクロ世界とミクロ世界の繋がりが幾何学で説明できるという説は、当時は象徴的な言葉で説明せざるを得なかったのだとしても、近年では実際にその通りであったということがわかりつつあります。

DNA

神が高度な数字を使って世界を創ったという説を最も明白に説明できる例として、我々のDNAがよく引き合いに出されます。DNAはまさにコンピューターのように機能します。ヒトゲノムは750メガバイトほどの情報データを持っています。そのデータのうちごくわずかな割合、恐らく3%ほどが、私たち人間一人一人を作り出す2万2000以上の遺伝子を動かしているのです。残りの97％は何をしているのかというと、これは何も入っていない空のハードディスクのようなものと考えられており、ゲノムに保存するための情報をコード化する場所だと言われています。この「非コード（ノンコーディング）DNA」がいわゆる「ジャンクDNA」と呼ばれているものです。

長らく使用用途が不明だったジャンクDNAですが、近年になって科学界と形而上学界の学者がその本当の意味を見つけ出そうとしています。インテリジェント・デザイン系のウェブサイト『Evidence for God』は「全能の神が欠陥のあるDNAを作るわけがない」と非コード化DNAの定義を否定しています。

それに対抗するかのように、自然界には神が「わざと」欠陥を残したという説もあります。まあ、それが欠陥と解釈すべきかどうかは私たち人間の主観によるものではありますが。それに、欠陥だと思っているものは実際には全体像のごく一部の機能というだけなのかもしれません。なにしろ私たち人間は大宇宙においてかくも小さな存在であって、その全体像のほんのわずかな一部しか見ることはできませんから。

では、驚くほど精密に作用しているという「3％のDNA」について見てみるとしましょう。

この3%からは人体の各臓器から細胞に至るまで、体の構成要素すべてを正確に指令しています。宗教的な観点から見れば、十分「神のなせる業」というべき驚愕のメカニズムです。私たちという生命体は、このDNAの働きのおかげで形成されています。DNAのおかげで私たちは生命体でいられます。当たり前なことしかしていないとも言えますが、このことからそもそも「生命」がどのように成り立つものなのかがわかってくる気がします。生命とは基本的にみんな同じであり、最初から違いなどはないのかもしれません。

「11:11」をよく見る人にとってはDNAのことにもご興味がある方もおられるかもしれません。ですが、ほとんどの人にとってはくだらない、意味のない情報だと思われています。ただ「瞳の色や髪の色や脚の長さを決定してる遺伝要因」程度の認識で終わってしまい、それ以上興味を持たれることは少ないです。ですが、興味を持たれることが少ないジャンクと呼ばれるものにこそ、人間を超人にする何かが隠れているのかもしれません。

それと、コード化されたDNAが正しく機能するためにこれら非コードDNAが必要であるということは遺伝学者の多くが認識していることですが、「なぜ、どのように」作用させているのかなど肝心の部分が不明のままです。

97％のDNAが非コード化のまま不活性である理由について、多くの説が唱えられています。「活性化しても特に利点がないから」や「かつては使われていたが途中で能力を失った」など。真実はまだ明らかになっていませんが、それはまだ私たち自身の体の中で眠っています。それが目覚めるときまでは、真実が明らかになることはないのかもしれませんね。

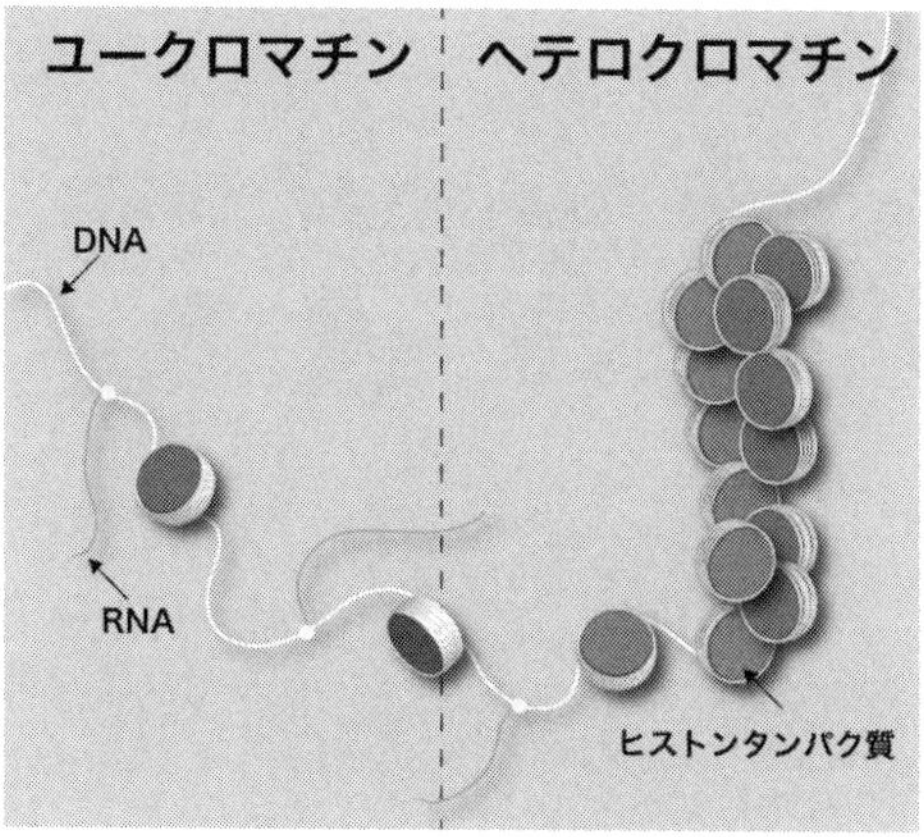

「二次DNA」としても知られるこれら非コードDNA。ただのガラクタ遺伝子と思われていた情報ですが、現在は研究によって細胞核の構造に機能的な役割を果たしていること、それからこの非コードDNAの量は細胞の大きさに正比例することが判明しました。それから、かつてはジャンクDNAの一つと考えられていた「ヘテロクロマチン」[54]が実は遺伝子制御機能を持っており、発生途中の遺伝子発現に関与していることがわかってきたのです。

このことから、一つのDNAは想像よりも多くの機能を持っているかもしれないということが予想できるのです。ガラクタ遺伝子と呼ばれていたものにも実際のタンパク質発生と役割を調節しているもの、遺伝情報の「翻訳」に役立っているものがあったということです。さらに研究が進めば、かつて休眠状態だとか不活性状態だと言われていたものにも、隠れた驚くべき機能を発揮しているものがあるということも明らかになるでしょう。

ところで、ジャンクDNAを保持しているのはヒトだけではありません。BBC社の報道によると、カリフォルニア大学サンタクルーズ校のデビッド・ハウスラー教授の研究の結果、ラットやマウスはヒトと同じような「ガラクタDNA」を持っているということが証明されたということです。ハウスラー博士の研究チームはヒトとマウス、ラットのゲノム配列を比較する過程で、3種の間で「同一のDNA領域」を発見したのです。そしてなんと、このDNAパターンはニワトリやイヌ、魚類などの配列でも一致する部分が見つかっています。

なんの価値のないと思われていた遺伝子が実は遺伝子の活動と胚発生に超重要な役割を果たす「超保存元素」というべき遺伝子だったというハウスラー教授らの研究に、多くの科学者が衝撃を受けました。英国医学研究協議会の機能遺伝学チームの研究員クリス・ポンティング教授は「実はジャンクではないジャンクDNAは他にもあると思います。今回発見された事実は

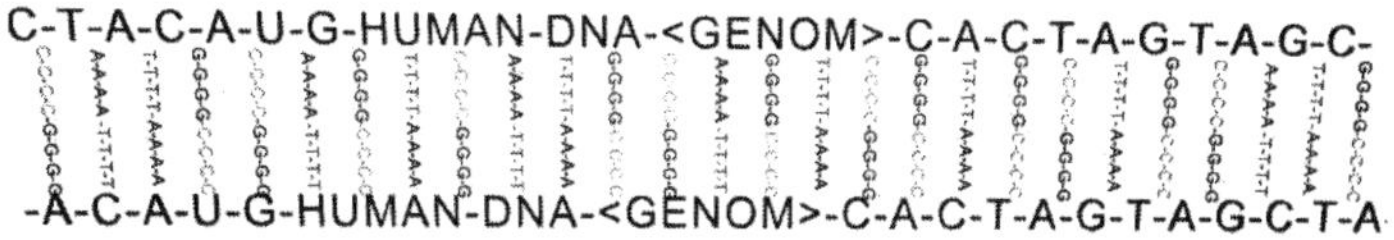

氷山の一角で、これから多くの大発見があるでしょう」とコメントしています。

「11：11」をよく見る人にとっても他人事ではありません。これまで経験してきた意識の目覚めも氷山の一角に過ぎないと思っておいてください。

サイエンス誌に掲載されたF・フラム氏の論文によると、どうやらこの非コードDNAを読み解くことができる「言語」があるのだそうです。実際、DNAには「音節」が「ヌクレオチド[55]配列」として存在しています。その並びは完全ランダムと思われてきましたが、パターンがあるということもわかってきています。調べてみるとわかりますが、それは驚くほど人間の話す言語に似ていて、これでDNAの暗号が解読できるのではと期待されています。このことは『ジャンクDNAにおける言語のヒント（原題：Hints of a language in junk DNA)』と題された論文で、類似点についてが詳しく説明されています。

論文の発表とともに、当然とも言える疑問が科学界の各所から噴出してきました。

「人体が役にも立たないガラクタをそんなに多く持ち歩く理由がない。これは暗号だ。その暗号を入力した誰かがいるはずだ」

一体誰が、何を私たちに伝えようとして暗号を残したのか。謎の探究はまだまだ続いていますが、謎を理解したときに私たちの身に何が起こるのかをいろいろと想像するのもまた楽しいですね。

この暗号コードと目的は、科学界においてはまだ完全理解には至っていません。しかし、スピリチュアルの専門家たちにとってこの非コードDNAこそが霊能力や超常現象、そして高次元の意識の源泉であるということは定説になっています。これを活性化することができれば普段は目に見えない霊が見えるようになったり、他人が考えていることを知ることができたり、超能力で行方不明になった子供を見つけることができたりするようになると考えられています。だからこの暗号コードは、科学界から異端扱いされてきた未知の領域の再発見、いえ、もっと正確に言うのなら「擬似科学として隅に追いやられ忘れ去られた人体の領域への鍵」であるかもしれないのです。

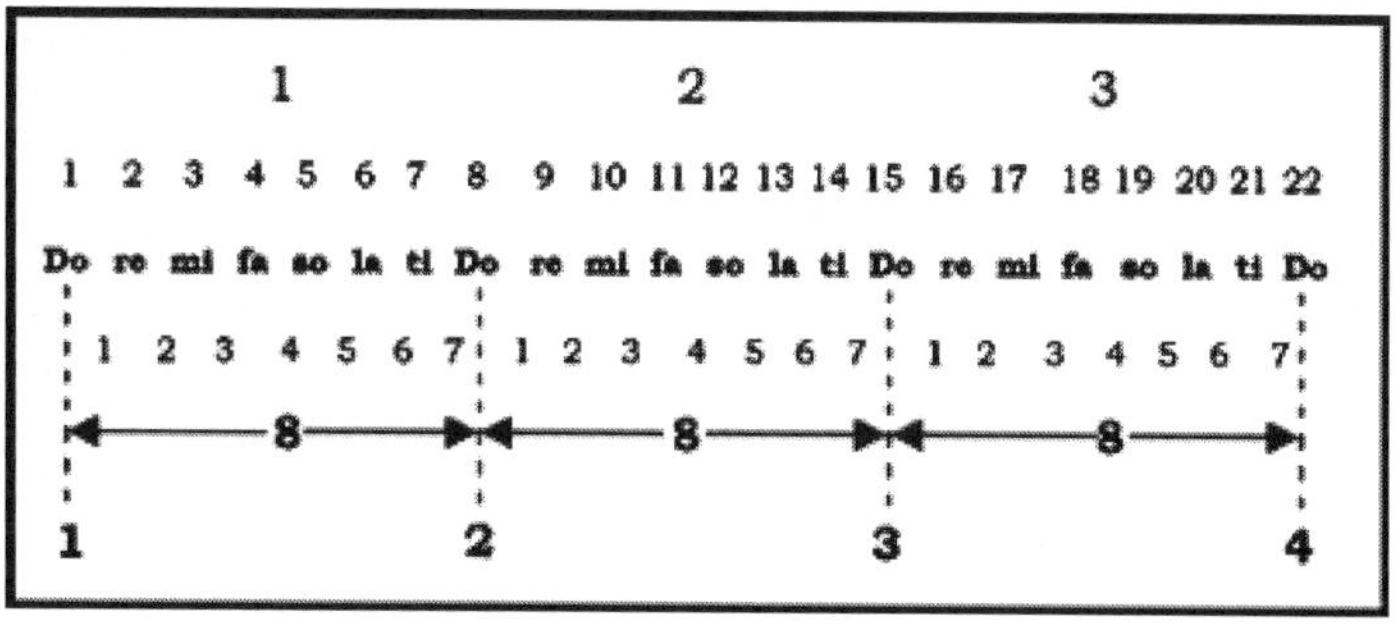

物的証拠はありませんが、この未知の部分を活性化することで人は「超人」へと進化すると一部の人々は昔から強く信じてきました。しかし他の生物種にもジャンクＤＮＡと呼ばれる遺伝子を持っていることから、人類だけが昇天するわけではないのかもしれません！

錬金術的遺伝暗号（ヘルメティック・コード）

マイケル・ヘイズ氏は自著『ＤＮＡに隠された錬金術的暗号』の中で、古代宗教や伝統、科学には数学的な暗号コードが埋め込まれているということを論じています。この本ではそれを「ヘルメティック・コード（錬金術的暗号）」と呼んでおり、単なる数字パズルではないとしています。その正体はなんと全生命体の進化のための青写真であるということで、コードの持つ独特な内部対称性はすべての生命体の物理的構造に見出されるとヘイズ氏は述べています。

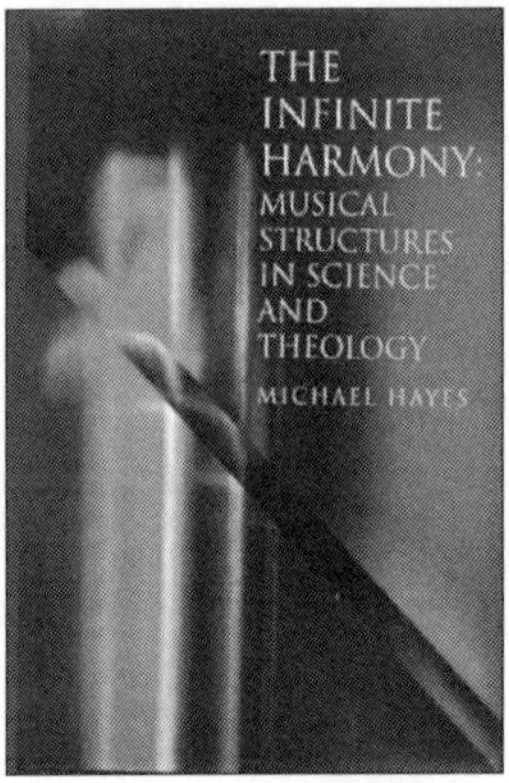

ヘルメティック・コードは「全64語22節からなるアミノ酸の〝共鳴音階〟」であり、さらに感覚、感情、知覚の三つの神経構造と八つの内分泌変換器を持った「人間という生命現象」を表しているということです。

ヘイズ氏は別の著書『無限調和（原題：The Infinite Harmony)』で「すべての生命体は錬金術的法則で創られている。そして最適共鳴状態を達成するための進化の3音階を、固有の形で生まれ持った存在である」と説明しています。

ヘイズ氏はまた私たちにとっての重要なことを問いかけています。「ＤＮＡに命令したのは誰か？」

その答えとして、「ＤＮＡと宇宙の数学的コードの二つの鎖は、天と地の両方で起きていることをリンクしている。さらにはこの鎖を通じて私たちは高次元への上昇進化を遂げることができる。そうするためには、人間は細胞内で起きていることを宇宙で起きていることと〝共鳴〟させれば良い」と説明をしています。

地球上でいつもと変わらない日常生活を過ごしている私たちにとって、体の中のＤＮＡが宇宙とリンクして次の段階に進化するなどという考えは、やや突飛で理解不能な考えに思えてしまいます。

「一見ランダムにしか見えない進化現象は、実はＤＮＡと遺伝コードの対称性によって起きることなのだ」

そして自然界に見られるその「対称性」という基本法則、特に生命現象という「音楽」を作り出している法則には繋がりがあります。倍音（ハーモニクス）比は、宇宙秩序の原理を地上で反映しているのです。これぞまさに、「上が如く下もまた然り」というわけです。ＤＮＡの成り立ちには宇宙ハーモニクスという基本原則が背後にあるということですね。そしてこれも法則なのだから、当然数字に基づいています。

ヘイズ氏の本では物理学者ポール・デイヴィスの言葉が引用されています。

「原子から放たれる光のスペクトルは、楽器が奏でる音と類似している」

本ではさらにこの原子と音楽の関係を深堀して「量子色力学」の理論にまで言及しています。その理論とは、原子などの物質は「自然界が演奏した交響曲なのだ」という理論です。

音楽理論を勉強したことがあれば誰でも音階や音程などの理論は数学と密接に結び付いているということを知っているはずです。ヘイズ氏は錬金術コードも例外なく「三重の法則」という「三つから成るものは、すべてがまた小さな三つで成り立っている」という法則で作られているはずだと考えました。πもオクターブ三つで成り立っているとして、それぞれのオクターブには三つの小オクターブがあり、合計9オクターブあるということです。音符は合計64あり、これはRNAコドンの組み合わせ数と同じです。

整理してみましょう。神は数学者であると同時に音楽家でもあるかもしれない。さらには遺伝学者であり、コンピューター・プログラミングの天才でもあるかもしれない。DNAは遺伝コードとなる4種のデオキシリボヌクレオチドで形成された、2重鎖状高分子で構成されている。この遺伝コードが、RNAトリプレット（3個1組）のコドンと呼ばれている。

「RNAトリプレットはそれぞれが三つの塩基で1組として構成されており、これがアミノ酸合成のための鋳型となる。アミノ酸が複雑なタンパク質鎖に組み立てられるにはコドンが必要となる。さらに、これらはすべてπで表される音楽構造に従っている。その〝宇宙の音楽〟は、自然界のいたるところで大小様々なスケールで見られる」

そしてヘイズ氏はこの錬金術コードが遺伝コードであること、そして私たちの意識の中に現れるあらゆるアイデアや概念、天啓などはすべて「形而上学的な遺伝子」なのだということ、その遺伝子はアミノ酸でできた鎖と全く同じ方法で生成されていることを指摘したのです。

人間の非コードDNAと自然界の高次の知性の形而上学的類似は、11：11をよく見る人々にとっても高次元への進化という「王の間」へと通じるミステリーのように聞こえるのでしょう。

確かに、肉体的な進化の秘密がDNAに隠されているのだとしたら、それは精神的意識的な進化にも繋がっているはずです。振動と意識が結び付いているという「共鳴」の概念についても無視できません。残りの97％の非コードDNAを共鳴させ、起動するために必要となる錬金術コードとは、その振動を発する音楽なのでしょうか。

もし仮にこの宇宙が「1曲の歌」だとしたら、それを歌うには私たちが再び団結したとき、一緒に歌う曲になるのかもしれませんね。

ここまでで本書を通じて明らかになったのは、自然や人類には数学的法則が大いに関係しているということです。それこそが、物理学者たちが追い求めてやまない「大統一理論」の一部なのかもしれません。そう語っていたのは先述した『楽園の次元』の著者ジョン・ミッチェルです。

大結合数

古代で教えられていた科学や形而上学は現在のものと似てはいますが、今よりもっと広い範囲をカバーできるものだったようです。当時は科学や形而上学で物理宇宙の性質だけでなく「人間の性質」までも記述しようとしていました。というより、大宇宙も小宇宙もすべては同じものなので同じ法則で説明できるのだと解釈していたということですね。宇宙も人間も創造主の心も、すべては初めから数字で表せるように創られたのです。哲学者プラトンはこれを「すべてを結び付ける絆」と呼びました。

この「大結合数」は、古代においても人間だけでなく宇宙すべてを表すことができる数であると考えられていました。そしてその神秘の数は、私たちを創っているＤＮＡの中で確かに存在し、機能し続けています。銀河や惑星が自身の法則に正確に従っているように。

ミッチェル氏はこの神聖な数という概念を「宇宙や人間の心の正体を描き出す数字の音楽」と表現しています。ピラミッドの構造も、宇宙も、人間も動物も植物も、本質的には同じデザインをしています。それはとても大きく包括的な、ランダム性や時間すらも内包する宇宙設計図です。これが創造主の一面として今も働き続けているわけです。

私たちの人生は数字という運命で動かされています。数字には独自の力があります。それはそう、「神の力」と呼べるのかもしれません。その力によって自分は自分として存在していま す。現実は現実として目の前に現れています。神と呼べる存在があるのならば、それは恐らく数字や数列そのものではないのでしょう。

現実が生まれ出でる創造的で知的な「基盤」そのものは、数字の虜《とりこ》になっているように思えてきます。そのすべての始まりの場が、数字を駆使して物事やエネルギーを形作り、顕在世界を創造しているのです。この宇宙や他の宇宙で物事がどのように見えるかなどを決定づけているのが、ここです。

神は数字ではありません。数字であるとすれば、神はすべての数字です。であればやはり、この世界のすべては数字です。

［注釈］

54　細胞周期の間も常に凝縮された真核細胞内のDNAとタンパク質の複合体クロマチンのことで、転写されず、濃い色が観察される

55　塩基と糖の化合物ににリン酸基が結合した物質

第 11:11 章

数字の秘密

「わからない。一体数字には何が隠されているというのか」

――『小数点以下の計算について』の著者、政治家　ランドルフ・チャーチル卿

数字の神秘が可能性の扉を開く！

本書を書き始めた頃、私たちは二人とも数字がこれほど重要なものだとは全く知りませんでした。ＡＴＭで入力したり、電話をかけるときに押したり、身分証明証に入っている番号を読むときに使うものというくらいの認識でした。書き進めていくと、数字をもっと意識するようになりました。この世界にこれほど数字が溢れていたということにやっと気づいたのです。見回してみてください。数字は文字通り、どこにでもあったのです。

多くの科学的研究や哲学的議論を見通して、私たちの数字に対する見識は大きく様変わりしていきました。多くの驚きと発見を与えてくれた数字の魔法に改めて感謝しております。最初は全く知らなかったのですから。数字が世界を形作っていることや、あらゆる現象の背景には数式があることも、変化は数字の変化であるということも。数字はまさに宇宙の神秘を解き明かすための鍵と言えるでしょう。

苦しみの時代は長く険しい道のりでしたが、数字の神秘はそれを超越して新たな可能性の時代を切り開く魔法なのだとわかりました。

ですが、メールボックスに「魔法のような効果」と謳《うた》う怪しい商品のダイレクトメールが毎日届くのと同様、世に溢れる数字情報のすべてを鵜呑《うの》みにすべきではありません。

デイム・アニータ・ロディックとデビッド・ボイルの共著『数字について（原題：Numbers）』では、現代人たちのショッピング傾向はすべて記録され、測定されているということがわかりやすく説明されています。

そのことを考えると、私たちの言動はすべて集計され、政府の役人によって分析され、平均化された社会にソーシャルエンジニアリングされているということを意識しなければなりません。

没個性の時代に私たちは生かされているということです。彼らは人間を実験動物のようにすべて数字で支配しようとしているのです。ロディック氏が強調していたように、数字は確かに強大な力を持った魔法です。その魔法の使い道次第というわけです。現代社会においては、数字魔法のターゲットが「人類」に指定されているということです。

その魔法には思わぬ落とし穴があります。数字で人間のすべてが測れるわけがないのです。人生には、数字で測れないような至福が数多く存在します。それは愛と呼ばれるものや、情熱や希望、美しさや優しさ、ユーモアや個性が発揮される瞬間に感じられる幸福感です。

数字とは、私たちが住む「家」と同じようなものだという考えはどうでしょう。その数字に引っ越してきた私たちは、そこに長らく住むうちに愛着を抱いていきます。いつしかその数字が自分にとっての「故郷」と呼ばれるほど愛着を寄せて、大事なものになっているでしょう。外側には家の中と同じように「数字でしか表せないもの」が広がっています。家の中の数字は、なじみ深くなっているだけなのです。一見神秘に満ち溢れた世界も、自分の手で作り上げた方程式に当てはめれば途端に謎は解けていきます。

ここで皆様に問いかけたいと思います。「皆様は数字にこだわりすぎていませんか？」

最新のアイフォーン〇〇だとか、預金残高だとか、株価や日付や時間としての数字に依存していませんか。年齢やバストのサイズや頭髪の残数にこだわりすぎて、数字を重視しすぎて、人生そのものを楽しむ余裕がなくなっていませんか。

何度も同じ数字を目にした経験がある人ならもうおわかりのはずです。気になる数字を何回も目にして不思議だったでしょう。ですが、大事なのはその数字そのものではなく、数字の示す「意味」のほうだということを。

さあ、目を覚まして。どうか気づいて。信じて。

いつもいつも目にする「11：11」の数字。それはただの偶然ではありません。かといって「奇跡」の一言で終わらないで、探し求めてください。それには理由があるのです。あなただけの理由です。だから私たちからお伝えすることはかないません。

『天使の代筆家』というウェブサイトに寄せられた、ある女性の質問を転載します。

「私は1111とか111の数字ばかり見るヘンな経験をしています。1週間くらい前からでしょうか、時計を見るといつも1：11とかで。今日は使っているウェブブラウザのプロパティを少し変更しようとしてファイルの容量をチェックしたら、サイズが1111バイトでした。それですごく不思議なのですが、手を加えないでおいて、ちょっとだけ目を離してからもう一度見たら数字が微妙に変わっていたのです！　他にも日常の中に111

とかのゾロ目の数字ばかり出てきて。私に何かを伝えようとしているのでしょうか」

そう、その「何か」がもうすぐ判明することになるのでしょう。たぶん、みんなをアッと言わせるようなサプライズな体験になるのでしょうね。

それから、11：11が何を伝えようとしているのかを未来や過去も含めてあれこれ考えるよりも「今ここ」に集中すべきでしょう。自分が置かれている状況に関わらず、結局はそれがいいことなのだと思われます。

何者かが語りかけてきています。スマホやパソコン、ゲームやリアリティ番組などに没頭して、自分が何者であったかを忘れてしまった私たちに。ただの妄想ではありません。それは確かに私たちの内側から来る力です。それはより高い次元（あるいは低い次元？）から来るメッセージです。視界に入ってくる数字のメッセージを見逃さないでください。

数字が「誰から」とか「なんで」送られてくるかは、その問題を解くための方程式の肝ではありません。大事なのは、「自分が何かに後押しされている」という事実を認めることです。それは単なる気のせいではないのですから。

11：11を見る経験は、誰しもがしている経験で大して珍しくもないのかもしれません。それでもいいでしょう。それに、全員が気づいているわけではないことはわかります。世の中にはそれだけ雑音が溢れているということです。だから大多数の人が気づけないでいる。まことに悲劇だと思いませんか。高次元の世界で起きている自分自身の情報にアクセスすることを、拒んでいるだなんて！　私たちは今を生きるのか、将来のために生きるのか。生き延びればそれでいいのか、繁栄を見据えて生きているのか。

思い出してみると、11：11を見たときの状況は大抵、自分にとって大事な瞬間であるものの他の人にとっては大事ではないかもしれない瞬間だったのではありませんか。そういうことです。だって、これは「あなた」だけのメッセージなのです。送り主が誰なのかは、それこそ誰にもわかりません。自分の脳なのかもしれませんし、神様からなのかもしれません。ですが、「目覚めよ！」とか「お願い、気づいて！」と言っているのはわかりますね。それまではしつこくメッセージを送り続けてきますから。

想像してみてください。無数の人たちがそれぞれ独自の道を歩んでいるつもりが、実はそれぞれの道は見えざる鎖で繋がっていたということを。

11：11は数字です。
数字は天地と自分自身を繋ぐ、絆です。

巻末付録　数字に関するトリビアや不思議なお話の紹介

本書を書き終えて、私たち著者は数字の面白さに大いに魅了されました。数字とはこんなに神秘的で奥深く、さらにはユーモアもある存在なのかと、本当に驚かされました。ここではインターネットなどでリサーチしていた中で見つけた数字に関する面白いトリビアなどをご紹介したいと思います。あまり難しく考えず、肩の力を抜いて読んでみてください。

0から50までの数字はすべて特性がある

●0は加法単位元といって、どの数字xを足してもxは変化しない

●1は乗法単位元といって、どの数字xをかけてもxは変化しない

●2は唯一の偶数の素数

●3は私たちが住む空間次元の数

●4は平面上のいかなる地図も隣接する領域が異なる色になるように塗り分けるのに十分とされる色の数（四色定理）

●5はプラトンの正多面体の数

●6は最小の完全数（自分自身を除く正の約数の和に等しくなる自然数）

$M(6)=1+2+3=6$　**完全数**

●7は直線定規やコンパスを使って描くことができない正多角形のうち最小の面数

●8はフィボナッチ数列の中では最大の立方数（ある数nの3乗［立方］となる数）

8　(2×2×2)

●9はすべての自然数を表すために必要となる立方数の和のうち最大値

●10は最も普及している記数法（10進法）の底値

●11は既知の持続係数（例えば49→36→18→8というふうに最後の1桁になるまで各位の数字をかけ合わせて次の数字を出してゆく場合、49の持続係数は3回展開できることから3である）の最大値

●12は最小の過剰数（その約数の総和が元の数の2倍より大きい自然数）

$M(12)=1+2+3+4+6=16$　**過剰数**

●13はアルキメデスの立体（半正多面体）の数

●14は他に互いに素である数がn個以下という条件での最小数nに値する数

●15は郡の位数nが1通りしかないという特性を持った最小の合成数（自然数で1とその数自身以外の約数を持つ数）nの数

●16は、xy=yxの形式においてxとyが異なる整数を持つ唯一の数

●17は文様群（2次元における対称性に基づく繰り返しパターン）の数

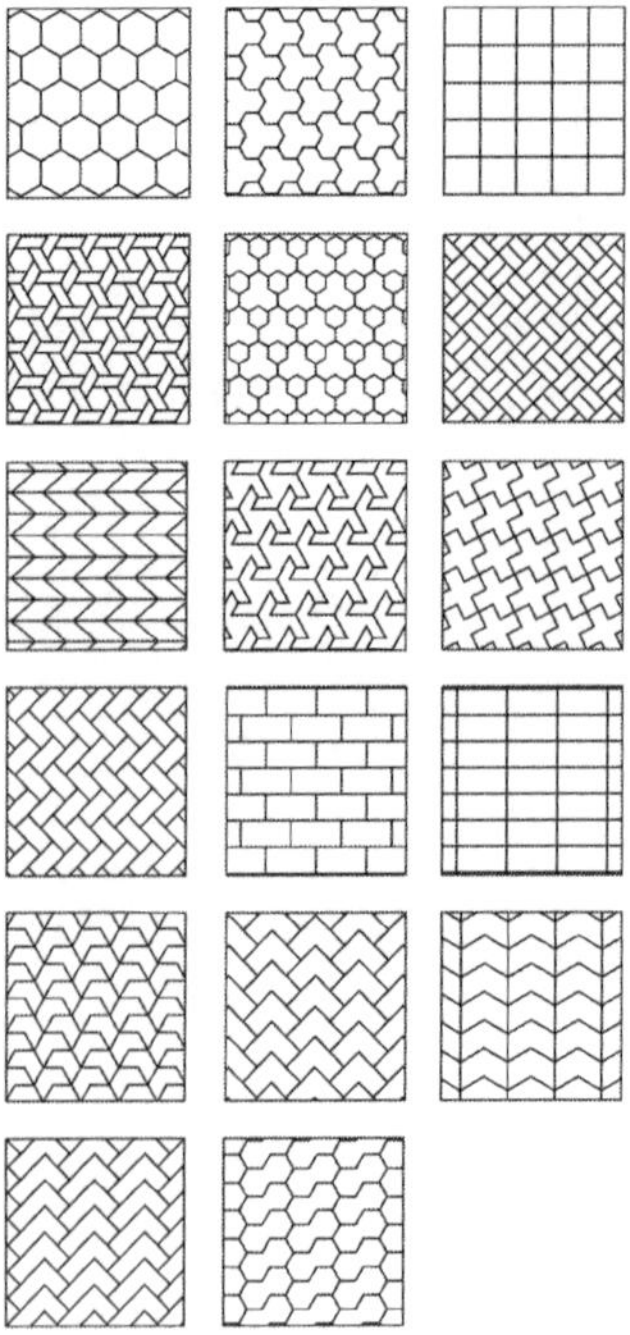

●18は(0を除いては)それぞれの位の整数を足したときに元の数のちょうど半分になる唯一の数

●19はすべての自然数を4乗数の和で表すことができる高々の数

●20は節点の数が六つある木グラフの種類数

●21は正方形をすべて異なる大きさの正方形で分割した場合の最小数

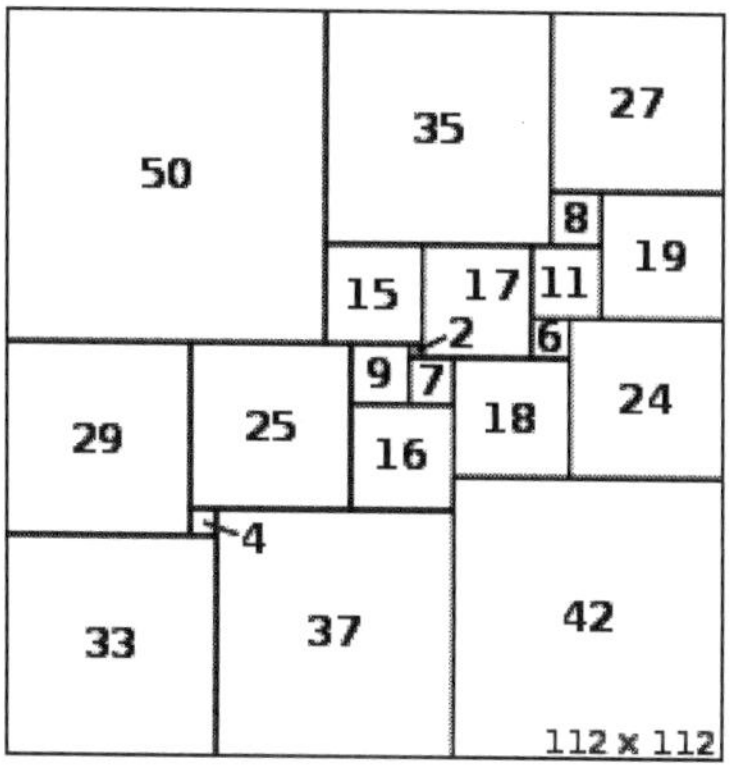

●22は自然数8の分割数（p［n］、自然数nを自然数の和として表す方法においての総数を表す数論的函数）

●23は長さの異なる四方形で整数辺を持つ四方形を埋めようとした場合での最小数

●24は自身の平方数以下のすべての数字で割り切れる数字の中では最大の数

●25は2個の平方数の和としての表せる平方数の中では最小の数

●26は平方数25と立方数27の間に入る唯一の正の整数

●27は立方数となる数の桁数の合計としては最大の数

●28は2番目の完全数

●29は7番目のリュカ数（初項を2、次の項を1と定義し、それ以降の項は前の二つの項の和

になっている数列）

●30は自身より小さな数で互いに素である数がすべて素数である特性を持つ数字の中では最大の数

●31はメルセンヌ素数（2の冪よりも1小さい自然数で、素数のもの）

{1, 1}
{1, 0, 1}
{1, 1, 1}
{1, 0, 0, 0, 1}
{1, 1, 1, 1, 1}
{1, 0, 0, 1, 0, 0, 1}
{1, 1, 0, 1, 0, 1, 1}
{1, 1, 1, 1, 1, 1, 1}
{1, 0, 0, 0, 0, 0, 0, 0, 1}
{1, 0, 0, 1, 1, 1, 0, 0, 1}
{1, 1, 0, 1, 1, 1, 0, 1, 1}
{1, 0, 0, 1, 0, 1, 0, 1, 0, 0, 1}
{1, 0, 1, 1, 0, 1, 0, 1, 1, 0, 1}
{1, 1, 0, 0, 0, 1, 0, 0, 0, 1, 1}
{1, 1, 0, 0, 1, 0, 1, 0, 0, 1, 1}
{1, 1, 0, 1, 1, 1, 1, 1, 0, 1, 1}
{1, 1, 1, 0, 0, 1, 0, 0, 1, 1, 1}
{1, 1, 1, 0, 1, 0, 1, 0, 1, 1, 1}
{1, 0, 0, 1, 1, 0, 0, 0, 1, 1, 0, 0, 1}
{1, 0, 0, 1, 1, 1, 1, 1, 1, 1, 0, 0, 1}
{1, 0, 1, 0, 0, 0, 1, 0, 0, 0, 1, 0, 1}
{1, 0, 1, 0, 1, 1, 0, 1, 1, 0, 1, 0, 1}
{1, 0, 1, 1, 0, 1, 1, 1, 0, 1, 1, 0, 1}
{1, 0, 1, 1, 1, 0, 1, 0, 1, 1, 1, 0, 1}
{1, 1, 0, 0, 0, 0, 1, 0, 0, 0, 0, 1, 1}
{1, 1, 0, 1, 0, 1, 0, 1, 0, 1, 0, 1, 1}
{1, 1, 1, 0, 1, 1, 0, 1, 1, 0, 1, 1, 1}
{1, 1, 1, 1, 0, 0, 1, 0, 0, 1, 1, 1, 1}
{1, 1, 1, 1, 0, 1, 1, 1, 0, 1, 1, 1, 1}
{1, 1, 1, 1, 1, 1, 1, 1, 1, 1, 1, 1, 1}
{1, 0, 0, 0, 0, 1, 1, 1, 1, 1, 0, 0, 0, 0, 1}
{1, 0, 0, 0, 1, 1, 0, 1, 0, 1, 1, 0, 0, 0, 1}
{1, 0, 0, 0, 1, 1, 1, 0, 1, 1, 1, 0, 0, 0, 1}
{1, 0, 0, 1, 0, 1, 1, 1, 1, 1, 0, 1, 0, 0, 1}
{1, 0, 0, 1, 1, 0, 0, 1, 0, 0, 1, 1, 0, 0, 1}
{1, 0, 0, 1, 1, 0, 1, 0, 1, 0, 1, 1, 0, 0, 1}
{1, 0, 1, 0, 0, 1, 0, 1, 0, 1, 0, 0, 1, 0, 1}
{1, 0, 1, 1, 0, 0, 0, 0, 0, 0, 0, 1, 1, 0, 1}
{1, 0, 1, 1, 0, 0, 0, 1, 0, 0, 0, 1, 1, 0, 1}
{1, 0, 1, 1, 0, 0, 1, 0, 1, 0, 0, 1, 1, 0, 1}
{1, 0, 1, 1, 1, 0, 0, 0, 0, 0, 1, 1, 1, 0, 1}
{1, 0, 1, 1, 1, 0, 1, 1, 1, 0, 1, 1, 1, 0, 1}
{1, 1, 0, 0, 1, 0, 0, 1, 0, 0, 1, 0, 0, 1, 1}
{1, 1, 0, 0, 1, 0, 1, 0, 1, 0, 1, 0, 0, 1, 1}
{1, 1, 0, 1, 0, 1, 0, 0, 0, 1, 0, 1, 0, 1, 1}
{1, 1, 0, 1, 1, 0, 0, 1, 0, 0, 1, 1, 0, 1, 1}
{1, 1, 0, 1, 1, 0, 1, 1, 1, 0, 1, 1, 0, 1, 1}
{1, 1, 0, 1, 1, 1, 0, 0, 0, 1, 1, 1, 0, 1, 1}
{1, 1, 1, 0, 0, 0, 0, 1, 0, 0, 0, 0, 1, 1, 1}
{1, 1, 1, 0, 0, 1, 1, 1, 1, 1, 0, 0, 1, 1, 1}
{1, 1, 1, 0, 1, 1, 0, 1, 0, 1, 1, 0, 1, 1, 1}
{1, 1, 1, 1, 0, 0, 1, 1, 1, 0, 0, 1, 1, 1, 1}
{1, 1, 1, 1, 0, 1, 1, 1, 1, 1, 0, 1, 1, 1, 1}
{1, 0, 0, 0, 0, 0, 0, 0, 0, 0, 0, 0, 0, 0, 0, 0, 1}
{1, 0, 0, 0, 1, 0, 0, 1, 0, 1, 0, 0, 1, 0, 0, 0, 1}
{1, 0, 0, 0, 1, 0, 1, 1, 1, 1, 1, 0, 1, 0, 0, 0, 1}
{1, 0, 0, 0, 1, 1, 1, 0, 0, 0, 1, 1, 1, 0, 0, 0, 1}
{1, 0, 0, 1, 0, 0, 0, 1, 0, 1, 0, 0, 0, 1, 0, 0, 1}
{1, 0, 0, 1, 0, 0, 1, 1, 1, 1, 1, 0, 0, 1, 0, 0, 1}
{1, 0, 0, 1, 0, 1, 1, 1, 1, 1, 1, 1, 0, 1, 0, 0, 1}
{1, 0, 0, 1, 1, 0, 0, 0, 0, 0, 0, 0, 1, 1, 0, 0, 1}
{1, 0, 0, 1, 1, 0, 1, 0, 1, 0, 1, 0, 1, 1, 0, 0, 1}
{1, 0, 0, 1, 1, 1, 1, 0, 0, 0, 1, 1, 1, 1, 0, 0, 1}
{1, 0, 1, 0, 0, 0, 1, 0, 1, 0, 1, 0, 0, 0, 1, 0, 1}
{1, 0, 1, 0, 0, 0, 1, 1, 0, 1, 1, 0, 0, 0, 1, 0, 1}
{1, 0, 1, 0, 0, 1, 1, 0, 0, 0, 1, 1, 0, 0, 1, 0, 1}
{1, 0, 1, 0, 0, 1, 1, 1, 0, 1, 1, 1, 0, 0, 1, 0, 1}
{1, 0, 1, 0, 1, 0, 0, 0, 1, 0, 0, 0, 1, 0, 1, 0, 1}
{1, 0, 1, 0, 1, 0, 0, 1, 0, 1, 0, 0, 1, 0, 1, 0, 1}
{1, 0, 1, 0, 1, 1, 0, 0, 0, 0, 0, 1, 1, 0, 1, 0, 1}
{1, 0, 1, 1, 0, 1, 0, 0, 1, 0, 0, 1, 0, 1, 1, 0, 1}
{1, 0, 1, 1, 1, 0, 1, 0, 1, 0, 1, 0, 1, 1, 1, 0, 1}
{1, 0, 1, 1, 1, 0, 1, 1, 1, 1, 1, 0, 1, 1, 1, 0, 1}
{1, 0, 1, 1, 1, 1, 0, 1, 1, 1, 0, 1, 1, 1, 1, 0, 1}
{1, 1, 0, 0, 0, 0, 0, 0, 1, 0, 0, 0, 0, 0, 0, 1, 1}
{1, 1, 0, 0, 0, 0, 0, 1, 0, 1, 0, 0, 0, 0, 0, 1, 1}
{1, 1, 0, 0, 0, 0, 1, 1, 1, 1, 1, 0, 0, 0, 0, 1, 1}
{1, 1, 0, 0, 0, 1, 0, 1, 0, 1, 0, 1, 0, 0, 0, 1, 1}
{1, 1, 0, 0, 1, 0, 1, 1, 0, 1, 1, 0, 1, 0, 0, 1, 1}

●32は5乗根となる数字の中では最小の非自明数

●33は個別の三角数の合計ではない数の中では最大の数

●34は自身と両隣の数字が同じ数の割り切れる数字を持つ数字の中では最小の数

●35はヘキソミノ（六つの正方形を辺に沿って繋げた形）の数

●36は平方数と三角数の両方である数字の中では最小の非自明数

●37は任意の数を合計して求めるために必要となる5乗根の中では最大の数
●38は辞書式順序のローマ記数法では最後の数
●39は三つの分割数をさらに同じ積を持つ3群に分けられる数字の中では最小の数
●40は英語表記（Forty）するとアルファベット順に並んでいる唯一の数
●41はx＾2＋x＋nの場合のnとして、xに自然数を0、1、2と順に当てはめていくと素数生成公式（オイラーの素数生成式）となる

オイラーの素数生成多項式

$$f(X) = X^2 + X + 41$$

●42は5番目のカタラン数（組み合わせ問題で頻出する数）

1							
1	1						
1	2	2					
1	3	5	5				
1	4	9	14	14			
1	5	14	28	42	42		
1	6	20	48	90	132	132	
1	7	27	75	165	297	429	429

⋮

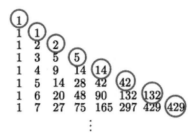

●43はポリイアモンド（同じ大きさの正三角形の辺同士を密着させて作った図形）のうち7個の正三角形を繋げたヘプタモンドの種類の数

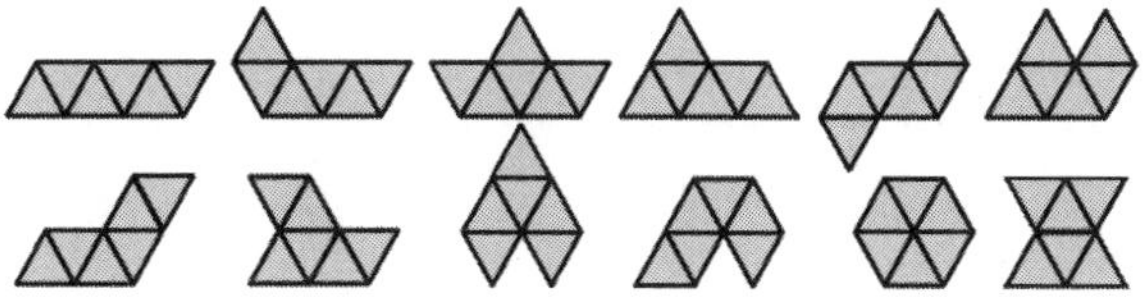

●44は完全順列（整数1、2、3、……、nを要素とする順列において、i番目［i≦n］がiでない順列）の総数モンモール数（攪乱順列）の5番目にあたる数

●45はカプレカ数（2乗して前の部分と後ろの部分に分けて和を取ったとき元の値に等しくなる数、または桁を並べ替えて最大にしたものから最小にしたものの差を取ったとき元の数に等しくなる数）

●46は9×9チェスボード上で、9通りの「女王への攻撃はなし」の縛りをした場合での攻略法の数

●47は並べても立方体を埋められない立方数としては最大の数

●48は10の約数を持つ中では最小の数

●49は両隣の数が多冪数（素数と平方の両方で割り切れる数）が並ぶという数字の中では最大の数

●50は2通りの方法で2個の平方数の和として表せる中では最小の数

数字トリビア特集

●111111111×111111111＝12345678987654321

●90桁のビンゴカードなら、ビンゴになる組み合わせが約4400万通りもある

●1から10すべての数で割り切れる数字は2520

●指紋センサーが最初の登録時と全く正確に一致する可能性は約640億分の1

●ポーカーでロイヤル（ストレート）フラッシュが出る可能性は64万9739分の1

●くしゃみは時速160キロメートル

●財布に1ドル札が100億ドル分入っていたら、1秒ごとに1ドル使っても全部使い切るの

に３１７年かかる

●縦6横8個のスタッド（ポッチ）があるレゴのブロックには1億２９８万１５００通りの組み合わせ方がある

●1から15までの番号付きの15個の箱があったとして、1分ごとに可能なすべての順序に並べていったとしても、全部の組み合わせを実現するには２４８万７９９６年かかる

●2と3以外のすべての素数は、1を加算または減算すれば6で割り切れるようになる

●11日間の休暇は、秒にすればたったの１００万秒以下でしかない

●チェスには両サイドの最初の4手だけでも３１８９億７９５６万４０００通りの手がある

●完全数（自分自身を除く正の約数の和に等しくなる自然数）のうち、知られている最大のものは４０５万３４９６桁の数

●サイコロの逆面の数字同士の和は常に7

リンカーン大統領とケネディ大統領の数奇な運命

◉エイブラハム・リンカーンが議員になったのは1846年
⦿ジョン・F・ケネディが議員になったのは1946年

◉リンカーンが米大統領になったのは1860年
⦿ケネディが大統領になったのは1960年

○両名とも特に公民権の政策に力を入れていた
○両大統領とも金曜日に銃撃を受け死亡した
○両大統領とも頭を撃たれた

◉リンカーンの秘書の名はケネディ
⦿ケネディの秘書の名はリンカーン

○リンカーン、ケネディの両名は米南部出身の者に暗殺された
○暗殺後、どちらも南部出身のジョンソンが大統領職を引き継いだ
◉リンカーンを引き継いだアンドリュー・ジョンソンは1808年生まれ
⊙ケネディを引き継いだリンドン・ジョンソンは1908年生まれ
◉リンカーンを暗殺したジョン・ウィルクス・ブースは1839年生まれ
⊙ケネディを暗殺したリー・ハーヴェイ・オズワルドは1939年生まれ
○二人の暗殺者はミドルネーム含め三つの名前を持っていた
○どちらの暗殺者の名前も15文字
◉リンカーンはフォード劇場で撃たれた
⊙ケネディはフォード車の上で撃たれた
◉リンカーンは劇場で撃たれ、暗殺者は倉庫に逃げ隠れた
⊙ケネディは倉庫から撃たれ、暗殺者は劇場に逃げ隠れた

○ブースとオズワルドは公判前に暗殺された
◉リンカーンは撃たれる1週間前にメリーランド州モンローにいた
⊙ケネディは撃たれる1週間前にマリリン・モンローと一緒にいた
◉「リンカーン Lincoln」の名前は7文字
⊙「ケネディ Kennedy」の名前は7文字
○どちらの名前も母音と子音が全く同じ並び順
◉リンカーン大統領就任直後に戦争が起きた
⊙ケネディ大統領就任直後に戦争が起きた
◉リンカーンは財務省に紙幣の発行を命じた
⊙ケネディは財務省に紙幣の発行を命じた
○両名とも有力銀行家が暗殺を手配したという陰謀説がある
◉リンカーンは黒人の自由と平等を与えたことで知られる

◎ケネディは黒人の平等を法制化したことで知られる

◉リンカーンが有名なゲティスバーグ演説をしたのは1863年11月19日

◎ケネディが暗殺されたのは1963年11月22日

◉リンカーンは撃たれたとき、妻の隣に座っていた

◎ケネディは撃たれたとき、妻の隣に座っていた

◉ラスボーン外交官はリンカーン暗殺時に同席しており、刺し傷を負った

◎当時テキサス州知事だったコナリーはケネディ暗殺時に同乗しており、同時に被弾し重傷を負った

◉「ラスボーン Rathbone」の名前は8文字

◎「コナリー Connally」の名前は8文字

◉リンカーンのボディーガードは暗殺時に席を外していた

◎ケネディのボディーガードは暗殺時に大統領車に同乗していなかった

◉リンカーンは撃たれても即死しなかった
⦿ケネディは撃たれても即死しなかった
○両名とも頭文字PとHで始まる場所で死亡した（リンカーンはピーターセンハウスで、ケネディはパークランド病院で死亡）
◉アンドリュー・ジョンソンはリンカーン暗殺を企てたという陰謀説がある
⦿リンドン・ジョンソンがケネディ暗殺を企てたという陰謀説がある
◉暗殺の数日前、リンカーンは妻と友人に暗殺された夢を見たことについて話していた
⦿暗殺の数時間前、ケネディは妻と友人に暗殺されるリスクについて話していた
◉リンカーン暗殺直後、電信系統が停止
⦿ケネディ暗殺直後、電話系統が停止
◉リンカーンの息子は駐英大使だった
⦿ケネディの父は駐英大使だった

◉リンカーンの妻はホワイトハウスを絢爛豪華に模様替えした
⊙ケネディの妻はホワイトハウスを絢爛豪華に模様替えした

◉リンカーンは文学好きで、詩を暗唱できた
⊙ケネディは文学好きで、詩を暗唱できた

◉リンカーンはホワイトハウスに在住中に子供ができた
⊙ケネディはホワイトハウスに在住中に子供ができた

◉リンカーンの息子たちはホワイトハウスの敷地で飼っていた仔馬に乗っていた
⊙ケネディの娘はホワイトハウスの敷地で飼っていた仔馬に乗っていた

◉リンカーンは大統領在任中に子供（12歳の息子）を失った
⊙ケネディは大統領在任中に生まれたばかりの息子を失った

◉リンカーンにはロバートとエドワードという二人の息子がいたが、エドワードとは早くに死

別し、ロバートはその後も存命した

⊙ケネディにはロバートとエドワードという二人の息子がいたが、ロバートとは早くに死別し、エドワードはその後も存命した

◉リンカーンの葬儀列車はワシントンD.C.からニューヨークへ向かった

⊙ケネディの弟の葬儀列車はニューヨークからワシントンD.C.へ向かった

○ケネディが乗っていた車と並走しながら写真撮影をしていた男はリンカーン車のセールスマン

○ケネディは南北戦争におけるリンカーン側の最高司令官マクレラン将軍が所有していたヴァージニア州の家を購入した

◉南北戦争の際にリンカーン大統領と敵対していたのはアメリカ連合国大統領ジェファーソン・デイビス

⊙ケネディの暗殺者によって殺害された警察官の名前はジェファーソン・デイビス・ティピット

◉リンカーンは暗殺時、フォード劇場のロッキングチェアに座っていた
⊙ケネディはホワイトハウスで専用のロッキングチェアに座っていた
◉フォード車の創業者ヘンリー・フォードは、リンカーンが暗殺されたときに座っていたロッキングチェアを購入しミシガン州ディアボーンにある彼の博物館に収蔵した
⊙ケネディが暗殺時に乗っていたリンカーン車の座席はフォード博物館に収蔵されている

算数障害

算数障害（ディスカリキュリア）とは、数学の学習または理解における先天的な困難を伴う限局性学習障害（SLD）の一種です。あまり知られていない障害ですが、失読症（ディスレクシア）や発達性協調運動障害と類似した学習障害と言われています。算数障害はすべてのIQ範囲において、時間、計量および空間的推論の困難として現れます。有病率は人口の約5％と言われています。算数障害が数学的推論の困難や算術演算の困難を意味すると考える研究者もいる一方で、脳に損傷を受けた患者から得たデータによると、算術的能力（計算や数字の記憶）と数学的能力（数字の抽象的理解）は同じ能力ではなく、分離して使われる能力であるという証拠もあるということがわかっています。これはすなわちもともとは数学的能力に長《た》けて

いても算数障害に苦しむというケースもあるということです。

Dyscalculia はギリシャ語およびラテン語に由来し、「数える」＋「困難な」を意味します。

一般的な症状としては加減乗除の計算結果の一貫性の欠如があり、その他の症状としては次のようなものがあります。

- ●二つの数値のどちらが大きいかを判断することが困難
- ●数字の変化やアナログ時計の解読に苦労し、日常業務に支障をきたす
- ●買い物かごの中の商品の費用の見積もりや小切手帳の帳尻合わせなど、基本的なレベルの財務計画や予算編成の理解ができないことがある
- ●掛け算の九九、暗算が困難
- ●計算の前に、まず理屈がわからない

●時間を概念化すること、時間の経過を判断することが困難
●右と左の区別がつかない
●東西南北がわからず方向音痴になりやすく、羅針盤（コンパス）も読めない
●地図で見ている方向と自分が向いている方向を合わせられない
●物体の大きさ距離を数字で（〜メートルなど）で表すことが困難
●数学的概念、規則、数式、および系列課題の把握および記憶が困難
●数列を読み取れなく、56を65にするなどの数字の置き換えができない
●ゲームをしても点数の集計などができない
●点数計算が簡単なポーカーなども苦手

●ダンスのステップを暗記したり、物事を決められた順番にこなすことが困難
●電卓を使っても計算が困難なこともある
●結果的に数字恐怖症になることがある

今すぐ自慢できる、どうでもいい数字トリビア

●1089に9をかけると9801と逆さまの数字になる。10989、109989、1099989などでも可能
●100000をかけて出した数よりも、それを足して出した数のほうが大きくなる唯一の正の整数は、1だけ
●19＝（1×9）＋1＋9、29＝（2×9）＋2＋9、39から99までは同じ法則になる

●自身を乗算しても加算しても同じ数字になるのは2だけ

●21978に4をかけると、87912と逆さになる

●チェス盤を32個のドミノで覆うには、12988816通りの方法がある

●大きなチーズであれば、8本の切り込みで93個までに切り分けられる

●1÷37＝0・027027027。1÷27＝0・037037037は一瞬驚く

●8は立方数の中では平方数より1小さい唯一の数

●10,112,359,550,561,797,752,808,988,764,044,994,820,224,719に9をかけても、最後を9を一番前に置いた数と同じになるだけ

●数字4は英語で書くと同じ数の文字数になる唯一の数字

●1×9＋2＝11、12×9＋3＝111、123×9＋4＝1111と続いていく

オッズ（公算）とは？

社会学者によると、人一人には「知り合い」がだいたい150人ほどいるそうです。ということは、「知り合いの知り合い」なら2万3000人ほどいるということで、さらにそんなに親密でもない顔見知りを含めれば60万人という数の人たちと一人一人が関係していると言えます。

「奇遇ですね！」と人は言いますが、電車の中で知り合いと出くわす確率はどれくらいのものか考えたことはおありでしょうか。イギリスを例にとれば、人口を考えると100分の1くらいになるのです。つまり、100人が通ったら一人くらいは知り合いに当たるということです。もちろん、社会経済的な要因も含めることで、例えば同じ目的地との間を電車で毎日何度も通れば、その分誰かに出くわす可能性は高まります。

もっと驚くのは「同じ誕生日」の確率です。同じ誕生日の人を集めるには、どれくらいの人数が必要だと思われますか？　1年は365日あるのだから、半分以上の勝算を得るには結構な人数、例えば365日の半分の数の180人くらい必要だと考えるのではないでしょうか。

実は、たった23人いればマッチングする公算が十分あるのです。

なぜ思っていたよりも高い可能性なのか。それは、特定の誕生日（例えば4月12日生まれ）の人を一人だけ見つけ出す可能性とは違うことだからです。ここで求められているのは、同じ誕生日の「二人」を見つけ出すことであり、必要な人数はグッと減るというわけです。4月12日生まれの人だけを二人以上見つけるには、２５０人以上は必要でしょう。

このことからわかるのは、「自分が何を望んでいるかをはっきりさせなければ、偶然の一致が発生する確率が高くなる」ということです。偶然の一致には驚かされることが多いですが、これは他の確率と経験したことの確率を混合してしまっていることが原因となっている場合があります。

1. 何か面白いことが起こる可能性
2. 実は起きる可能性が多いときに何か面白いことが起こる可能性

同じように見えて、この二つには大きな違いがあるということに今ならお気づきになられたことと思われます。

参考文献一覧

◉Barrau, Aurelien. 〝Physics in the Multiverse.〟 International Journal of High-Energy Physics, November 2007.
◉Barrow, John D., and Frank J. Tipler. The Anthropic Cosmological Principle. New York: Oxford University Press, 1986.
◉Belz-Merk, Dr. Martina. Counseling and Help for People with Unusual Experiences a the Outpatient Clinic of the Psychological Institute at the University of Freiburg. IGGP – Information and Counseling Services, January 2007.
◉Bolton, Alain de. The Architecture of Happiness. New York: Vintage International, 2008.
◉Boyle, David, and Anita Roddick. Numbers. White River Junction, Vermont: Chelsea Green Publishing, 2004.
◉Cheiro, Count Louis Hamon. Cheiro's Book of Numbers. London: Barrie & Jenkins, 1978.
◉Davies, Paul. The Goldilocks Enigma: Why Is the Universe Just Right for Life? New York: Mariner Books, 2008.
◉Dawkins, Richard. The God Delusion. New York: Houghton Mifflin, 2006.

◉ Hahn, Thich Nhat. Living Buddha, Living Christ. New York: Riverhead Books, 2007.

◉ Haughton, Brian. Haunted Spaces, Sacred Places. Franklin Lakes, New Jersey: New Page Books, 2008.

◉ Hawking, Stephen. A Brief History of Time. New York: Bantam Dell Publishing Group, 1988.

◉ Hayes, Michael. The Hermetic Code in DNA: The Sacred Principles in the Ordering of the Universe. Rochester, Vermont: Inner Traditions, 2008.

◉ Hayes, Michael. The Infinite Harmony. London: Weidenfeld & Nicholson, 1994.

◉ Heath, Richard. Sacred Number and the Origins of Civilization. Rochester, Vermont: Inner Traditions, 2007.

◉ Hieronimus, Robert. The United Symbolism of America: Deciphering Hidden Meanings in America' s Most Familiar Art, Architecture and Logos. Franklin Lakes, New Jersey: New Page Books, 2008.

◉ Ifrah, Georges. The Universal History of Numbers: From Prehistory to the Invention of the Computer. New York: John Wiley and Sons, 2000.

◉ Joseph, Frank, and Laura Beaudoin. Opening the Ark of the Covenant: The Secret Power of the Ancients, The Knights Templar Connection, and the Search for the Holy Grail. Franklin Lakes, New Jersey: New Page Books, 2007.

◉ Jung, Carl J. Synchronicity: An Acausal Connecting Principle. New York: Bollingen Foundation,

1960.
◉Kenyon, J. Douglas, et al. Forbidden Religion: Suppressed Heresies of the West. Rochester, Vermont: Bear & Co., 2006.
◉Kenyon, J. Douglas, et al. Forbidden Science: From Ancient Technologies to Free Energy. Rochester, Vermont: Bear & Co., 2006.
◉Kenyon, J. Douglas, et al. Forbidden History: Prehistoric Technologies, Extraterrestrial Intervention and the Suppressed Origins of Civilization. Rochester, Vermont: Bear & Co., 2005.
◉Kosminsky, Isidore. Numbers: Their Meaning and Magic. New York: Puttnam and Sons, 1927.
◉Lloyd, Seth. Programming the Universe: A Quantum Computer Scientist Takes on the Cosmos. New York: Vintage, 2006.
◉Malkowski, Edward F. The Spiritual Technology of Ancient Egypt: Sacred Science and the Mystery of Consciouness. Rochester, Vermont: Inner Traditions, 2007.
◉McTaggart, Lynne. The Field: The Quest for the Secret Force in the Universe. New York: HarperCollins, 2002.
◉Michell, John. The Dimensions of Paradise: Sacred Geometry, Ancient Science and the Heavenly Order on Earth. Rochester, Vermont: Inner Traditions, 2008.
◉Naudon, Paul. The Secret History of Freemasonry — Its Origins and Connection to the Knights

Templar. Rochester, Vermont: Inner Traditions, 1991.

◉ Peat, F. David. Synchronicity: The Bridge Between Mind and Matter. New York: Bantam New Age Books, 1987.

◉ Rees, Martin. Just Six Numbers: The Deep Forces That Shape the Universe. New York: Basic Books, 2000.

◉ Roberts, Courtney. The Star of the Magi: The Mystery That Heralded the Coming of Christ. Franklin Lakes, New Jersey: New Page Books, 2007.

◉ Schwaller de Lubicz, R. A. Sacred Science. Rochester, Vermont: Inner Traditions, 1988.

◉ Szalavitz, Maia. 〝Your Brain on Math.〟 Time Magazine, April 23, 2013.

◉ Talbot, Michael. The Holographic Universe. England: Grafton Books, 1991.

◉ Voss, Sarah. What Number Is God? Metaphors, Metaphysics, Metamathematics and the Nature of Things. New York: State University of New York Press, 1995.

◉ Watkins, Alfred. The Old Straight Track: Its Mounds, Beacons, Moats, Sites and Mark Stones. Glastonbury, United Kingdom: Lost Library, 2013.

◉ Westcott, W. W. Numbers: Their Occult Power and Mystic Virtue. England: Theosophical Publishing House, reprint 1974.

本書の著者について

【マリー・D・ジョーンズ】

カリフォルニア州サンディエゴ在住。超常現象、形而上学、量子物理学、意識、古代知識、異常現象などに関する本を15冊以上著してきた作家。10代の頃から幅広い執筆活動を開始し、数々の全国誌に映画作品の批評を載せ、執筆した短編小説はSF部門大賞を受賞したこともあり、超常現象研究家として有名になる。作家活動を続けてきた傍ら、ワーナーブラザーズ社でプロモーションアシスタント、映画制作アシスタント、脚本リーダーなどを歴任。経歴を生かして「Where's Lucy?」プロダクションを立ち上げ、映画脚本家としても活躍中。

【ラリー・フラクスマン】

アーカンソー州のリトルロック在住。超常現象研究家として実地調査に積極的に出向き、異常現象を科学的に解明することに専念している。2007年2月にARPAST（アーカンソー州超常現象研究チーム）を設立し、代表および主任研究員に就任。全米最大の超常現象研究機関の一つに成長したARPASTは世界中に150人以上の研究員を送り、科学的方法論を用いて超常現象の研究する組織である。ラリーの専門知識や最先端技術の適正な使用方法は高く評価されており、新聞社からの多くのインタビューに応え、テレビ番組にも数多く出演経験があり、他の研究グループで技術アドバイザーも務めている。

". . . an entertaining numerical romp." —Publisher's Weekly
11:11
THE TIME PROMPT PHENOMENON
Mysterious Signs, Sequences, and Synchronicities
MARIE D. JONES AND LARRY FLAXMAN

原書表紙

著者プロフィールは 419P をご参照

Nogi　ノギ
日本生まれ、2018年よりマダガスカル在住。真実とそれに沿った行き方の探求と、闇の勢力からの人類の解放をお手伝いしたく活動中。
翻訳記事の更新は https://note.mu/nogi1111
　Twitter @NOGI1111_
マダガスカル生活などを綴ったブログ
　https://nogi1111.blogspot.com/

11:11 The Time Prompt Phenomenon by Marie D. Jones and Larry Flaxman

Published by arrangement with Red Wheel Weiser LLC through Japan UNI Agency, Inc.

11：11 時間ピッタリ現象
記号、ゾロ目数字、シンクロニシティの謎

第一刷 2021年9月30日

著者 マリー・D・ジョーンズ
ラリー・フラクスマン

訳者 Nogi

発行人 石井健資
発行所 株式会社ヒカルランド
〒162-0821 東京都新宿区津久戸町3-11 TH1ビル6F
電話 03-6265-0852 ファックス 03-6265-0853
http://www.hikaruland.co.jp info@hikaruland.co.jp
振替 00180-8-496587

本文・カバー・製本 中央精版印刷株式会社
DTP 株式会社キャップス
編集担当 伊藤愛子

ISBN978-4-86742-013-3

ヒカルランド　好評既刊！

地上の星☆ヒカルランド　銀河より届く愛と叡智の宅配便

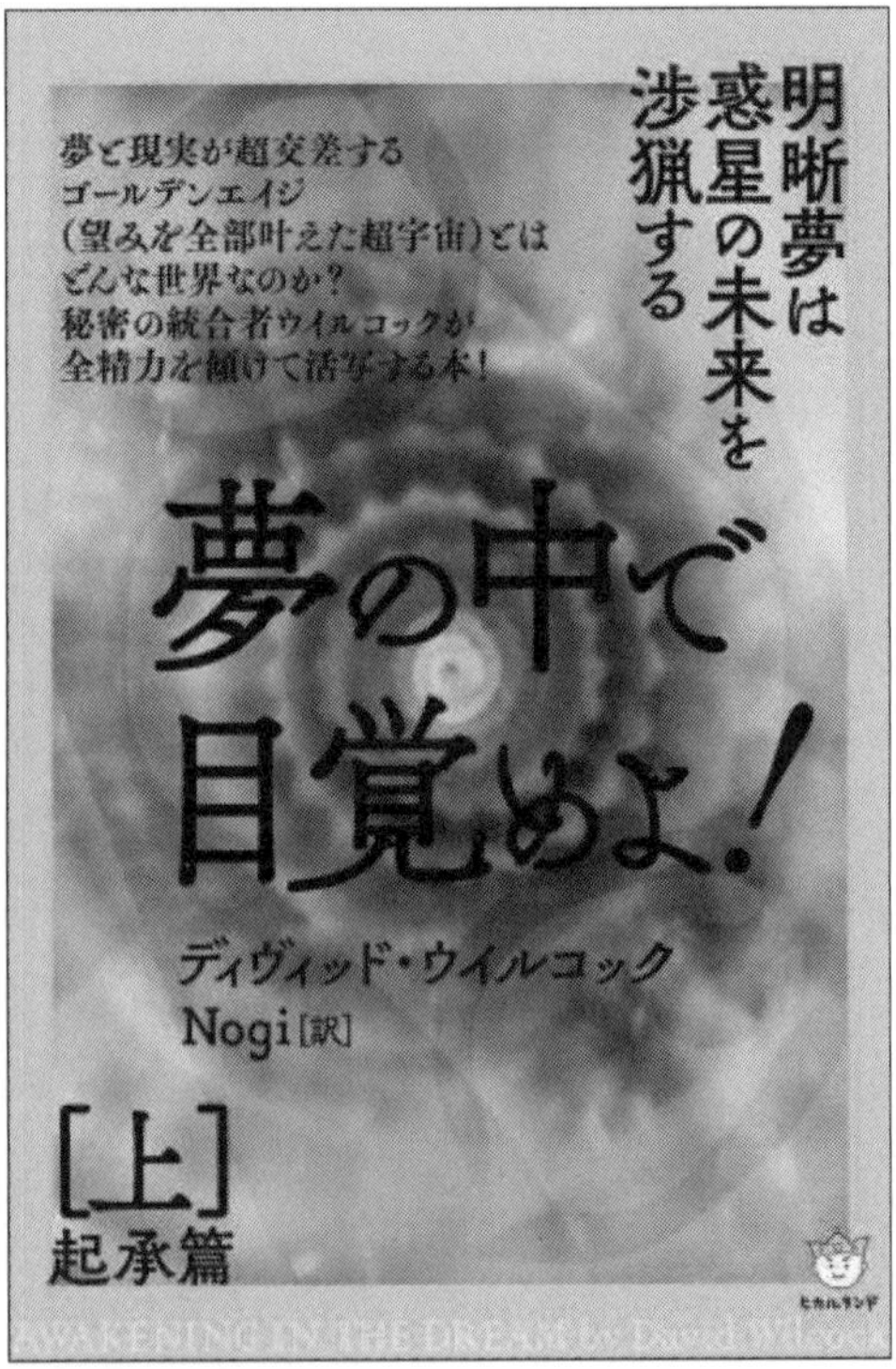

夢の中で目覚めよ！［上］起承篇
明晰夢は惑星の未来を渉猟する
著者：ディヴィッド・ウイルコック
訳者：Nogi
四六ソフト　本体 3,000円+税

スターボーン
星から来て星に帰る者達に示された帰還へのロード
著者：ソララ（Solara）
訳者：Nogi
四六ソフト　本体 3,300円+税

女性のためのエネルギー護身術
保護の壁を作り誰からも奪われない
著者：アニ＆カーステン・セノフ
訳者：石原まどか
四六ソフト　本体 1,500円+税